CINRAD/CC 天气雷达
维护维修诊断测试技术

黄　晓　安克武　蔡震坤　主编

气象出版社
China Meteorological Press

内容简介

本书分为7章,第1章概述,介绍了CINRAD/CC天气雷达组网情况、应用保障情况;第2章介绍了CIN-RAD/CC天气雷达系统组成及技术特点;第3章介绍了CINRAD/CC天气雷达主要信号流程;第4章介绍了CINRAD/CC天气雷达主要信号测试与测试方法;第5章介绍了天气雷达维护;第6章介绍了天气雷达故障类型、关键点测试及故障诊断、分析处理;第7章介绍了天气雷达典型故障案例分析。附录介绍了CINRAD/CC天气雷达故障诊断、分析处理相关成果。

本书强调从整机及分系统信号流程入手,使用仪器仪表对分系统和关键点波形参数测量、分析,结合典型案例详细分析故障诊断测试方法和排障流程,对省、市、台站三级雷达保障业务具有重要指导意义。

图书在版编目（ＣＩＰ）数据

CINRAD/CC天气雷达维护维修诊断测试技术 / 黄晓,
安克武, 蔡震坤主编. -- 北京 : 气象出版社, 2021.6
ISBN 978-7-5029-7481-7

Ⅰ. ①C… Ⅱ. ①黄… ②安… ③蔡… Ⅲ. ①天气雷
达－维修 Ⅳ. ①TN959.4

中国版本图书馆CIP数据核字(2021)第128764号

CINRAD/CC 天气雷达维护维修诊断测试技术
CINRAD/CC TIANQI LEIDA WEIHU WEIXIU ZHENDUAN CESHI JISHU

黄 晓 安克武 蔡震坤 主编

出版发行：气象出版社
地 址：北京市海淀区中关村南大街46号　　　　邮政编码：100081
电 话：010-68407112(总编室)　010-68408042(发行部)
网 址：http://www.qxcbs.com　　　　**E-mail**： qxcbs@cma.gov.cn
责任编辑：王 聪　蔺学东　　　　**终 审**：吴晓鹏
责任校对：张硕杰　　　　责任技编：赵相宁
封面设计：楠竹文化
印 刷：北京中石油彩色印刷有限责任公司
开 本：787 mm×1092 mm　1/16　　　　印 张：14
字 数：360千字
版 次：2021年6月第1版　　　　印 次：2021年6月第1次印刷
定 价：80.00元

《CINRAD/CC 天气雷达维护维修诊断测试技术》

编 委 会

序

新一代 CC 天气雷达布点建设开始于 2001 年,目前已经建成约 42 部,其中新疆 14 部。新一代天气雷达在暴雨、冰雹等灾害性天气监测和预警中发挥了重要作用,在人工影响天气指挥作业中也发挥了积极的作用,取得了显著的经济和社会效益。随着全国气象观测体系建设不断完善,观测设备全网监控系统(天元系统)和数据质量控制系统(天衡系统)已经建成,天元和天衡系统的使用对设备的运行状态实时监控和数据质量控制评估均发挥了重要作用,提高了综合气象观测业务运行质量和效率,与此同时,对气象设备的可靠性、稳定性提出了更高的要求,而提高气象观测设备的维修保障时效是保证大型气象设备可靠、稳定运行的关键。因此,提高气象装备技术保障能力显得非常重要。

新疆地域辽阔,天气雷达分布广、数量多,又远离雷达生产厂家,天气雷达的巡检、年检、维修保障业务完全依靠自治区气象技术装备保障中心、地区保障分中心和台站自身的技术力量完成。新疆气象技术装备保障中心从 2008 年独立承担天气雷达的春季巡检、年检以及国家级重大器件的更换和重大疑难故障的维修保障任务,并开始编写培训课件和培训教材,为全疆和全国新一代天气雷达保障人员进行技术培训。2010 年,通过完善、健全新疆新一代天气雷达保障体系建设,新疆气象雷达保障的时效和水平迈上新台阶,在天气雷达技术指标测试、仪表开发使用、重大疑难故障诊断及分析处理等维护维修保障方面积累了大量经验,2015 年编写完成了新一代天气雷达测试维修手册。2020 年开始,收集整理了天气雷达分系统关键技术指标的测试方法、天气雷达培训课件、天气雷达故障诊断测试分析报告、天气雷达维护维修培训教材、新一代天气雷达测试维修手册以及业务巡检等内容,经过进一步归纳总结和分类优化,重新编写完成《CINRAD/CC 天气雷达维护维修诊断测试技术》一书。

本书具有很强的实践性,虽然主要内容是有关新一代 CC 天气雷达 7C 批次的,但书中大部分内容对大修升级后的雷达维护维修诊断测试保障都具有实际使用价值和实际指导意义。

希望本书能作为天气雷达技术保障人员的保障参考书,能为天气雷达保障人员在故障诊断、测试、分析和处理方面提供一定思路和借鉴参考,为提高天气雷达保障时效、提升保障整体能力和提高天气雷达保障业务水平贡献一点力量。

高玉春

2021 年 5 月

注:高玉春,正高级工程师。新一代天气雷达系统初创者之一,主持研制了雷达系统,主持过自然基金、行业专项、863 课题、重大仪器专项课题、火炬计划、新技术推广等多个项目,在新一代雷达、相控阵雷达、风廓线雷达、毫米波测云雷达、激光雷达测风和气溶胶等进行了研究。

前　言

新一代 CC 天气雷达已经在我国东北、西北、西南等地区布点建设并使用近二十年,已经成为气象部门强对流天气预报、防雹作业、人工增雨(雪)作业等不可或缺的主要观测设备,在经济建设、社会服务不同领域发挥着不可替代的作用。

新疆地区从 2002 年至 2020 年陆续布点建设 14 部(地方 10 部、兵团 4 部)不同批次 C 波段全相参天气雷达。由于新疆地理位置独特,雷达分布广、数量多,又远离雷达生产厂家,必须依靠自身的技术力量才能完成全疆天气雷达的全年保障任务。2008 年开发了各类仪器仪表的测试功能,编写了天气雷达发射分系统、接收分系统关键技术指标的测试方法,同年逐渐开始独立承担新疆全部天气雷达的春季巡检、年检以及国家级重大器件的更换和重大疑难故障的维修保障任务,并编写了天气雷达培训课件,对全疆天气雷达站的技术人员进行培训。

2010 年,新疆气象技术装备保障中心结合区、地、县三级气象装备保障实际需求,提出了完善、健全新疆新一代天气雷达保障体系建设实施方案,通过方案的实施,建立了天气雷达接收系统维修测试平台、远程故障诊断系统、雷达技术资料库、故障诊断分析处理报告数据库。2010—2019 年是天气雷达故障的高发期,在厂家远程技术指导下,新疆气象技术装备保障中心保障人员携带各类仪表现场处理了天气雷达重大疑难故障 40 多个,形成故障诊断测试分析报告 40 余篇,积累了丰富的保障经验。特别是接收分系统的 RF 接收单元、频率源单元、激励源单元出现的故障,可以在天气雷达接收系统维护维修测试平台上进行故障模拟、维修等,有些可以达到芯片级维修。

2014 年,新疆气象技术装备保障中心承担了全国天气雷达技术培训任务,为了提高培训水平,组织编写了 CINRAD/CC 天气雷达维护维修培训教材,教材主要从分系统主要信号流程、故障类型及关键测试点波形参数和故障诊断分析、典型故障案例分析 3 个方面进行编写。同年,组织专家编写了新一代天气雷达测试维修手册,主要为新疆天气雷达地区保障分中心、台站雷达保障人员使用。

本书是在已经完成编写的天气雷达发射分系统、接收分系统关键技术指标的测试方法,天气雷达培训课件,天气雷达故障诊断测试分析报告,天气雷达维护维修培训教材,新一代天气雷达测试维修手册以及业务巡检内容等的基础上进一步分类优化整理,重新编写完成。

本书在天气雷达原理的基础上,分析了分系统的主要信号流程,给出了分系统故障分类、关键点测试波形参数和故障诊断、测试处理方法,根据实际测试、故障诊断分析和排除,可以达到模块级维修,提高了故障判断精确度和技术人员维修水平。同时结合现场故障测试、分析处理案例,给出了故障诊断、测试、分析处理流程和方法,按照该方法可以准确定位故障,并排除故障。

2020 年,新疆开始天气雷达大修升级,预计 2022 年全部更换完毕。该书主要以 CC 雷达 7C 批次系列雷达为基础完成编写,而大修升级天气雷达的发射分系统和伺服分系统原理与 7C 批次的天气雷达变化不大,接收分系统有一些变化,信号处理分系统和监控分系统与 7C 批次完全不一样。尽管该书的部分内容已经不能适应大修升级后的天气雷达的维修、诊断、测试保障任务,但该书中故障诊断、测试、处理流程和方法以及主要指标的测试方法,还有仪表测试使用方法、典型故障案例分析方法对大修升级后的天气雷达维护、故障诊断、测试及保障都有一定参考价值和积极的帮助作用。

在编写本书过程中,主要参考了书中列出的雷达专著、论文和雷达生产厂家的各种技术资料、培训教程和技术图册,还有核心期刊发表的论文和全国观测经验交流会优秀论文等。本书的编写得到了安徽四创电子股份有限公司技术专家的帮助,云南、甘肃、黑龙江省气象装备保障中心同行专家给予了大力协助,在此一并表示感谢!

由于编者技术水平有限,书中的错误、疏漏或不妥之处在所难免,恳请读者批评指正。

编者

2021 年 5 月

目　　录

第1章 概　　述

1.1 CINRAD/CC 天气雷达组网情况

新一代 CC 雷达是中国气象局用于全国组网布点的主要天气雷达型号之一,是气象部门用来分析中小尺度天气系统,警戒强对流危险天气,制作短时天气预报的强有力工具。目前,全国新一代 C 波段雷达主要分布在西北、西南、东北等地区。其中,新疆 14 部,甘肃 4 部,云南 7 部,黑龙江 8 部,吉林 6 部,山西 3 部。在中国气象局气象探测中心自主设计开发的综合气象观测业务运行信息化平台(天元系统)、综合气象观测产品系统(天衍系统)、综合气象观测数据质量控制系统(天衡系统)中,新一代 CC 雷达发挥着该型号全国组网重要作用,为灾害性天气预警预报和决策服务提供了很好的支撑作用。

1.2 CINRAD/CC 天气雷达应用保障情况

新一代 C 波段天气雷达已经在我国东北、西北、西南等地区布点建设并使用近二十年,在短期临近预报、人影作业以及相关气象领域发挥了重要作用;成为气象部门强对流天气预报、防雹作业、人工增雨(雪)作业等不可或缺的主要观测设备。新疆地区从 2002 年至 2020 年陆续布点建设 14 部(地方 10 部、兵团 4 部)不同批次 C 波段全相参天气雷达,分布在不同区域,哈密(省级)、乌鲁木齐、五家渠(兵团)、石河子、奎屯(兵团)、克拉玛依、博乐(兵团)、精河(省级)、伊宁、库尔勒、阿克苏、图木舒克(兵团)、喀什、和田。20 年来,新一代天气雷达的使用效果大大超出了当时建设时的预期。随着现代气象业务和服务的不断拓展深化,对新一代天气雷达稳定可靠探测的要求和依赖性越来越高,这对天气雷达的保障提出了很高的要求。新疆地处我国西北边陲,东部厂家技术服务时效滞后,依托厂家的保障模式无法满足业务部门的要求。同时,新疆地域广袤,交通不便,地形气候比较复杂,天气雷达布点广、数量多,给天气雷达故障的及时诊断和维修保障造成了较大困难。

为了切实有效地提高天气雷达保障时效和业务运行质量,从 2005 年开始,新疆气象技术装备保障中心历时 3 年开展天气雷达保障业务的培训。首先分批次派出技术人员在安徽四创电子有限公司进行技术交流学习、培训;继而在新疆气象局观测网络处的积极协调下,多次邀请雷达厂家的技术人员到新疆气象局举办天气雷达培训班,从而大幅度提高新疆天气雷达技术保障人员的能力和水平。

2008 年开始,新疆气象技术装备保障中心独立承担了全疆 12 部天气雷达的春季巡检、年检以及国家级重大器件的更换和重大疑难故障的维修保障任务,并开始编写培训课件,对全疆天气雷达站的技术人员进行培训。

为进一步加强新疆气象防灾减灾保障能力建设,提高雷达保障能力和故障修复时效,新疆气象技术装备保障中心成立了气象装备保障技术创新团队,立足"快速发现、快速诊断、快速维修"的保障理念,结合区、地、县三级气象装备保障实际需求,提出了完善、健全新疆新一代天气雷达保障体系建设实施方案,建设方案明确了"建立、完善保障制度;三级保障经费的划拨落实;备件储备;定期技术交流;技术保障人员的培训;建立省级为核心应急雷达保障系统;建立新一代天气雷达维修测试平台;完善仪表测试方法;实现雷达核心技术的开发与共享;建立远程诊断系统,提高故障分析能力和故障排除时效"10 个任务目标,经过 2 年的开发和建设,如期顺利完成健全新疆新一代天气雷达保障体系。新一代天气雷达保障体系的建成,实现了"充分发挥仪器仪表测试作用,提高测试手段及方法、调试水平,确保雷达技术指标和可靠运行;培养了一支素质高、技术精湛的技术保障队伍,并且具备独立解决重大疑难故障能力;承担新疆区域新一代天气雷达、X 波段雷达、L 波段二次侧风雷达、自动气象站等气象设备的保障工作,并逐步向外区域辐射;充分发挥现有网络平台作用,做到对故障实时监测、远程指导,逐步实现网络视频诊断、维修"等目标,创新性地开展突破时空限制的气象雷达保障新模式,使得新疆气象雷达保障的时效和水平迈上新台阶。

2011 年开始,中国气象局气象探测中心以项目和人员技术形式不断地对新疆气象技术装备保障中心进行对口援疆;2012 年,气象装备保障技术创新团队获得新疆创新团队一等奖;2014 年,"建立快速发现、诊断、维修远程雷达保障模式,提高雷达保障水平"获得中国气象局创新工作奖,并先后多次获得安徽四创电子股份有限公司评选的年度雷达技术保障"优秀集体"奖励。同年开始承担全国 C 波段天气雷达保障技术人员的培训任务。

2015 年成立了中国气象局气象探测中心新疆技术装备保障分中心。2017 年开发的"雷达天线无线电子水平装置"系统推广至全国 31 个省(自治区、直辖市)气象探测保障中心。该项目的推广使用不仅消除了天气雷达水平标校中人员安全隐患,也提高了雷达天线水平标定精度和效率。另外,完成了中国气象局小型项目 2 项,中国气象局气象探测中心课题 2 项,累计在核心期刊发表论文 10 篇,其中 3 篇获得全国观测技术交流大会优秀论文奖励,编写培训教材 1 部,完成天气雷达现场疑难重大故障处理报告 40 余篇。

20 年来,在新疆维吾尔自治区气象局党组的领导下,新疆气象技术装备保障中心高度重视天气雷达业务的建设和保障应用,培养了多名天气雷达业务专家和技术骨干;新疆天气雷达保障能力、保障水平大幅提升,并且处于全国领先水平,为新疆气象雷达保障应用和气象预报防灾减灾工作作出了突出贡献。

第 2 章 CINRAD/CC 天气雷达系统组成及技术特点

2.1 概　　述

2.1.1 功能和用途

CINRAD/CC 型雷达是由安徽四创电子股份有限公司设计、开发研制的新一代大型 C 波段全相参脉冲多普勒天气雷达。它除了具有常规天气雷达探测降水回波的位置、强度等功能,还以多普勒效应为基础,通过测定回波信号与发射信号高频频率(相位)之间存在的差异,进一步得出雷达电磁波束有效照射体积内,降水粒子群相对于雷达的平均径向运动速度和速度谱宽,从而在一定条件下,反演出大气风场、气流垂直速度的分布以及湍流状况等。3830B 雷达能监测雷达四周 400 km 范围内的气象目标,定量测量 200 km 范围内气象目标的强度,监测 150 km 范围内降水粒子群相对于雷达的平均径向速度和速度谱宽。它是分析中小尺度天气系统,警戒强对流危险天气,制作短时天气预报的强有力的工具。它不仅适用于各级气象部门,而且在水利、农业、交通、盐场、大气物理研究等领域都有着广泛的应用前景。

2.1.2 主要技术性能指标(表 2-1)

表 2-1 主要技术性能指标

序号	项目		指标
1	作用距离	强度监测距离	≥400 km
		强度测量距离	≥200 km
		速度监测距离	≥150 km
2	方位范围	0°～360°	
3	俯仰范围	RHI 扫描	−2°～+30°
		手控	−2°～+90°
4	定位分辨率	距离	≤150 m
		方位	0.1°
		仰角	0.1°
		高度	100 m
5	定位精度(均方误差)	距离	50 m
		方位	0.2°
		仰角	0.2°
		高度	200 m($R \leqslant 100$ km)
			300 m($R > 100$ km)

续表

序号	项目		指标
6	参数测量范围	强度	－10～＋70 dBZ
		速度	±36 m/s
		谱宽	16 m/s
7	参数测量分辨率	强度	0.5 dB
		速度	0.2 m/s
		谱宽	0.2 m/s
8	参数测量精度（均方误差）	强度	≤1 dB
		速度	≤1 m/s
		谱宽	≤1 m/s
9	环境适应性	温度	室外装置 －40～＋50 ℃
			室内装置 ＋10～＋30 ℃
		最大湿度	30 ℃时：室外装置 95％～98％ 室内装置 90％～96％
		其他	能防水、防霉、防雾、防风沙，能够在海拔 3000 m 以下的高山、沿海地区和岛屿工作
10	电源		三相四线 380 V±10％,50 Hz±5％
11	整机功耗		≤18 kW
12	连续工作时间		≥72 h
13	可靠性和维修性		MTBF≥400 h
			MTTR≤0.5 h

2.1.3 整机及技术特点

CINRAD/CC 雷达由天线馈线系统、发射系统、接收系统、信号处理系统、伺服系统、数据处理与显示系统(也称终端系统)以及电源系统 7 个部分组成，并配有油机发电和 UPS 电源系统，以保证在市电断电后，雷达系统能继续正常运行，整机布局图如图 2-1 所示，整机简化框图如图 2-2 所示。雷达在总体布局上分为天线单元、综合单元、终端单元和配电系统四大部分。

图 2-1　CINRAD/CC 天气雷达整机布局图

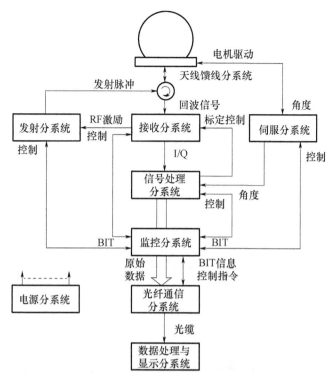

图 2-2　CINRAD/CC 天气雷达整机简化框图

1. 天线单元

天线单元均为室外设备,即安装于房顶或塔楼上的天线罩、天线,馈线部分的波导、阻流关节,伺服分系统的驱动电机以及转台等设备。为防止雷击,必须为天线单元安装有效的避雷装置。

2. 综合单元

综合单元为雷达主机设备,安置于雷达主机室内。它包括发射分系统、接收分系统、信号处理分系统、电源分系统的全部所属分机与部件、伺服分系统的主要部件等。

发射机柜Ⅰ主要安置发射监控分机(包括本地指示面板)、高压电源分机和调制器分机。发射机柜Ⅱ主要安置速调管功率放大器(包括脉冲旁路器)、磁场线圈、脉冲变压器和脉冲功率放大器。接收机柜内有 7 个分机,即射频接收分机(包括低噪声放大器、混频器等),数字中频接收分机,频率源分机,激励源分机,标定/BITE 分机,接收电源分机(全部为模块化电源)和发射分系统的灯丝电源、磁场电源、磁场电源分机。综合机柜主要安置综合电源分机、综合分机(包括信号处理系统和监控系统)、本地光纤通信分机、伺服分机和电网滤波分机(包括电源滤波器、防雷保护器和电源转接板等)。室内馈线主要包括谐波滤波器、环流器、TR 管、PIN开关、波导型噪声源和定向耦合器等,这些馈线元件主要以支架固定的方式安装于机柜顶等部位。辅助设备主要指发射系统冷却用的两台大功率离心抽风机和波导充气机等。这些设备均放在雷达主机室的相应位置。

3. 终端单元

终端单元主要有终端显控台、配电箱等设备,放在雷达终端室内。

4. 配电系统

CINRAD/CC 雷达系统的供电采用三相四线 380 V 动力电源,一般由市电提供,市电断电后,由 UPS 转换为柴油发电机提供。

2.1.4 主要技术特点

(1)低副瓣、宽频带、高增益天线。

(2)全相参速调管放大链式发射机。

(3)大动态、模块化数字接收机。

(4)高速灵活的可编程实时信号处理器。

(5)系统自动标定和先进的 BITE。

(6)先进的终端处理和显示系统。

(7)良好的人机界面,全遥控操作。

2.2 天馈线分系统

2.2.1 功能和特点

CINRAD/CC 雷达天线馈线分系统的功能是在雷达发射时,由馈线以尽可能小的损耗将发射分系统产生的高频发射脉冲能量传送到天线,由天线将高频能量定向辐射到空间;雷达接收时,天线接收高频回波脉冲,经馈线有效地传送至接收分系统。其中天线应具备良好的阻抗匹配和聚焦性能;馈线应具备传输损耗小,同时保护接收分系统的前端设备不被高功率射频能量烧毁的特性。

2.2.2 主要技术性能指标(表 2-2)

表 2-2 主要技术性能指标

序号	项目	技术指标
1	天线口径	4.3 m 圆抛物面
2	波束宽度	$1 \pm 0.05°$
3	天线增益	$\geqslant 44$ dB(5400 MHz)
4	副瓣电平	$\leqslant -29$ dB(不加罩)
5	远区副瓣电平天线罩直径 天线罩影响	$\leqslant -40$ dB(10°以外) 7.2 m
6	射频插损	$\leqslant 0.3$ dB(双程)
7	波束偏移	$\leqslant 0.03°$
8	波束展宽	$\leqslant 0.03°$
9	馈线输入驻波比	$\leqslant 1.5$
10	收发损耗	$\leqslant 5.5$ dB(双程)
11	脉冲功率容量	$\geqslant 400$ kW
12	平均功率容量	$\geqslant 550$ W

2.2.3　组成与工作过程

CINRAD/CC 雷达的天线馈线分系统由天线和馈线部分组成,其组成如图 2-3 所示。天线部分由共轴双模喇叭口辐射器、圆抛物面反射体和天线罩构成,馈线部分由定向耦合器 I、定向耦合器 II、四端环流器、谐波滤波器、方位及俯仰旋转阻流关节(俗称铰链)、收发放电管、固态噪声源、波导同轴转换器、PIN 开关组件,以及方位旋转阻流关节,若干段 H 形、E 形弯波导和直波导(有一段软波导)组成,其信号流向如图 2-4 所示。

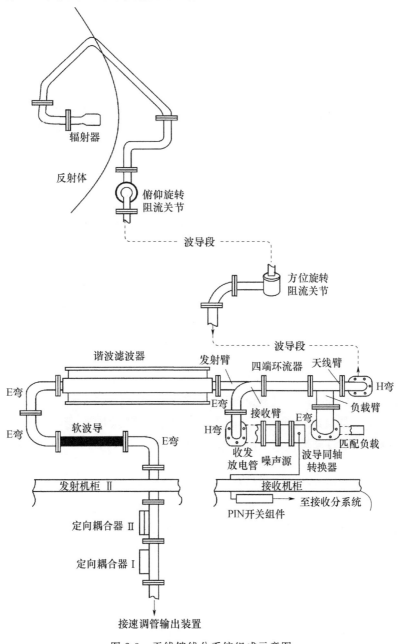

图 2-3　天线馈线分系统组成示意图

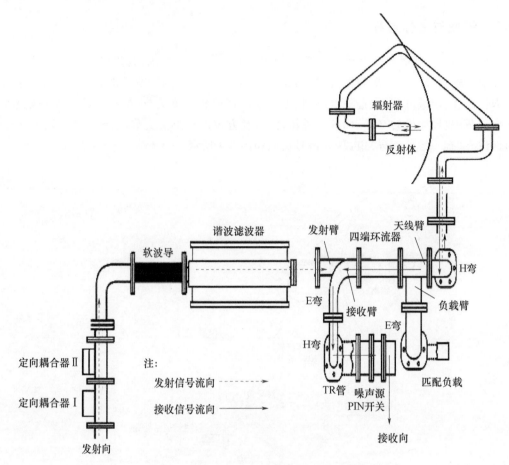

图 2-4　天馈系统发射、接收信号流向示意图

2.2.4　天线部分

雷达天线是一个复杂的电子机械设备,由许多重要的功能零部件组成,其中馈线系统更是雷达设备不可或缺的重要组成部分。它的主要任务就是能量传输,要求在较宽的频率范围内,以较小的损耗,长期可靠地传输电路的电能。天馈线组成框图如图 2-5 所示。

1.天线的作用

雷达天线的基本作用是实现电磁波的自由空间传播和导波传播之间的转换。发射期间天线的特定功能是将辐射能集中到具有某种形状的定向波束内以照射指定方向的目标。接收期间天线收集目标反射的回波信号能量并将之送往接收机。因此,在以发射方式和接收方式工作时雷达天线起到互易的然而是相互关联的作用。在两种方式或者作用中主要的目的都是要精确确定目标的方向角。为实现此目的,需要有高度定向的(窄的)波束,从而不仅达到所需的角精度而且能够分辨相互靠得很近的目标。雷达天线的这一重要特性可以定量地用波束宽度来表示,也可以表示为发射增益和有效接收孔径。后两个参量相互成正比,并且与检测距离和角精度有直接关系。现代雷达都工作在微波频段,用适当物理尺寸的天线就能获得窄的波束宽度。阻抗匹配和聚焦特性是天线部分设计的要点。

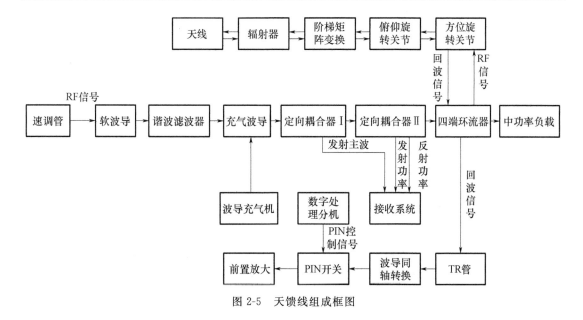

图 2-5　天馈线组成框图

2. 反射面天线的主要技术指标

（1）增益或方向性系数

天线增益用来描述一副天线将能量聚集于一个窄的角度范围（方向性波束）的能力。天线增益的两个不同却相关的定义是方向增益和功率增益。前者通常称作方向性系数，后者常称为增益。清楚地理解两者之间的区别是非常重要的。方向性系数（方向性增益）定义为最大辐射强度（每立体弧度内的瓦数）与平均辐射强度之比，因此方向性系数定义就是实际的最大功率密度比辐射功率为各向同性分布时的功率密度强多少倍。注意，这个定义不包含天线中的耗散损耗，只与辐射功率的集中有关，增益（功率增益）则不包含天线的损耗并且用天线输入端收到的功率 P_0 来定义，而不用辐射功率 P_t。

（2）辐射方向图（包括波束宽度、副瓣）

① 天线辐射方向图：电磁能在三维角空间中的分布表示成相对（归一化）基础上的曲线时，称为天线辐射方向图。这种分布可用各种方式绘制成曲线，如极坐标或直角坐标、电压强度或功率密度、单位立体角内功率（辐射强度）等。

② 波束宽度：天线方向图的主要特征之一是主瓣的波束宽度，即它的角宽度。由于主瓣是连续函数，它的宽度从峰值到零点（或最小点）是不一样的。最常用的是半功率波束宽度（HPBW），在图中它出现在 0.707 相对电压处，规定要测量波束宽度，一般来说波束宽度即指半功率（3 dB）波束宽度。半功率波束宽度也常用作天线的分辨力的量度，因此，如果等距离处的两个目标能够通过半功率波束宽度分开，就说明这两个目标在角度上是可分辨的。天线的波束宽度与天线孔径的大小有关，也与孔径上的振幅和相位分布有关。

③ 副瓣：主瓣（主波束）区域以外，天线辐射方向图常常由大量较小的波瓣组成，其中靠近主波束的那些是副瓣。然而，通常是将所有较小的波瓣统称为副瓣，其中靠近主波束的称为头几个副瓣。偏离主瓣 180° 左右的较小的波瓣称为背瓣。发射方式时，副瓣表示辐射功率的浪费，也就是辐射照射到其他方向而不是预期的主波束方向；接收方式时，它们使能量从不希望的方向进入系统。探测低仰角目标时雷达能够通过副瓣接收到很强的地物回波（杂波）。

（3）阻抗（电压驻波比或 VSWR）

当馈线和天线匹配时,高频能量全部被负载吸收,馈线上只有入射波,没有反射波。馈线上传输的是行波,馈线上各处的电压幅度相等,馈线上任意一点的阻抗都等于它的特性阻抗。而当天线和馈线不匹配时,也就是天线阻抗不等于馈线特性阻抗时,负载就不能全部将馈线上传输的高频能量吸收,而只能吸收部分能量。入射波的一部分能量反射回来形成反射波。一般要求天线的驻波比小于 1.5。计算公式：$VSWR = (1 + \Gamma)/(1 - \Gamma)$。

（4）互易性和极化

① 互易性：CINRAD/CC 雷达系统采用一副天线,既用于发射又用于接收,天线具有互易性,其含义是它们的性能参量（增益、方向图、阻抗）在两种工作方式下是一样的。这一互易性原理允许天线既可以看成是发射设备,又可以看成是接收设备,也允许在任何一种工作方式下测试天线。

② 极化：天线的极化方向定义为电场（E-场）矢量的方向。如果电波的电场方向垂直于地面,我们就称它为垂直极化波。如果电波的电场方向与地面平行,则称它为水平极化波,如图 2-6 所示。现有雷达的天线大都采用线极化,CINRAD/CC 雷达采用的是水平极化方式。

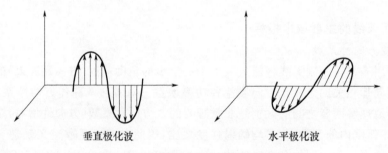

垂直极化波　　　　　　　水平极化波

图 2-6　垂直极化波和水平极化波示意图

2.2.5　馈线部分

馈线系统是指在雷达发射机、接收机和天线之间构成的彼此独立、互不干扰的来往通道,将大功率电磁脉冲由发射机传输到天线,然后又把微弱的反射信号从天线传回到接收机。大功率雷达馈线系统主要由环流器、定向耦合器、旋转关节、移相器、密封窗等组成。其中旋转关节和密封窗的性能对馈线系统的整体电性能和功率容量以及可靠性的影响尤其重要。

1. 馈线的基本功能

馈线系统是指微波/毫米波频段的传输网络,是雷达的重要分系统之一,用以实现高频段信号传输、天线波束扫描与极化、阵列天线波束形成、能量的分配合成等特定作用。馈线部分的基本功能,是将发射分系统输出的射频发射脉冲中的二次谐波滤除,保持发射脉冲的频谱纯度,同时以尽可能小的损耗,将射频发射脉冲的电磁能量送往天线。发射时要保护接收分系统中的高频放大器不被高功率发射脉冲损坏。接收时将天线接收到的射频回波脉冲能量传送到接收分系统而与发射分系统隔离。

2. 馈线主要器件及技术指标

（1）谐波滤波器

1）谐波滤波器的主要作用

谐波滤波器是 CINRAD/CC 雷达馈线部分的重要部件,安装在发射分系统高功率速调管放大器的输出端,通过一段软波导与速调管的输出耦合装置相接。它用来抑制高功率发射脉冲频谱中的二次、三次谐波。这是一种吸收式谐波滤波器,在它的波导壁上开有隙缝,在宽壁和窄壁的两面,嵌有条片状的吸收物质。

2)谐波滤波器的技术参数

① 损耗:≤0.30 dB。

② 驻波:≤1.05。

③ 二次谐波抑制度:≥48.50 dB。

④ 三次谐波抑制度:≥30.00 dB。

(2)定向耦合器

1)定向耦合器的作用

定向耦合器是现代雷达系统中广泛应用的一种微波器件,它的本质是将微波信号按一定的比例进行功率分配。

2)定向耦合器的技术参数

定向耦合器是四端口网络,端口 1 为发射主波输入端,端口 2 为发射主波输出端,端口 3 为耦合输出端,端口 4 为隔离端,如图 2-7 所示,假设其散射矩阵为[S]。描述定向耦合器主要参数有以下几个。

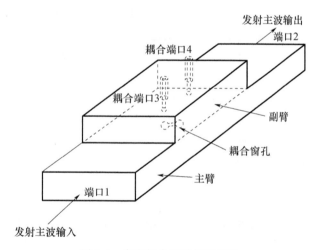

图 2-7　定向耦合器结构示意图

① 定向度:耦合端 3 的输出功率 P_3 与隔离端 4 的输出功率 P_4 之比定义为定向度。

② 输入驻波比:端口 2、3、4 都接匹配负载时的输入端口 1 的驻波比定义为输入驻波比。

③ 隔离度:输入端的输入功率和隔离端的输出功率之比定义为隔离度。

④ 工作带宽:工作带宽是指定向耦合器的定向度、输入驻波比、隔离度等参数均满足要求时的工作频率范围。

CINRAD/CC 雷达装有定向耦合器Ⅰ、Ⅱ,定向耦合器Ⅰ的作用是耦合输出一小部分发射脉冲能量,作为发射脉冲样本送往接收分系统的射频接收分机。定向耦合器Ⅱ的作用是专门用来监测发射分系统的输出功率和天线馈线分系统的反射功率。利用它可以粗略测定天线馈线分系统馈线部分的一项技术指标——输入驻波。

（3）四端环流器

1）四端环流器的功能

环流器是一种波导收发转换装置，它的功能是使雷达的发射和接收共用一副天线。在雷达发射时，它使天线同发射分系统接通而同接收分系统断开；在雷达接收时，它又使天线同接收分系统接通而同发射分系统断开。

2）四端环流器技术指标

① 在工作带宽内收—发、发—收向隔离度：≥27 dBm。

② 峰值功率容量：≥500 kW，平均功率容量：≥400 kW。

③ 驻波比：≤1.2。

④ 收—发、发—收的插入损耗：≤0.3 dBm。

（4）PIN 开关

1）PIN 开关的作用

CINRAD/CC 雷达的 PIN 开关组件主要是进一步削弱收发放电管打火时漏过来的发射脉冲能量，而对于微弱的回波脉冲能量则让其顺利通过，以保证接收分系统场效应管高频放大器能正常、安全地工作。

2）PIN 开关的技术指标

① PIN 开关带宽：PIN 开关受最低、最高工作频率的限制，要求 PIN 开关的频带尽量宽。

② PIN 开关插入损耗和隔离度：PIN 管实际存在一定数值的电抗和损耗电阻，因此，开关在导通时衰减不为零，成为正向插入损耗，开关在断开时其衰减也非无穷大，成为隔离度。二者是衡量开关的主要指标，一般希望插入损耗小，而隔离度大。

③ 开关时间：由于电荷的存储效应，PIN 管从截止转变为导通状态，从导通状态转变为截止状态都需要一个过程，这个过程所需要的时间称为开关时间。"开通延时"为控制脉冲90%到受控微波脉冲包络10%所需的时间；"开关开通时间"为受控微波脉冲包络从10%到90%所需要的时间，也称为"上升沿"；"关断延时"为控制脉冲10%到受控微波脉冲包络90%所需要的时间；"开关关断时间"为受控微波脉冲包络从90%到10%所需要的时间，也称为"下降沿"。

一般"开通延时"和"关断延时"取决于驱动器电路，而"上升沿"和"下降沿"取决于 PIN 管和偏置电路的选择。

④ 承受功率：在给定的工作条件下，微波开关所能承受的最大输入功率。与 PIN 管功率容量、电路类型（串联或者并联）、工作状态（CW 和脉冲）给散热条件有关。一般损坏机理有两种：电压击穿，常见于脉冲功率；热烧毁，常见于 CW。

⑤ 电压驻波系数：电压驻波系数仅仅反映端口输入输出匹配情况。端口电压驻波系数最小，开关的损耗不一定最小；但是差损最小的开关其电压驻波系数肯定小。

⑥ 谐波：PIN 二极管具有非线性，因此会产生谐波，当应用于较宽的场合时，谐波可能落入带内而无法滤除，所以要给予重视。

（5）TR 收发放电管

1）TR 收发放电管的作用

收发放电管与环行器的接收臂相接。当雷达发射时，它的内部打火、封闭波导，不使大功率发射脉冲侵入接收分系统，以保护场效应管放大器；雷达接收时，它不打火，使微弱的回波脉冲顺利地进入接收分系统。

2)TR 收发放电管的组成

TR4504 型收发放电管的外壳是一个密封的矩形空腔,内部充有惰性气体。

在空腔中装有两对相距 1/4 波导波长的放电电极。矩形空腔两端以耦合窗封闭,窗孔则以石英玻璃封装。接环行器这一端的窗孔较小;接 PIN 开关组件那一端的窗孔较大,在安装时注意不能装反。

3)TR 收发放电管的技术指标

① 承受最大脉冲功率:20 kW。

② 工作比:2‰。

③ 峰值漏功率:120 mW。

④ 恢复时间:$<10\ \mu s$。

⑤ 插入损耗$\leqslant$0.7 dBm。

⑥ 工作寿命:1000 h。

⑦ 对于 TR 放电管,主要监测其漏功率,当漏功率$\geqslant$170 mW 时,应立即更换。

(6) 旋转关节

1)旋转关节的作用

为了搜索和跟踪空中目标,雷达天线往往采用机械扫描方式,要求天线在方位 360°连续旋转,俯仰方向 0°~90°有限范围旋转。需要通过一种微波连接器件在旋转天线和固定设备之间建立可靠的连接通道,这种器件就叫作旋转关节或转动铰链。

2)技术参数

① 阻尼小,转动灵活,结构可靠,寿命长。

② 转动过程中匹配良好,工作频带内驻波系数越小越好,一般要求 $S\leqslant1.2$。

③ 能承受一定的峰值功率,工作频带宽。

④ 插入损耗小,泄漏电平低。

2.3　发射分系统

2.3.1　功能

雷达发射分系统的功能:在本分系统速调管阴极调制脉冲持续期间,将接收分系统输出的脉冲宽度为 1 μs(或 2 μs),功率可调的射频激励信号(最大功率为 5 W),放大成为峰值功率 250 kW 以上的大功率、全相参、高品质的射频发射脉冲。

发射分系统采用全相参放大链式,用直射式多腔高功率速调管进行充分放大,输出符合各项技术指标规定的发射脉冲。本分系统充分利用了速调管大功率、高增益性能使放大链线路一级即能够满足技术要求,实现了电路最简化。

2.3.2　组成

雷达发射分系统由发射配电、发射监控、高压电源、调制器、发射电源(包括灯丝电源和磁场电源)、抽风电机(10PC 后为离心风机)、钛泵电源、脉冲旁路器、速调管、磁场线包和脉冲变压器等十几个部分组成,如图 2-8 所示。

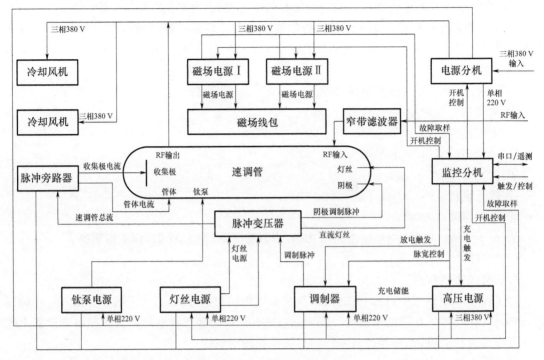

图 2-8 发射系统组成示意图

2.3.3 工作原理

发射配电分机将输入的 50 Hz、三相 380 V 电源,合理地分配给本分系统内各分机、组件以及冷却设备,向它们提供 50 Hz 单相 220 V 或三相 380 V 电源。对某些需要输入大功率的分机和设备,在它们的供电线路上设置保护装置,并具有断相保护功能。

发射监控分机负责本分系统与全机其他分系统在信号定时、同步和工作状态控制方面的联系,并采集本分系统各分机的故障信号,完成内部技术状态检测功能。

窄带滤波器输入端接来自接收分系统激励源分机射频激励信号,输出端接速调管的输入腔起到降低发射机输出频谱的杂散发射和带外发射,降低发射机占用带宽的作用。

固态调制器在放电触发脉冲的控制下,通过脉冲变压器向速调管阴极提供调制脉冲。

速调管作为功率放大器,在其阴极调制脉冲持续期间,将输入的射频激励信号进行充分、有效的功率放大,最后输出 250 kW 以上的射频发射脉冲。

脉冲旁路器与速调管及脉冲变压器连接,用以构成速调管收集极电流、管体电流和总流的通路,并可进行检测。

高压电源分机在充电触发脉冲控制下,向固态调制器的储能组件(PFN)提供充电电源。磁场电源Ⅰ和Ⅱ为速调管的两组聚焦线圈提供电流,以形成径向聚焦磁场,保证速调管工作时电子注不致散焦。灯丝电源分机、钛泵电源分机向速调管提供灯丝电源和钛泵电源,后者用以保证速调管的真空度不致降低,雷达发射脉冲信号流程如图 2-9 所示。

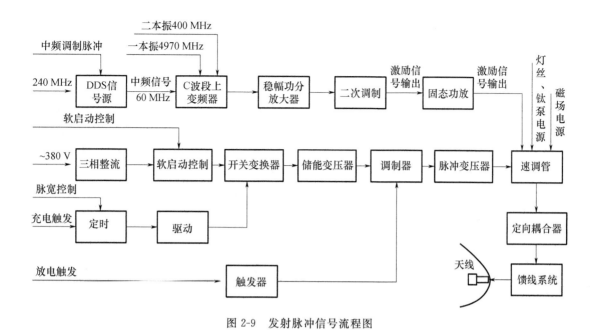

图 2-9　发射脉冲信号流程图

2.3.4　主要技术指标（表 2-3）

表 2-3　发射机主要性能技术指标

序号	项目	技术指标	
1	工作形式	全相参速调管放大链式	
2	工作频率	中心频率 5300～5500 MHz,频宽≥100 MHz,用户可多级微调	
3	脉冲峰值功率	≥250 kW	
4	脉冲宽度	1 μs,2 μs 可选	
5	发射输出改善因子	≥50 dB	
6	发射输入改善因子	≥52 dB	
7	脉冲重复频率	1.0 μs	250～1300 Hz
		2.0 μs	250～450 Hz
8	调制器形式	全固态调制器,放电开关为可控硅	
9	速调管寿命	≥5000 h	
10	双重复频率比	2∶3、3∶4	
11	最大发射占空比	≥0.002	
12	开机时间	15 min	
13	控制方式	人工控制、自动控制	
14	指示	冷却、低压、高压准加、高压指示;故障报警指示;高压工作时间温度指示、主要工作参数指示	
15	安全保护	发射机柜门开关保护电路、发射机故障自锁电路	

2.3.5 发射分系统分机

1. 配电分机

（1）组成

发射配电电路由电网滤波器、三刀或二刀空气开关、模块板、继电器等组成，为发射分系统内各分机和组件提供单相 220 V 或三相 380 V 电源，具有断相保护等辅助功能。配电电路图如图 2-10 所示。

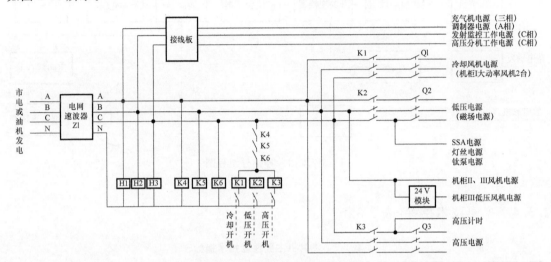

图 2-10　发射机配电组成示意图

（2）工作原理

市电或油机发电送来的三相 380 V、50 Hz 交流电源首先经电网滤波器 Z1 进行滤波。三相电源经接线板转接提供充气机电源（三相）、调制器电源（A 相）、发射监控工作电源（C 相）和高压分机工作电源（C 相）。向发射机柜 II 的速调管散热风机（离心风机）提供工作电源（三相）。

继电器 K4、K5 和 K6 为断相保护电路。A、B、C 三相电源均正常时，K4、K5 和 K6 三个继电器均吸合，触点接通，这时继电器 K1、K2 和 K3 的线包才能得到 C 相电源。继电器 K1、K2 和 K3 分别为冷却开机、低压开机和高压开机的控制继电器。开机之前冷却、低压和高压三个断路器 Q1、Q2 和 Q3 应处于接通状态（过载时会自动断开，起保护作用）。

本地控制情况下，首先将遥控/本控旋转开关（S1）置于本控位置，然后依次顺时针旋转冷却开机开关（S2）、低压开机开关（S3），准加指示灯亮后再顺时针旋转高压开机开关（S4）。开关状态信号送往发射监控的 PLC，在 PLC 控制下，顺时针旋转冷却开机开关（S2）后，继电器 K1 吸合，为冷却风机（发射机柜 I 后门、发射机柜 II 离心风机、磁场线包散热风机以及发射电源散热风机）提供电源。顺时针旋转低压开机开关（S3）后，继电器 K2 吸合，向磁场电源分机提供工作电源（三相），还提供脉冲旁路器电源、灯丝电源和钛泵电源。顺时针旋转高压开机开关（S4）后，继电器 K3 吸合，向高压电源分机提供工作电源（三相），向高压计时电路提供工作电源开始高压计时。

遥控情况下，遥控/本控选择开关（S1）置于遥控位置，开机过程由雷达监控终端软件进行控制。

2. 监控分机

（1）功能

发射分系统中的高压、大电流器件，对于操作顺序、故障检测和故障连锁保护有特殊要求。发射分系统的发射监控分机可以完成开关机控制操作、工作状态指示、工作参数指示、故障指示、故障连锁保护和遥控通信等功能。

（2）组成

发射监控分机的核心是一台可编程控制器（PLC），可编程控制器（PLC）为日本 OMRON 公司的 C200H 型工业控制器，包括一个 CPU 模块，五槽底板上配置有两个 16 点输入模块（PC 003 和 PC 004）、一个 16 点输出模块（PC 001）、一个 8 点输出模块（PC 002）和一个串行通信模块（PC 000）。此外，还有一个专用电源模块（G1，提供 15 V 工作电源）、一个隔离变压器（T1）和一个电网滤波器（Z1）。另外配置一块接口板和一块控制指示面板，接口板的功能是将触发信号进行电平转换和放大，其组成框图如图 2-11 所示。

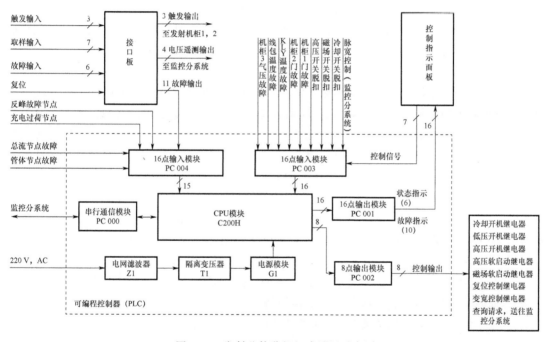

图 2-11　发射监控分机组成原理示意图

（3）工作原理

可编程控制器的 CPU 模块经 PC 003 和 PC 004 两个 16 点输入模块接收本地操作控制信号和故障信号，经串行通信模块 PC 000 接收监控分系统送来的操作控制信号，按编制好的程序进行运算和判断。输出的工作状态指示信号和故障指示信号经 16 点输出模块 PC 001 送往控制指示面板进行状态指示和故障指示，输出的操作控制信号经 8 点输出模块 PC 002 送往相应继电器控制这些继电器的吸合完成相应操作。工作状态和故障信息等经串行通信模块 PC 000 送往监控分系统。

冷却开机部分的故障封锁低压开机，低压开机部分的故障封锁准加延时和高压开机。准加延时为 15 min。冷却关机要经关机延时（5 min）之后进行，保证机内充分降温后再关掉冷却风机。

16 点输入模块 PC 004 进入 PLC CPU 模块的故障输入有 15 个,即:回扫电源故障、人工线(PFN)过压故障、可控硅(SCR)故障、可控硅(SCR)风机故障、反峰故障、无触发故障、磁场 1 故障、磁场 2 故障、灯丝故障、真空度故障、总流故障、总流节点故障、管体电流故障、管体电流节点故障和充电过荷故障。

16 点输入模块 PC 003 进入 PLC CPU 模块的控制信号有 6 个,即:遥/本控选择、冷却开机、低压开机、高压开机、复位和脉宽控制。

故障信号有 10 个,即:冷却开关脱扣、磁场开关脱扣、高压开关脱扣、KLY 温度故障、线包温度故障、高温故障、低温故障、机柜(1,2,3)门故障。

16 点输出模块 PC 001 输出送往控制指示面板的状态指示信号有 6 个,即:冷却指示、低压指示、准加指示、高压指示、宽脉冲指示和窄脉冲指示。

10 个故障指示信号:冷却故障、天线罩门故障、高压故障、调制器故障、无触发故障、磁场故障、灯丝故障、KLY 故障、真空度故障和门故障。

8 点输出模块 PC 002 输出的控制操作信号有 8 个,其中 7 个是继电器控制信号,被控继电器分别为:冷却开机继电器、低压开机继电器、高压开机继电器、高压软启动继电器、磁场软启动继电器、复位控制继电器和变宽控制继电器。第 8 个输出信号是查询请求信号,送往监控分系统。

PLC 的 CPU 模块通过串行通信模块与监控分系统进行串行通信,接收监控分系统送来的操作控制命令和参数设置命令等信息,送出状态指示、工作参数、故障等信息。

接口板是将触发信号进行电平转换和放大。充电触发信号还受磁场电源、高压电源故障的连锁控制,然后送相应电路进行触发;将 4 个工作参数取样值进行放大和阻抗变换送往监控分系统;将故障信号进行放大、比较、判断和自锁等处理送往 PLC 的输入模块;受复位信号控制可解除故障连锁和故障输出。

由监控分系统送来的触发信号有基准触发信号、放电触发信号和充电触发信号。基准触发信号经单稳电路 D1A、D1B(CD4098)产生微秒量级延时和整形,再经驱动器 D2A(CD1413)进行驱动后,送往固态放大器(SSA)作为固态触发信号。放电触发信号经单稳电路 D3A、D3B(CD4098)延时整形、确定宽度后,再经驱动器 D2B(CD1413)送往调制器作为放电触发信号,同时将此信号送到 D6A 作为充电保护信号。

充电触发信号的处理较为复杂,要受磁场故障、PFN 故障及 SCR 故障的连锁。磁场 1 和磁场 2 故障经高速光耦器件 V2、V4(H11L)后送往故障或门 V3、V5(2CK84D)。PFN 取样信号经 V20 限幅、N3A、N3D 放大后获得足够的幅度,然后经门控 D7B(CD4011)、驱动器 D9E(MC1413)和故障自锁二极管 V18(2CK84D),如果 PFN 取样值太高,驱动器输出故障信号(高电平),表示 PFN 过压,该故障信号送故障或门 V19(2CK84D)。

SCR 取样信号经 V25 限幅后送运放 N3C(LM324)的输入负端,输入正端为 PFN 取样信号,如果 SCR 取样信号电平太低,运放 N3C(LM324)输出高电平送往或门 V22(2CK84D)。SCR 取样信号如电平太高,则放大器 N3B(LM324)输出高电平送往或门 V28(2CK84D)。或门 V22、V28 输出的高电平表示 SCR 取样过高或过低。门控 D7C(CD4011)、驱动器 D9F(MC1413)和故障自锁二极管 V23(2CK84D)将故障状态锁定(高电平),表示 SCR 过压或欠压,该故障信号送往故障或门 V24(2CK84D)。故障或门共有 4 个故障信号输入,即磁场 1 故障、磁场 2 故障、PFN 过压故障、SCR 过(欠)压故障。只要 4 个故障中的任何一个(或多个)为高电平,则反相器 D4C(CD4011)输出低电平,故障封锁电路 D44(CD4011)将充电触发信号封锁。无故障时充电触发信号可以通过 D4A 送驱动器 D2C(MC1413),将充电触发信号送往高压电源控制板。复位信号可经门控 D7B、D7C 解除 PFN 过压故障和 SCR 故障的自锁。

高压电源故障、固态故障、灯丝故障和钛泵故障分别经过光耦器件 V6、V7、V8 和 V9(均为 GO213)的隔离送往 PLC。

经接口板处理并送往 PLC 的故障信号共有 7 个。磁场 U1 故障信号和磁场 U2 故障信号经高速光耦 V2、V4(H11L)之后,送往 PLC。

PFN 过压故障信号和 SCR 故障信号,除送往故障或门对充电触发信号进行连锁外也送往 PLC。

管体电流取样信号经限幅(V13)、运放 N2C(LM324)、运放 N2D(LM324,用作跟随器),然后送门控电路 D7A(CD4011)、驱动器 D9D(MC1413)和故障自锁二极管 V15(2CK84D),故障信号(高电平)送 PLC。复位信号可以使故障自锁状态解除。

总流取样信号的处理方式与管体电流取样信号的处理方式相同,故障信号送 PLC。风机 1 和风机 2 取样信号经或门 V30、V31(2CK84D)后送到故障判断电路 D8B(CD4098),故障判断电路是一个可重触发单稳态触发器,风机 1 和风机 2 旋转时产生脉冲信号作为单稳的触发信号,单稳的定时时间设计得较长,定时尚未结束时可以得到下一个触发信号,输出保持暂稳状态,高电平。如一个风机故障,定时结束后才可得到下一个触发信号,单稳输出为方波。如两个风机故障,无触发信号,单稳输出低电平。

单稳输出信号经驱动器 D2D(MC1413)后送往 PLC。接口板将输入的 4 个取样信号进行放大、阻抗变换之后的模拟信号送往监控分系统。

PFN 取样信号除在故障情况下(过压)对充电触发信号进行连锁并送 PLC 之外,还经 NID(LM324)进行跟随和阻抗变换送往监控分系统进行遥测。

管体电流取样信号、总流取样信号和温度取样信号也经运放(跟随器工作方式)进行阻抗变换送往监控分系统进行遥测。

3. 高压电源分机

(1)功能

高压电源分机为发射机调制器提供所需的直流高压。

(2)组成

高压电源由电源滤波器 Z1(FLEM85-20A)、三相整流 V1(6RI30G-120)、软启动控制电路、电流、电压取样电路、变换器电路、储能变压器 T1(AA4.771.1015 MX)、高压隔离驱动电路 A1(AA2.939.1076DL)、高压控保电路(AA2.939.1074DL)等组成。

(3)工作原理

1)高压整流与变换电路

高压电源采用回扫充电技术对调制器进行充电,把电源逆变原理与调制器充电技术融为一体,整个充电过程分为储能变压器充电和脉冲形成网络(PFN)充电两部分。

高压电源工作原理主要涉及变换器工作原理,图 2-12 为高压电源的变换器电路。图 2-12 中的 V2、V4(IGBT)是变换器的功率开关元件,T1 是耦合储能变压器,T2 是电流互感器,PFN 是脉冲形成网络。

V2、V4 周期性饱和导通与截止受隔离驱动电路输出信号控制,而隔离驱动电路输出的信号又受到高压控保电路输出信号的控制。

当 V2、V4 受控饱和导通时,在 T1 变压器的初级绕组通过的电流 I 以 LVDC 上升速率变化,其中 L 为初级绕组的励磁电感,VDC 为输入电压,由于变压器对应端的极性关系,在 V2、V4 导通时,次级绕组出现下正上负,因此二极管 V5 截止,次级绕组无电流流过,能量储存在初级绕组 L 电感中,电流互感器 T2 将电流取样送到闭环控制电路中的比较器,当电流 I 上升到预定的 I_{max} 时,比较器输出信号经放大,通过隔离驱动电路去控制 V2、V4 截止,V2、V4 截止时,V5 导通,流经次级绕组的电流对 PFN 进行充电,若不考虑其他损耗,充电变压器储存能量应全部转换在 PFN 上。设 PFN 的充电电容为 C_{PFN},充电电压为 U_{PFN},根据能量守恒定律,下面等式成立:

$$\frac{1}{2}L_{imax} = \frac{1}{2}C_{PFN}U_{PFN}$$

等式说明,要确保 U_{PFN} 的精度要求,必须精确设置充电变压器的初级绕组电流 I_{max} 数值,I_{max} 的设置是在高压控保电路中通过闭环控制电路比较器来实现的。

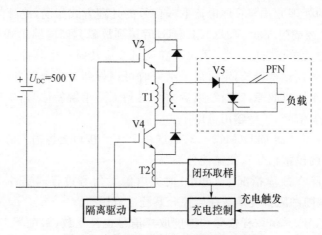

图 2-12　高压电源的变换器电路示意图

通过图 2-13 时序关系和充电波形图,可以进一步加深理解这些波形之间的关系。

为了防止变换器中的功率开关元件(IGBT)被烧坏,不但设计了电流过流保护电路、电压过压保护电路,而且将电流电压取样值送发射监控分机的控制指示面板,随时进行监视和控制。

2)高压控保电路

① 高压故障判断电路

隔离驱动电路输出的 IGBT1 保护信号和 IGBT2 保护信号进入高压控保电路后经 D1A 和 D1B(CD4098)单稳态触发器整形送入负或门 D2B(CD4082),如图 2-14 所示,D2B(CD4082)是四输入端正与门,但整形输出的 IGBT 保护信号低电平有效,对于低电平有效的信号(负逻辑)D2B 相当于或门,两个 IGBT 保护信号中的任何一个为低电平时即可通过负或门 D2B 去触发故障自锁电路 D3(CD4012),D3 的输出分为两路,一路经三极管 V9(3DK104D)驱动发光二极管 V8(BT314057,红色)进行故障指示,经三极管 V10(3DK104D)驱动去发射监控分机。另一路去高压充电控制信号产生电路进行故障连锁。复位信号经光耦 V11(H11L1)隔离后送到故障自锁电路,解除其故障自锁状态。

② 高压充电控制信号产生电路

高压充电定时信号经光耦 V7(H11L1)隔离后,受继电器 K1、K2 控制分为两路。继电器 K1 和 K2 在充电时间选择信号的控制下一个吸合、一个断开,吸合的继电器接点将高压充电定时信号选通,送入整形电路 D5A 或 D6A(CD4098,单稳态触发器),再送入最大充电时间定

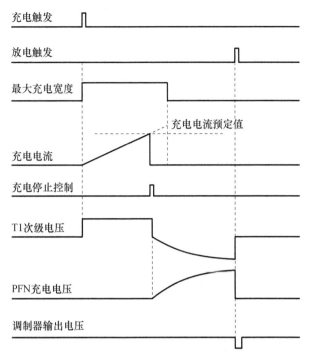

图 2-13　高压电路的时序关系和充电波形图

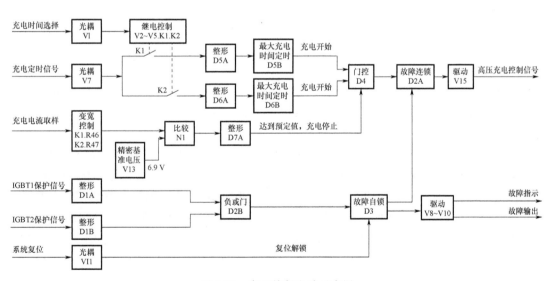

图 2-14　高压控保电路示意图

时电路 D5B 或 D6B(CD4098,单稳态触发器)。D5B 或 D6B 输出的正方波起始时间对应于高压充电开始的时间,正方波宽度对应的时间就是最大充电宽度。继电器 K1、K2 选中其中一个正方波送往门控电路 D4(CD4011)。

送往门控电路 D4 的还有一个高压充电停止控制信号,现介绍高压充电停止控制信号的产生。充电电流取样信号在继电器 K1、K2 控制下选通对应的电阻 R46(1.1 kΩ)或 R47(360 Ω),电阻 R46 或 R47 上的电压即对应于不同充电时间情况下,充电电流取样信号产生的电压。该电压送往比较器 N1(LM311A),比较器 N1 的另一个输入端接基准电压。基准电压由带恒温控制的精密基准稳压电源 V13（LM399）提供，基准电压值为 6.9 V，稳定度达 10^{-6}，这个基准电压对应于充电电流的预定值。当高压充电电流达到预定值时比较器 N1 输出低电平，整形单稳电路 D7A（CD4098）输出低电平，送往门控电路 D4 作为高压充电停止控制信号。高压充电控制信号在故障连锁电路 D2A（CD4082）中受高压故障的连锁控制，如无故障，高压充电控制信号经三极管 V15（3DK104D）构成的跟随器送往高压隔离驱动电路。高压充电控制信号产生与故障连锁控制电路如图 2-15 所示。

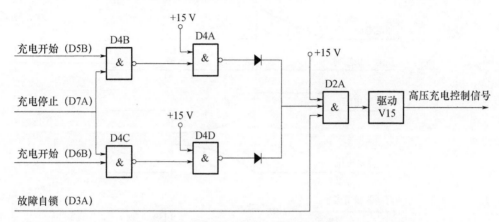

图 2-15　高压充电控制信号产生与故障连锁控制电路示意图

③ 高压隔离驱动电路

高压隔离驱动电路接收高压控保电路送来的高压充电控制信号，产生两路驱动信号，分别送往高压变换器的开关管 IGBT1 和 IGBT2 的栅极，控制开关管的导通和截止，同时对两只开关管的集电极电压进行监视，如不正常则产生 IGBT1 或 IGBT2 保护信号送给高压控保电路。

高压隔离驱动电路的核心元件是集成驱动电路 N2 和 N4（EXB841），此外是三端稳压器 N1 和 N3（LM217）以及光耦 V3 和 V7（H11L1）。现以 IGBT1 驱动信号的产生为例说明高压驱动电路的工作过程。

三端稳压器 N1（LM217）将整流桥 V1 的输出直流电压稳压为 20 V 向 N3 提供＋20 V 稳定工作电压。发光二极管 V2 指示三端稳压器输出电压是否正常。集成驱动电路 N3（EXB841）将高压控保电路送来的高压充电控制信号（15 脚）进行驱动放大，在 3 脚输出强力驱动信号送往 IGBT1 的栅极，控制 IGBT1 的导通和截止。IGBT1 的集电极电压送集成驱动电路 N3 的 6 脚进行监视，如不正常在 N3 的 5 脚产生故障信号，经光耦 V3（H11L1）的隔离产生 IGBT1 保护信号送至高压控保电路。

（4）主要技术指标

① 输入电源：三相 380 V，单相 220 V。

② 充电周期：＜650 μs。

③ 充电电压：5000 V。

④ 稳定度：0.01％。

⑤ 可进行变宽充电，最高工作频率 1300 Hz。

4. 磁场电源分机

（1）作用

雷达共有两个磁场电源分机，即磁场电源分机Ⅰ和磁场电源分机Ⅱ。这两个分机的功能、组成与工作原理完全相同。磁场电源的功能是使磁场线包产生均匀的轴向聚焦磁场,保证速调管电子枪产生的电子注在速调管内整个渡越过程中获得最佳的聚焦。

（2）主要参数

① 输入电源:三相 380 V,单相 220 V。

② 输出电流:7~9 A(连续可调)。

③ 电流稳定度:0.1%。

5. 灯丝电源分机

（1）作用

灯丝电源分机向速调管灯丝提供高稳定的直流电源。对于不同的速调管而言,其灯丝阻抗会有所偏差,如果采用交流供电,这会影响到灯丝电流波形的形状,在平均值不变的情况下,有效值会发生变化,而速调管需要的是稳定的灯丝电流有效值。本分机采用直流灯丝供电。

（2）主要参数

① 输入电源:单相 220 V。

② 输出电流:6.5~7 A(连续可调)。

③ 电流稳定度:0.1%。

6. 钛泵电源分机

（1）作用

钛泵电源分机向速调管的钛泵提供工作电源。为了保证速调管的高真空度,管内设有一个冷阴极的钛泵。速调管阳极电流几乎正比于管内气体的浓度,所以阳极电流可以用来指示管内的真空度,用来进行故障判断和对速调管的工作进行控制和保护。

（2）主要参数

① 输入电源:单相 220 V。

② 输出电压、电流:3~4 kV(可调),电流为 1 mA。

7. 固态调制器

（1）作用

发射分系统的固态调制器是一种软性开关调制器,采用可控硅作为放电开关,电感、电容组合成人工线,即脉冲形成网络(PFN),在放电触发脉冲触发下,形成调制脉冲,由脉冲变压器升压后加到速调管的阴极,将输入激励信号在速调管阴极调制脉冲期间进行放大,输出≥250 kW 的发射脉冲。

固态调制器由线性稳压电源、触发驱动电路、变压器、均压电路、可控硅开关管、充电元件、PFN 以及反峰保护电路等组成,见图 2-16。它有两种脉宽输出形式,根据雷达系统工作的要求,通过控制连接在 PFN 电感线圈上的高压继电器节点的通断进行脉宽变换。脉宽变换只改变 PFN 输出的脉宽而不改变其等效阻抗。脉宽变换只能在高压被切断的状态下进行,以避免继电器节点带电动作引起高压拉弧,也就是说,必须在发射机高压关闭后,才能改变雷达脉宽。

（2）工作原理

固态调制器中 PFN 的充电电源由高压电源分机充电变压器的次级绕组提供。在充电触发脉冲触发下,充电变压器初级绕组有电流 i 流通,该绕组的励磁电感开始储能,此时,充电变压器初、次级绕组的同名端决定了次级绕组两端的感应电压对于充电元件 V1(2CLG10 kV/2.0A)是反偏的,V1 截止,PFN 没有被充电。当初级绕组电流 I 上升到设计预定值,励磁电

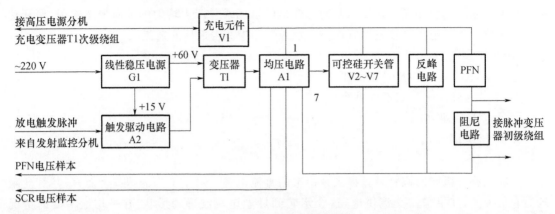

图 2-16　固态调制器组成框图

感也就是充电变压器储存的能量达到规定值时,电路立即断开,电流 I 降为零。于是充电变压器次级感应电压反向,使充电元件 V1 正偏导通,PFN 开始通过脉冲变压器初级绕组而被充电,充电电压达到 5 kV。上述过程发生在充电触发脉冲到来之后、放电触发脉冲到来之前,此时可控硅开关管处于截止状态。当来自发射监控分机的放电触发脉冲到来时,通过一系列电路的作用,使可控硅开关管 V2~V7 同时导通,于是 PFN 放电,在脉冲变压器次级形成调制脉冲,加到速调管阴极。

1)均压电路

为了保障 6 只可控硅开关管串联工作的使用安全,固态调制器中设置了均压电路。由均压电路的电路图可见,6 只可控硅开关管的阳、阴极两端,都与结构完全相同的电路相接,以 V2 管为例,电路如图 2-17 所示。其中 R26、R27 为分压电阻,它们串联后分得的电压加到 V2 管的阳—阴极间;V7(BY329/1200)、R39、C9 构成钳位电路,使分压电阻分得的电压保持稳定。因此,六管不导通时,每管两端呈现的静态阻抗相等,分压相等。可控硅开关管 V2(KG200/1400 V)的控制极电路由变压器 T1 的第 1 个次级绕组 3、4,二极管 V1(2CK84D),电阻 R14、R20 和电容 C2 组成,电阻 R20(200 Ω)两端分别与可控硅开关管 V2 的控制极、阴极相接。

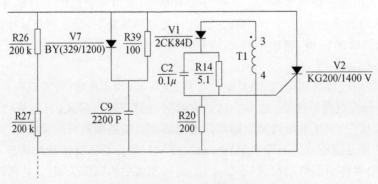

图 2-17　均压电路组成框图

当来自发射监控分机的放电触发脉冲经触发驱动电路 A2 进行整形、放大后加到变压器 T1 初级时,变压器 T1 次级 6 个绕组都感应产生放电触发脉冲,第 1 个次级绕组 3、4 感应产生的脉冲电压,使二极管 V1 正偏导通,电阻 R20 两端分得的电压脉冲加到可控硅开关管 V2 的控制极,使 V2 导通。与此同时 V3~V7 各管也同时导通。于是 PFN 放电,在脉冲变压器次级形成调制脉冲,加到速调管阴极。

固态调制器中采用的 6 只可控硅开关管,均为 KG200/1400 V 型高频可控硅。单管额定正、反向阻断电压为 1400 V,PFN 的正常工作电压为 5000 V,即使达到最高充电电压 7000 V 时,分压的结果单管承受 1167 V,仍处于降额 83% 的工作状态。正常工作时则处于降额 60% 的工作状态。

均压电路中设置了 PFN 电压和 SCR 电压取样电路。前者由取样电阻 R13(2.4 k)、去耦电容 C1(1000P)组成;后者由 R38(2.4 k)、C8(1000P)组成,都串接在分压电阻串的末端。取样电阻的阻值远小于分压电阻的阻值,对分压电路没有影响。利用 PFN 和 SCR 电压样本,可以对可控硅放电组件实施检测。工作正常时,两种电压样本 U_{PFN} 和 U_{SCR} 数值相等。当两者不相等时,经过比较处理,可判断出 V7 短路或 V2~V6 中有开路现象发生;将 U_{SCR} 与预置的基准电平 U 进行比较处理,可判断出 V7 开路或 V2~V6 中有短路现象发生。

2)线性稳压电源

调制器中线性稳压电源 G1 包括 3 个独立电源模块,输出电压分别为 +60 V、+24 V 和 +15 V。+60 V 直流电源是供给变压器 T1 的初级;+15 V 直流电压是供给触发驱动电路 A2 作为电源;+24 V 直流电压为可控硅散热风机和高压继电器提供电源。

3)反峰电路

反峰电路与可控硅开关组件并联,由整流硅堆 V9(2DGL2A-10 kV)、电阻 R1(68 Ω)、R2(10 Ω)、电容 C2(0.22 μF)、C3(2200 μF)以及继电器 K2(JZ-3-4)组成,其电路图见图 2-18。

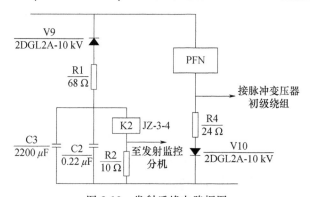

图 2-18　发射反峰电路框图

反峰电路的作用在于消除 PFN 放电后出现的负压。在 PFN 放电形成调制脉冲的过程中,一旦发生失配现象,负载反映到脉冲变压器初级绕组的等效负载阻抗将低于 PFN 的特性阻抗,PFN 将形成振荡型放电。由于可控硅开关不能反向导电,PFN 每次放电后线上出现的负电压因无法泄放电荷而保持下来。这个负压的极性是与向 PFN 充电的高压电源一致的,所以 PFN 再次充电时,充电电流增大,PFN 电压将升得更高。如此积累下去,PFN 上充电电压将一次比一次高,PFN 放电时在等效负载上形成的脉冲幅度也将一次比一次大,出现了"过充电"现象,这就可能将 PFN 及其他有关电路的器件击穿。设置反峰电路后,当 PFN 呈现负压时,整流硅堆 V9 导通,构成 PFN 的反向放电回路,使负压迅速下降、消失。这样,就能保证 PFN 每次充电前的起始电压为零或接近于零,从而消除了 PFN"过充电"现象的发生。PFN 充电时,V9 不导通,不影响正常工作。当 PFN 呈现负压 V9 导通时,从电阻 R2 两端输出反峰报警信号,送往发射监控分机、指示反峰电流。同时继电器 K2 绕组有电流流通,立即动作、断开反峰过荷节点,起到高压连锁作用。

4)阻尼电路

阻尼电路由整流硅堆 V10(2DGL2A—10kV)和电阻 R4(24 Ω)组成,它并联在脉冲变压器初级绕组两端。在 PFN 充电时,它将充电电流分流,以免流过脉冲变压器初级绕组的充电电流过大,使脉冲变压器饱和以致产生不必要的噪声。在 PFN 放电、调制脉冲结束后,脉冲变压器初级绕组的磁化电流将达到最大,然后逐渐减小,减小过程中的磁化电流将在脉冲变压器初级绕组两端感应出反向感应电势而向 PFN 反向充电。磁化电流则将继续沿着原来的流向,流经可控硅开关,并随着时间的推移而逐渐减小到零。这样就延长了可控硅开关组件导通的时间。设置了阻尼电路,就可以使磁化电流流经 R4、V10 而将能量消耗在阻尼电阻上,从而防止了向 PFN 反向充电,也避免了延长可控硅开关组件的导通时间。

5)可控硅的测试

① 可控硅种类

可控硅分单向可控硅、双向可控硅。单向可控硅有阳极 A、阴极 K、控制极 G 三个引出脚,如图 2-19 所示。

图 2-19　单向可控硅示意图

只有当单向可控硅阳极 A 与阴极 K 之间加有正向电压,同时控制极 G 与阴极间加上所需的正向触发电压时,方可被触发导通。此时 A、K 间呈低阻导通状态,阳极 A 与阴极 K 间压降约 1 V。单向可控硅导通后,控制器 G 即使失去触发电压,只要阳极 A 和阴极 K 之间仍保持正向电压,单向可控硅继续处于低阻导通状态。只有把阳极 A 电压拆除或阳极 A、阴极 K 间电压极性发生改变(交流过零时),单向可控硅才由低阻导通状态转换为高阻截止状态。单向可控硅一旦截止,即使阳极 A 和阴极 K 间又重新加上正向电压,仍需在控制极 G 和阴极 K 间又重新加上正向触发电压方可导通。单向可控硅的导通与截止状态相当于开关的闭合与断开状态,用它可制成无触点开关。

② 可控硅的管脚判别

晶闸管管脚的判别可用下述方法:先用万用表 R×1 K 挡测量三脚之间的阻值,阻值小的两脚分别为控制极和阴极,所剩的一脚为阳极。再将万用表置于 R * 10 K 挡,用手指捏住阳极和另一脚,且不让两脚接触,黑表笔接阳极,红表笔接剩下的一脚,如表针向右摆动,说明红表笔所接为阴极,不摆动则为控制极。

③ 单向可控硅的检测

万用表选电阻 R×1 Ω 挡,用红、黑两表笔分别测任意两引脚间正反向电阻直至找出读数为数十欧姆的一对引脚,此时黑表笔的引脚为控制极 G,红表笔的引脚为阴极 K,另一空脚为阳极 A。此时将黑表笔接已判断了的阳极 A,红表笔仍接阴极 K。此时万用表指针应不动。用短线瞬间短接阳极 A 和控制极 G,此时万用表电阻挡指针应向右偏转,阻值读数为 10 Ω 左右。如阳极 A 接黑表笔,阴极 K 接红表笔时,万用表指针发生偏转,说明该单向可控硅已击穿损坏。

(3)主要技术指标

① 工作脉宽:$1.0\ \mu s$、$2.0\ \mu s$ 可切换。

② PFN 充电电压:5000 V。

③ PFN 等效阻抗:5～6 Ω(可调)。

8. 速调管功率放大器

(1)功能特点

速调管功率放大器在固态放大器送来的射频激励脉冲,以及来自固态调制器的阴极调制脉冲的共同作用下,在灯丝、钛泵电源、聚焦磁场电源正常供电的保证下,运用直射式多腔速调管固有的大功率、高增益特性,产生峰值功率≥250 kV 的射频发射脉冲。

速调管功率放大器工作时,激励脉冲和阴极调制脉冲在时间上必须重合,射频激励脉冲必须处在视频调制脉冲的顶部,如图 2-20 所示,两种脉冲的嵌套不能发生偏差。激励脉冲和调制脉冲的重复频率必须与雷达的脉冲重复频率完全一致,当雷达的脉冲重复频率改变时,两种脉冲的重复频率也同步改变。两种脉冲的宽度也必须是要变同时变。

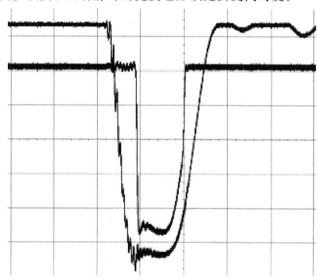

图 2-20　激励脉冲和阴极调制脉冲嵌套图

(2)组成与结构

KC4085 型速调管主要由电子枪、输入谐振腔(简称输入腔)、中间谐振腔(简称中间腔,共有 4 个)、输出谐振腔(简称输出腔)、漂移管(共有 5 个)、收集极以及输入耦合装置、输出耦合装置组成,其结构示意图如图 2-21 所示。

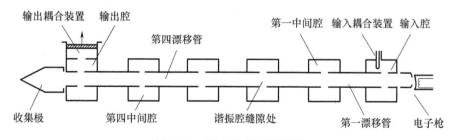

图 2-21　KC4085 型速调管图

速调管的电子枪由阴极、灯丝、聚束极和阳极组成,其中阳极通常为谐振腔的一部分。灯丝通电后发出热量,使阴极温度升高而产生热发射现象,发射出大量电子。聚束极与阳极配合,在阴极表面附近产生聚焦电场,使得从阴极表面向不同方向发射出来的电子,聚成一束,成为圆形电子注,射向收集极。这样做的目的,在于避免电子注在通过各谐振腔口和漂移管时,因为电子彼此排斥而散束,并为管壁或腔口截获。固态放大器输出的激励脉冲,通过输入耦合装置从输入谐振腔注入。所有的谐振腔都是双重入式圆柱形腔体,腔口不设栅网。速调管工作时,谐振腔内会被运动电子注感应而发生振荡,在腔体中部的隙缝处激励起射频电压,形成射频电场,这个射频电场与电子注中的群聚电子发生能量交换。射频电场对电子注做速度调制,使之群聚;群聚电子则将能量交给射频电场,使之加强。漂移管是速调管内连接相邻两腔之间的一段金属圆管,漂移管内的空间区域称为漂移区,这是受速度调制后的电子发生群聚的场所。经速调管放大到 ≥ 250 kW 的发射脉冲,从输出腔通过输出耦合装置与软波导相接,将发射脉冲能量注入馈线部分送往天线向空间定向辐射。

(3)工作原理

接收机激励源输出的 C 波段射频激励脉冲,宽度为 1 μs(或 2 μs)、功率为 1~5 W(可调),通过同轴线传输,以线环耦合方式,使速调管输入腔内感应射频电流,并在腔的隙缝处建立起射频电压。在激励脉冲持续期间,速调管的阴极被同时加上视频调制脉冲。电子枪在阴极调制脉冲持续期间放射出聚束圆形电子注。电子注在通过输入腔的隙缝处时,受到隙缝处射频电压建立的射频电场的电场力作用,如果射频电压正半周时隙缝处电场矢量方向与电子注运动方向相反使电子加速的话,那么射频电压负半周时隙缝处电场矢量方向将与电子注运动方向相同而使电子减速。因此,电子注在输入腔受到了速度调制,在飞经第一漂移区时产生部分群聚作用。电子注飞经第一中间腔时,该腔被部分群聚的电子注激励,腔内感应射频电流,并在腔的隙缝处建立起高于输入腔隙缝处的射频电压。中间腔的感应电流和隙缝处所建立的射频电压,它们的频率与射频激励脉冲的频率相同。由于第一中间腔隙缝处电场的作用,已经产生部分群聚作用的电子注通过时,受到了更深程度的速度调制。

电子注受到速度调制的过程,也是它与隙缝处射频电场进行能量交换的过程。在这个过程中,电子注中的群聚中心电子受到最大减速,与以它为中心群聚的电子,一起将能量交给射频电场,使隙缝处的射频电场增强、射频电压幅度增大。电子注通过第一中间腔后进入第二漂移区,又加强了群聚作用,并产生了新的群聚中心电子。于是在下一个中间腔的隙缝处将建立更高的射频电压。这样,经过 5 个腔的速度调制、能量交换,经过 5 个漂移区的群聚作用的电子注,最后进入输出谐振腔时,将使输出腔的隙缝处建立很高的射频电压,腔内激励起很强的电磁振荡。振荡频率与来自固态放大器的射频激励脉冲的 C 波段载波频率相同。在射频激励脉冲持续期间(脉宽为 1 μs 或 2 μs),速调管的阴极持续发射电子,管内持续发生上述电子注的速度调制和能量交换过程。输出腔内具有足够的射频能量,通过输出耦合装置,输出载波频率、脉冲重复频率、脉冲宽度与射频激励脉冲完全相同,而功率 ≥ 250 kW 的发射脉冲。穿过输出谐振腔已经完成能量交换任务的电子,陆续被收集极接收。电子注的剩余能量以热的形式耗散出去。KC4085 型速调管采取强迫风冷的方式,使收集极具备足够的热耗散能力,保证工作正常。

直射式多腔速调管由于中间腔的数量较多,管体较长,电子注在管内渡越的路程和时间相对较长。虽然电子枪能使从阴极不同方向射出的电子聚成圆形电子注,但是电子注在渡越过程中电子之间的排斥散焦作用始终存在,将使圆形电子注的直径逐渐变粗。渡越时间短的,这种效应不明显,然而对多腔速调管而言,必须采取措施,抑制这种效应。KC4085 型速调管在管体外设置两组聚焦磁场线包,分别由磁场电源分机 I 和磁场电源分机 II 提供电源,使线包产生均匀的轴向聚焦磁场,保证电子注在速调管内的整个渡越过程中获得最佳的聚焦效果,始终保持良好的聚束圆形电子注形态。

速调管是一种电真空器件,电子注应在无任何其他物质存在的真空中渡越,并发生预计的速度调制、能量交换等物理效应。为此,必须使速调管管体内达到一定的真空度要求。钛泵就是用来完成这项任务的装置。钛泵由一个阳极和两块钛金属板组成,阳极和钛板之间的间距为 1~2 mm。两者之间施加+3 kV 直流高压,形成很强的电场。管内残留气体中的正离子,在该电场力的作用下,以高速轰击钛板,使钛金属发生大量溅散而覆盖阳极,使阳极吸附气体,从而使管内保持所要求的真空度。以上过程相当于一个抽气泵,所以这套装置被称为钛泵。3830C 雷达的钛泵阳极电源与速调管的灯丝电源,分别由发射分系统的钛泵电源分机和灯丝电源分机供给。

(4)主要技术指标(表 2-4)

表 2-4　速调管主要技术指标

序号	项目	技术指标
1	工作频率	中心频率 5300~5500 MHz,频宽≥100 MHz
2	输出峰值功率	≥250 kW
3	脉冲宽度	1 μs,2 μs
4	工作比	≤0.3%(视频)
5	增益	≥47 dB
6	效率	≥35%
7	调制方式	阴极调制
8	收集极最大承受平均功率	3 kW
9	寿命	≥5000 h(加高压时间)
10	冷却方式	强迫风冷
11	聚焦方式	电磁

雷达整机的工作频率为 5300~5500 MHz,工作带宽为 200 MHz。目前在 300 kW 输出功率量级下,国产速调管单管无法满足 200 MHz 带宽的要求。为此,将雷达整机的工作频率划分成 5300~5400 MHz 和 5400~5500 MHz 两段,相应地,速调管则分为低段管和高段管两种。低段管的 4 个中间腔的谐振频率各不相同。第一中间腔谐振于中心工作频率 5350 MHz,第二、第三中间腔的谐振频率分别高于和低于中心工作频率,而第四中间腔的谐振频率则处于带外,使腔体的阻抗呈电感性,目的是提高管子的效率。经过严格的调试,保证低段管的带宽为 100 MHz,满足雷达的要求。两种管子除工作频率不同之外,其他工作参数完全相同。发射分系统的电路设计考虑到能同样适应两种管子的工作。

2.4　接收分系统

2.4.1　概述

接收系统将来自天线馈线分系统的射频回波信号进行低噪声放大、混频、中频数字处理,为数字信号处理分系统提供所要求的 16 位正交 I/Q 数据;并为保证雷达系统具有全相参特性,提供雷达系统所需要的各种高频率稳定度的信号源,产生激励信号送往发射分系统,产生标准测试信号,用于接收分系统和信号处理分系统的幅度、频率特性进行校正和标定;利用 BITE 实现对雷达接收分系统的状态检测,利用标准噪声源,实现对噪声系数的标定和相位噪声的测试。接收系统组成框图如图 2-22 所示。

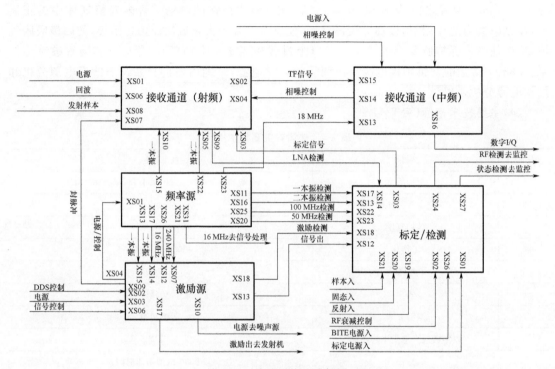

图 2-22　接收系统组成框图

从图 2-22 中可知,CINRAD/CC 雷达接收系统由射频接收机、数字中频接收机、频率源、激励源、标定/检测 5 个分机组成。

2.4.2　功能与特点

1. 功能

(1)射频回波信号的低噪声放大和下变频,将 60 MHz 中频信号进行数字下变频处理,为数字信号处理分系统提供所要求的 16 位正交 I、Q 数据。

(2)产生和形成雷达系统所需要的各种高频率稳定度的信号源。

(3)产生激励信号送往发射分系统。

(4)产生标准测试信号,用于接收分系统和信号处理分系统的幅度、频率特性进行校正和标定;利用 BITE 实现对雷达接收分系统的状态检测。

(5)利用机内标准噪声源,实现对噪声系数的标定,专门设计的相噪通道实现对系统相位噪声的测试。

2. 特点

(1)低噪声,高灵敏度。

(2)大动态范围。

(3)高稳定、高纯频谱信号源。

(4)回波信号数字相参处理。

2.4.3　工作过程

接收分系统由射频接收分机、中频接收分机、频率源分机、激励源分机、标定/BITE 分机等组成。此外还有一个接收电源分机,负责提供以上各分机的电源。

图 2-22 中还反映了接收分系统中各分机之间信号连接关系及各信号特性。T/R 管和 PIN 开关对接收分系统起保护作用,在发射脉冲期间,它们将大功率的主波脉冲衰减掉,保证泄漏的主波功率不超过接收分系统限幅低噪声放大器所能承受的范围。在发射脉冲过后,回波经 T/R 管、PIN 开关和串入式波导噪声源送入射频接收分机,在射频接收分机里进行二次下变频,将回波载频降到 60 MHz。数字中频接收机对 60 MHz 的回波信号进行中频直接采样,然后对采样后的信号进行数字下变频,得到正交的数字零中频信号,再通过数字匹配滤波后送给信号处理分系统。频率源是一个直接合成源,它的作用是产生接收分系统和雷达系统所需的各种频率信号,如本振信号、相参时钟及基准时钟信号,激励源分机主要产生发射分系统所需的发射激励信号及雷达系统的自检信号。

由于多普勒天气雷达对回波强度和速度测量的准确性有较高要求,所以雷达系统要有完善的标定功能,系统所包含的标定功能有噪声系数测试、系统接收特性标定、强度定标检查、速度测量的验证和系统相位噪声测试等。

系统的噪声系数标定采用 Y 因子测量法,噪声源信号由射频接收分机的回波输入口馈入,信号处理分系统采集接收分系统输出的噪声功率,并送往终端分系统,从而推算出系统的噪声系数。

接收特性标定方法:激励源分机产生一个标准功率的测试信号(DDS 信号),经大动态的数控衰减器控制其功率,从低噪声放大器的输入端进入接收通道,从终端读取对应各种 DDS 信号功率所对应的输出强度,以实现对系统接收特性的标定。

强度定标检查:将 DDS 测试信号的功率设置为某一量级,转动天线后,在终端显示器上检查相应的强度值,并与理论计算值进行比较,验证系统对回波强度的探测精度。

系统速度测量的验证:使与整机相参的测试信号(DDS 信号)频率增加一个微小的频偏(即 fd),从终端读取对应于 fd 的速度测试值,以实现对速度测试的验证。

系统相位噪声检测是对整机相位稳定度的测试,相位噪声和整机的地杂波对消能力有着直接的关系,测试方法:通过射频延迟线对发射主波样本信号延迟一段时间后馈入接收分系统前端,这相当于产生一个地物回波的模拟信号,终端分系统采集该模拟地物回波在一定时间内 I/Q 数据,通过对 I/Q 信号的相位抖动的统计平均,得到相位噪声指标。

另外,接收分系统内 BITE 分机对一些重要信号的功率进行实时监测,如射频激励信号功率、一本振功率,测试信号(DDS 信号)功率等。为了实现对这些功率的测试,在设计上采用了一个“8 选 1 开关”对多个被测信号进行选择,然后进行包络检波,得到对应被测信号的功率送给监控分系统,接收信号流程如图 2-23 所示。

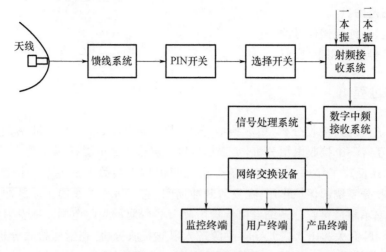

图 2-23　接收信号流程图

2.4.4　主要技术指标(表 2-5)

表 2-5　接收系统主要技术指标

序号	项目	技术指标
1	接收机类型	两次变频超外差接收机、数字中频接收
2	工作模式	全相参模式
3	频率短期(1 ms)稳定度	$\leqslant 10^{-11}$
4	中频频率	60 MHz(第二中频)
5	中频带宽	窄带 0.5 MHz(脉宽 2 μs)，宽带 1.1 MHz(脉宽 1 μs)
6	线性动态范围	$\geqslant$90 dB
7	STC 控制深度	$\geqslant$25 dB
8	STC 控制距离	0~15 km
9	噪声系数	$\leqslant$3.5 dB
10	灵敏度	$\leqslant$-107 dBm(宽带)，$\leqslant$-110 dBm(窄带)
11	分系统输出	数字信号输出：I、Q(至信号处理分系统)
12	自动标校系统	机内噪声源自动检测噪声系数、射频测试信号标定接收机特性曲线、基于 DDS 技术的全机自动标校功能

2.4.5　接收系统分机

1. 射频接收机

(1)功能

射频接收机用来对射频回波信号进行低噪声放大、滤波、混频，获得 60 MHz 中频信号。此外，标定信号(DDS 测试信号)、发射样本信号(经过射频延迟线延迟)，由射频接收分机处理后用以实现对系统的标定和检测。射频接收机通过对噪声发生器(固态噪声源)输出的噪声信号的处理，实现了对接收分系统噪声系数的在线测试。

(2)主要技术指标

① 工作频率：5430 MHz。

② 噪声系数:≤3.5 dB。

③ 一本振输入:4970 MHz,幅度≥9 dBm。

④ 二本振输入:400 MHz,幅度≥7 dBm。

⑤ 一中频:460 MHz。

⑥ 二中频:60 MHz。

⑦ 接收动态范围(1 dB 压缩点)≥90 dB。

(3)组成及工作原理

射频接收机的组成框图如图 2-24 所示,主要由限幅耦合场放(JDF353 C)、双开关耦合器、RF 延迟线(BD05405)、电调放大器、RF 滤波器、混频放大器等组成。

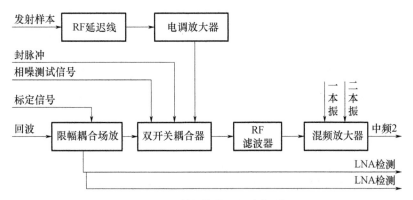

图 2-24　射频接收机组成框图

(4)工作过程

射频回波信号经限幅耦合场放、双开关耦合器、滤波器与来自频率源的第一本振信号和第二本振信号在混频器电路进行二次混频,获得 60 MHz 的中频信号送中频接收分机进行处理。

标定信号经过限幅耦合场放电路,耦合一部分送至 BITE 分机用于低噪声放大器工作状态的检测,而另一部分进入接收机通道完成对系统的标定。

发射样本信号,经 RF 延时、电调放大器放大,与封脉冲及相噪测试信号一起经双开关耦合器,进入接收通道对雷达系统实施相位噪声测试。

(5)主要信号

射频接收机的接线框图如图 2-25 所示。

1)输入信号

① 从 XS12 输入的来自天线馈线的射频回波信号:频率范围为 5430 MHz(由发射机所用的速调管决定),输入至低噪声放大器的输入端口。

② 来自频率源的第一本振信号,频率为 4970 MHz,从射频接收机的 XS16 端口输入至混放的 XS05 端口,其正常幅度≥9 dBm;第二本振信号,频率为 400 MHz,从射频接收机的 XS09 端口输入至混放的 XS03 端口,其正常幅度≥7 dBm。

③ 来自标定/BITE 分机的标定信号,频率为 5430 MHz,从射频接收机的 XS04 端口输入至低噪声放大器的输入端,其正常幅度 0~2 dBm。

④ 来自发射系统频率范围为 5430 MHz 的发射样本信号,经定向耦合器衰减约为 32 dBm,经射频接收机的 XS14 端口输入至延迟线的输入端,经延迟线延时 5 μs 后,再经延迟线输出端输入至低噪声放大衰减组件衰减至允许的范围后送入低噪声放大器。延迟线对发射

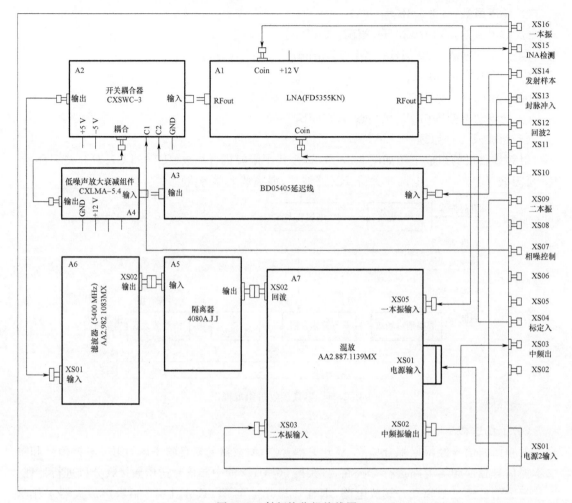

图 2-25　射频接收机接线图

样本信号进行延时,目的是为雷达系统提供一个只有距离信息而无速度信息的虚拟固定地物目标,用于相噪测试。

⑤ 封脉冲信号从射频接收机的 XS13 端口输入至开关耦合器的 C2 端,作用是在发射机工作期间关闭回波信号通道的低噪声放大器,目的是减小发射信号对测试通道信号的干扰。

⑥ 相噪测试信号从射频接收机的 XS07 端口输入至开关耦合器的 C1 端,相噪测试控制信号用来选择发射样本信号进入接收通道。

2)输出信号

① 从混放 XS02 输出至射频接收机 XS03 的中频 60 MHz 信号,其幅度约为 20 dBm。

② 低噪声放大器 RFout 输出至射频接收机的 XS15 作为检测信号,送往 BITE/检测分机进行低噪声放大器状态检测。

(6)供电方式

射频接收机从 XS01 电源端口的 1、3 脚分别输入 +15 V、-9 V 直流电压,输入的 +15 V、-9 V 的直流电压经混放电源模块整流为 +12 V、+5 V 和 -5 V 直流电压,从混放(图 2-25 中 A7)的 XSP01 插座的 3 脚输出 +12 V,分别供给低噪声放大器(图 2-25 中 A1)、低噪声放大衰减器件(图 2-25 中 A4);4 脚输出 +5 V,2 脚输出 -5 V,供给开关耦合器(图 2-25 中 A2)。

(7)主要组件模块及技术指标

1)低噪声放大器(FD5355 KN)

① 作用

低噪声放大器广泛用于接收机最前端,对来自天线的微弱回波信号进行放大。对接收分系统灵敏度起着决定作用,对接收机系统的噪声和信噪比有着极为密切的关系。

放大器自激的原因一般情况下,是由于电路增益过高,电路布局不合理,元件引脚之间走线不合理,电源走线退耦电容位置不当等若干因素导致。

② 主要技术指标

a. 频率范围:5.3～5.5 GHz。

b. 功率增益:25±1 dBm。

c. 增益平坦度:0.5。

d. 噪声系数:≤1.4 dB。

e. 输入输出驻波比:≤1.4。

f. 供电电压:直流+12 V。

2)RF 延迟线(BD05405)

① RF 延迟线的作用

在电路中用于将电信号延迟一段时间的元件或器件称为延迟线。CINRAD/CC 雷达 RF 延迟线的延迟时间为 5 μs。

② RF 延迟线的技术指标

延迟线主要技术指标要求是在通带内有平坦的幅频特性和一定的相移特性(或延时频率特性),要有适当的匹配阻抗,衰减要小。

3)混频器(MX-2/8)

① 作用

混频放大器的作用是将射频信号与本振信号进行混频获得中频信号,并将该信号进行放大、滤波处理。图 2-26 是混频放大器工作原理框图。

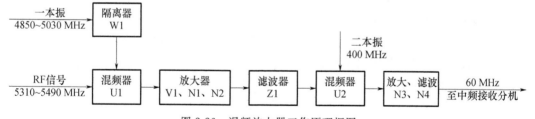

图 2-26　混频放大器工作原理框图

来自频率源的第一本振信号经 W1 隔离器进入混频器 U1 的一个输入端,而滤波器输出的射频信号进入混频器 U1 的另一个输入端,经混频处理取差频获得 460 MHz 的第一中频信号,经 V1、N1、N2 放大,Z1 滤波,进入双平衡混频器 U2,与来自频率源的第二本振信号进行混频,同样取差频获得 60 MHz 第二中频信号,经 N3 放大、网络电路滤波和 N4 放大送中频接收分机进一步处理。

② 技术指标

a. 频率范围:2～8 GHz。

b. 通频带宽:200 MHz。

c. 变频损耗：—8 dBm。

2. 中频接收机

(1)组成

中频接收机由中频通道选择和时钟变换组成，如图 2-27 所示。

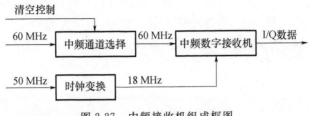

图 2-27　中频接收机组成框图

(2)中频通道选择

　　中频通道选择的功能是根据终端系统是否发出晴空观测模式控制命令，来控制接收机工作在正常模式还是晴空模式。正常模式下 60 MHz 中频信号直通，晴空模式下则再对 60 MHz 中频信号放大 20 dB 后进入中频接收机。如图 2-28 所示是中频通道选择工作原理框图。

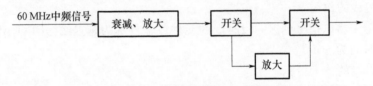

图 2-28　中频通道选择组成框图

(3)时钟变换

　　时钟变换的主要功能是将频率源送来的 50 MHz 的时钟信号变换为 18 MHz 输出，提供给中频数字接收机作为采样时钟。

(4)技术指标

① 工作频率：60 MHz。

② 中频带宽：BW1＝1.1±0.1 MHz(宽带，脉宽 $\tau=1\ \mu s$)；

　　　　　　　BW2＝0.5±0.1 MHz(窄带，脉宽 $\tau=2\ \mu s$)。

③ 输出信号：16 bit 数字化 I/Q 信号。

3. 数字中频接收机

　　组成及工作过程。数字中频接收机工作原理框图如图 2-29 所示，图中的抗混叠滤波器是一个带通滤波器，具有防混叠的作用，同时也具有限制带宽，减轻后级数字滤波器的设计压力。AD6600 是带 AGC(自动增益控制)功能的 A/D 变换器，AGC 的范围为 30 dB，数字输出为浮点数码，其中尾数为 11 位，指数为 3 位。其输出可直接和 AD6620 接口。AD6620 是一个数字信号处理器，它的内部有一个数字振荡器(NCO)、一个 CIC2、一个 CIC5、一个 RCF。时序及控制电路提供模数变换器和数字信号处理器的时钟和控制信号。

4. 频率源分机

(1)主要功能

　　频率源分机的功能是为雷达系统提供高稳定、高纯频谱的各种频率的信号源，保证雷达系统实现全相参处理，其组成框图如图 2-30 所示。

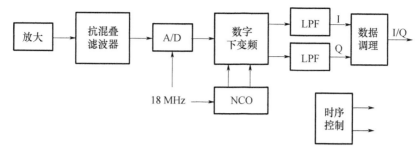

图 2-29　数字中频接收机组成框图

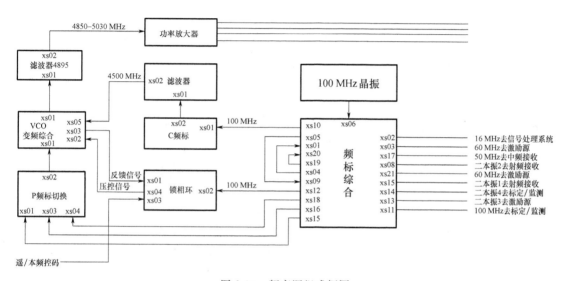

图 2-30　频率源组成框图

（2）工作过程

频率源分机由晶体振荡器、频标综合器、P 波段频标切换器、C 波段频标产生器、锁相环电路、VCO 变频综合电路组成。

为减少杂散干扰，一本振信号采用锁相合成产生，以满足整机对其频率稳定度的要求。其他信号采用直接合成方式产生。所有信号采用高稳定度的 100 MHz 晶振信号作为基准源。晶体振荡器产生高稳定、高纯频谱的 100 MHz 信号送往频标综合器，经过倍频、分频和滤波选频等综合处理，产生多种频率的信号源，包括二本振信号（400 MHz）、中频激励与 DDS 时钟信号（60 MHz）、BITE 检测信号（100 MHz）、中频基准相参（50 MHz）、基准时钟信号（16 MHz）、P 波段频标切换基准信号（400 MHz、50 MHz 和 200 MHz）、锁相环基准信号（100 MHz）。

一本振信号的产生比较复杂，频标综合器产生的几个基准信号还要经过 P 波段频标切换电路、C 波段频标产生电路、锁相环电路、VCO 变频综合电路和放大、功分等电路的运算和处理，最后产生 4970 MHz 的一本振信号。

100 MHz 的晶振信号在频标综合器中经放大后分为两路，一路送锁相环作为相位基准信号，另一路送 C 波段频标产生器经 45 倍频后产生 C 波段的 4500 MHz 信号送往 VCO 变频综合器。

频标综合器产生的 50 MHz、200 MHz 和 400 MHz 信号送往 P 波段频标切换器，经混频和开关切换等处理输出 350 MHz 或 250 MHz 信号送往 VCO 变频综合电路。该信号与 VCO

振荡器输出信号进行混频,产生的差频信号为 100~180 MHz 或 120~200 MHz,间距为 20 MHz。这个差频信号作为反馈信号回馈至锁相环。100 MHz 基准信号在锁相环中 5 分频得 20 MHz 基准信号,再与反馈信号进行鉴相,反馈信号的频率是 20 MHz 基准信号频率的整数倍。鉴相产生的相位误差信号送 VCO 控制其振荡频率的稳定与同步。VCO 输出的信号与 4500 MHz 的 C 波段频标信号进行上变频即获得一本振信号。一本振信号经放大和功分之后分四路输出。

通过遥控或本控方式改变锁相环中反馈支路的分频比就可以改变 VCO 输出频率的变化范围为 450~530 MHz,间距 20 MHz。

(3)主要组件模块

① 频标综合器

频标综合器实际上是一个多种频率信号的产生器,它将晶体振荡器送来的 100 MHz 基准信号进行倍频、分频、滤波选频及放大功分等综合处理产生多种频率的信号,其工作原理框图如图 2-31 所示。

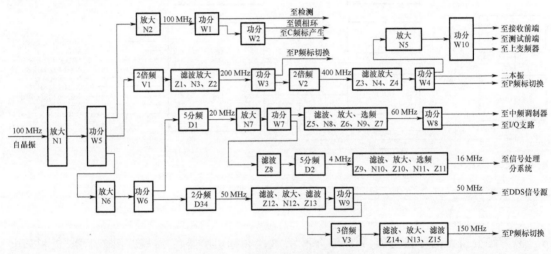

图 2-31　频标综合器组成框图

晶体振荡器产生的 100 MHz 基准信号经单片放大器 N1(ERA-5)进行放大,经功分器 W5(SCP-3-1)分为三路输出。

第一路 100 MHz 信号经放大器 N2(ERA-5)、功分器 W1 和 W2(均为 LRPS-2-1)得到 3 个 100 MHz 信号,分别作为锁相环基准信号、C 波段频标产生基准信号和检测信号。

第二路 100 MHz 信号经 V1(MRF-581)进行 2 倍频得 200 MHz 信号。200 MHz 信号经滤波器 Z1(SBP-200)、放大器 N3(MAV-11)和滤波器 Z2(SBP-200)后送到功分器 W3(LRPS-2-1)得到两路输出,一路送往 P 波段频标切换器,另一路送 2 倍频电路 V2(MRF-581)产生 400 MHz 信号。400 MHz 信号经 Z3、Z4(SBP-400)进行滤波,经 N4(MAV-11)进行放大后送往功分器 W4(SCP-3-1),得到三路输出。其中一路作为二本振信号,另一路送往 P 波段频标切换电路,第三路则送往放大器 N5(ERA-5)。经放大器 N5 放大的 400 MHz 信号再送往功分器 W10(SCP-3-1),功分器 W10 输出三路 400 MHz 信号,分别送往接收前端、测试前端和上变频器。

第三路 100 MHz 信号经放大器 N6(MAV-11)和功分器 W6(LRPS-2-1)后得两路信号,一路送 5 分频电路,另一路送 2 分频电路。送往 5 分频电路 D1(MC12009)的 100 MHz 信号变为 20 MHz 信号,D1(MC12009)是双模分频器,可以设置为 5 分频或 6 分频,本电路中设置为 5 分频。20 MHz 信号经 N7(MAV-11)放大后又被功分器 W7(LRPS-2-1)分为两路。其中一路经 N8、N9(均为 MAV-11)放大,经 Z5、Z6、Z7(均为 SPB-60)选频滤波,选出 3 次谐波,获得 60 MHz 的信号。60 MHz 的信号经功分器 W8(LRPS-2-1)得到两路信号,一路作为中频激励信号送往中频调制器,另一路作为相参信号送往 I/Q 支路。

功分器 W7 输出的第二路 20 MHz 信号,送往滤波器 Z8(SBP-20),然后送设置为 5 分频的双模分频器 D2(MC12009)进行 5 分频,得到 4 MHz 的信号。4 MHz 的信号经 N10、N11(均为 MAV-11)放大,经 Z9、Z10、Z11(均为 SBP-16)进行选频滤波,选出 4 次谐波,获得 16 MHz 的信号送往信号处理系统作为时钟信号。

功分器 W6 输出的第二路 100 MHz 信号又经分频电路 D34(74F74)得到 50 MHz 的信号,经 N12(ERA-5)放大、Z12、Z13(均为 SBP-50)滤波之后送到功分器 W9(LRPS-2-1),得到两路 50 MHz 信号。功分器 W9 的第一路输出作为时钟信号送往 DDS 信号源,第二路经 V3(MRF-581)进行 3 倍频获得 150 MHz 的信号。150 MHz 信号经 N13(MAV-11)放大、Z14、Z15(均为 SBP-150)滤波之后送往 P 波段频标切换电路。

② P 波段频标切换器

P 波段频标切换器的功能是产生 P 波段的两个频标信号,其频率分别为 350 MHz 和 250 MHz,两个频率的切换是通过外部信号进行控制的。350 MHz 或 250 MHz 的 P 波段频标信号的作用是与 VCO 输出的信号进行混频(下变频),得到 100～180 MHz 或 120～200 MHz 的差频信号,该差频信号反馈至锁相环,降低了锁相反馈支路的分频比,有利于改善输出信号的相位噪声指标,也可以减少输出频率范围内环路参数的不一致性。

P 波段频标切换器包括切换开关、混频器和放大滤波电路,其工作原理框图如图 2-32 所示。

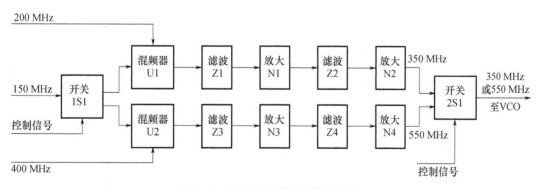

图 2-32　P 波段频标切换器组成框图

频标综合器送来的 50 MHz 信号在外部控制信号的作用下经开关 1S1(YSW2-50DR)可以选择送往混频器 U1 或 U2。混频器 U1(LRMS-5 MHz)将 50 MHz 信号与频标综合器送来的 200 MHz 信号进行混频,获得和频信号,频率为 250 MHz,合频信号经 N1、N2(均为 MAV-11)两级放大,Z1、Z2(均为 SBP-250)两级滤波后送往选择开关 2S1(YSW2-50DR)。混频器 U2 支路则产生频率为 350 MHz 的和频信号,也送到选择开关 2S1。选择开关 2S1 在外部控制信号的作用下选择输出 350 MHz 或 250 MHz 的 P 波段频标信号,送往 VCO 变频综合器。

③ C 波段频标产生器

C 波段频标产生器的功能是将频标综合器送来的 100 MHz 信号进行 45 倍频,产生 4500 MHz 的 C 波段频标信号。4500 MHz 的 C 波段频标信号与 VCO 变频综合器中压控振荡器的输出信号进行上变频,得到一本振信号。C 波段频标产生器由倍频器、放大器和滤波器等组成,其工作原理框图如图 2-33 所示。

图 2-33　C 波段频标产生器组成框图

100 MHz 基准信号经晶体管 V1 进行 5 倍频,N1、N2 进行放大,Z1、Z2、Z3 进行选频滤波,输出 500 MHz 信号。500 MHz 信号再经晶体管 V2 进行 9 倍频,N5 为放大器,Z4 为选频滤波器,经选频滤波和放大后输出 4500 MHz 的 C 波段频标信号。

④ 锁相环

锁相环的功能是对 VCO 变频综合器中压控振荡器的输出信号与频标综合器产生的 100 MHz 基准信号进行鉴相,产生的误差信号再送回压控振荡器,使压控振荡器的频率稳定且相位与基准频率一致。锁相环电路是频率源分机的核心,它由选择器、存储器、D/A 变换器、放大器和专用集成锁相环等组成,其工作原理框图如图 2-34 所示。

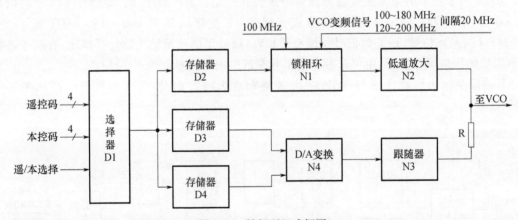

图 2-34　锁相环组成框图

4 位遥控码和 4 位本控码同时送到数据选择器 D1(74 HC257),在遥/本选择信号的作用下选择输出遥控码或本控码,同时送往 3 个存储器 D2、D3 和 D4(均为 27C562)。

存储器 D2 输出的数据用以控制锁相环内反馈信号分频比。锁相环专用电路 N1(Q3236I-16N)的输入信号是 100 MHz 基准信号和 VCO 压控振荡器反馈信号。100 MHz 基准信号经 5 分频电路后成为 20 MHz 基准信号,VCO 压控振荡器反馈信号频率为 100～180 MHz 或 120～200 MHz,间隔为 20 MHz,是 20 MHz 基准信号的整数倍。鉴相器产生误差信号经 N2(AD844AN)进行有源低通滤波和放大后送往 VCO 变频综合器,控制其压控振荡器的振荡频率,使其频率稳定,相位与基准 100 MHz 信号的相位一致。

存储器 D4 和 D3 输出的数据经过 D/A 变换器 N4(JSC72002)和跟随器 N3(CA3100E)后得到模拟电压,该模拟电压也送往 VCO 变频综合器,作为压控振荡器工作频率的粗控电压,其作用是在改变工作频率时将压控振荡器工作频率预置为所需频率,以便锁相环快速锁定。

⑤ VCO 变频综合器

VCO 变频综合器的功能是,在锁相环输出的误差信号控制下产生频率稳定且相位与基准信号相位一致的信号,与 C 波段频标信号进行混频,得到一本振信号。其工作原理框图如图 2-35 所示。

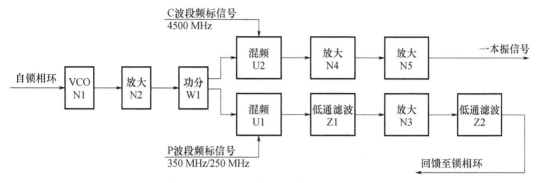

图 2-35　VCO 变频综合器工作原理框图

压控振荡器 VCO 是一个专用器件 N1(HE401B),输出信号经 N2(MAV-11)进行放大、经功分器 W1(LRPS-2-1)分为两路输出。其中一路在混频器 U1(LRMS-5 MHz)中与 P 波段频标信号进行混频,混频输出信号经低通滤波器 Z1(SLP-200)、放大器 N3(MAV-11)和低通滤波器 Z2(SLP-200)之后回馈到锁相环。回馈给锁相环的信号频率为 100~180 MHz 或 120~200 MHz,间距为 20 MHz。锁相环输出的误差信号又加到压控振荡器 VCO 的电压控制端,从而保证压控振荡器工作频率和相位稳定。

功分器 W1 的另一路输出在混频器 U2(MX2/8)中与 C 波段频标信号(频率为 4500 MHz)进行混频,混频输出信号经 N4 和 N5(均为 MGA64135)两级放大后的输出即为一本振信号。一本振信号的频率为 4950~5030 MHz,间距为 20 MHz。

(4)主要技术指标

① 短期(1 ms)频率稳定度:10^{-11}。

② 单边带相位噪声折算为改善因子:优于 57 dB。

③ 杂波抑制比:优于 55 dB。

(5)主要信号波形参数

① 100 MHz 晶振(功率≥10.0 dBm)。

② 频标综合 16 MHz 信号(幅度:频谱仪测试≥12.0 dBm,示波器测试≥4.0 V)。

③ 频标综合输出 50 MHz 波形(幅度:频谱仪测试≥−5.0 dBm,示波器测试≥3.5 V)。

④ 频标综合输出 60 MHz 波形(幅度:频谱仪测试≥12.0 dBm,示波器测试≥6.5 V)。

⑤ 频标综合输出二本振 400 MHz 波形(幅度:频谱仪测试≥8.0 dBm)。

⑥ P 频标输出 350 MHz 信号波形(幅度:频谱仪测试≥−2.0 dBm)。

⑦ C 频标输出 4500 MHz 波形(幅度:频谱仪测试≥3.5 dBm)。

⑧ 一本振 4970 MHz 信号输出波形(接收机前段,幅度:频谱仪测试≥9 dBm)。

5. 激励源分机

(1)作用

激励源分机的主要作用是为发射系统提供经过 RF 激励脉冲调制的射频激励信号,另外还为标定分机提供经过 RF 测试脉冲调制的射频测试信号。

（2）主要技术指标（表 2-6）

表 2-6　激励源技术指标

序号	项目	技术指标
1	激励信号频率	5410～5490 MHz；间距 20 MHz（高端管）
2	峰值功率	P≥27 dBm
3	测试信号频率	5410～5490 MHz
4	粗间距 20 MHz，精间距 10 Hz	由中心频率向上 0～1270 Hz 或向下 0～1270 Hz
5	峰值功率	P＝0 dBm
6	短期（1 ms）频率稳定度	10^{-11}
7	杂波抑制度	优于 55 dB
8	信噪比	≤－75 dBc/Hz/150 Hz； ≤－78 dBc/Hz/400 Hz； ≤－82 dBc/Hz/600 Hz

（3）组成与概略工作过程

激励源分机由时序控制电路、DDS 信号源、中频调制器（AA2.870.1105 MX）、上变频器、5400 MHz 滤波器、高速调制器、中功率放大器、放大耦合器组成。其组成框图如图 2-36 所示。

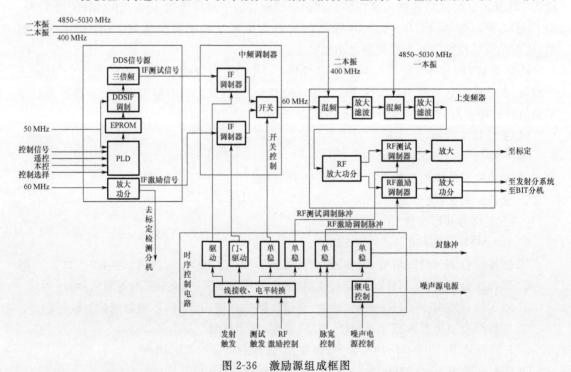

图 2-36　激励源组成框图

（4）主要组件模块

① 时序控制模块

时序控制电路的功能是控制激励源分机中各调制脉冲和控制信号的时间关系，其中包括中频激励调制脉冲、中频测试调制脉冲、射频激励调制脉冲、射频测试调制脉冲、封脉冲和噪声源电源控制信号以及为本分机的其他模块提供稳定的电源。

时序控制电路的工作原理框图如图 2-37 所示。来自信号处理系统的发射触发和测试触发信号经过 D1(SN75175)差分接收器转换为 TTL 电平的脉冲信号,其中发射触发脉冲通过由 RF 激励控制的门电路 D4D(74 HC02)、驱动器 D3B(74 HC244)送至中频激励调制器的调制端作为中频激励调制脉冲。

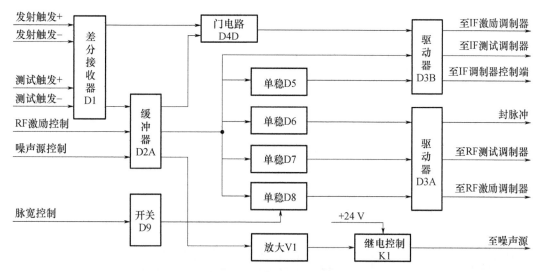

图 2-37　时序电路组成框图

测试脉冲经缓冲器 D2A(74 HC240)、驱动器 D3B(74 HC244)送至中频测试调制器的调制端,作为中频测试调制脉冲。

测试触发脉冲经过双单稳态触发器 D5(74 HC221)的延迟与脉宽调整后,输出一个位置与发射脉冲相同但宽度稍宽一些的脉冲信号,该脉冲信号经驱动器 D3B(74 HC244)送至中频调制器的开关控制端,使中频激励调制信号和中频测试调制信号汇成一路,一先一后输出。

测试触发脉冲经过双单稳态触发器 D8、D6 和 D7(均为 74 HC221)的延迟与脉宽调整,产生 3 个脉冲信号,即射频激励调制脉冲、射频测试调制脉冲和封脉冲。这 3 个脉冲信号经驱动器 D3A(74 HC244)分别送往相应的电路。射频激励调制脉冲送至射频激励调制器,射频测试脉冲送至射频测试调制器,封脉冲送至射频接收分机。其中射频激励调制脉冲的宽度受脉宽控制信号的控制,脉宽控制信号通过双向模拟开关 D9(HC4066)切换单稳态触发器电路的定时电阻 R7、R8、R9 和 R10,从而改变脉冲宽度。

噪声源控制信号经缓冲器 D2A(74 HC244)、晶体管 V1(3DK8C)去驱动继电器 K1(JRW-4 M.553.037)的线包,继电器 K1 的常开触点接＋24 V 电源。当噪声源控制信号为高电平时,晶体管 V1 导通,继电器 K1 吸合,＋24 V 电源送至噪声源电路。时序控制电路产生的几个脉冲信号有着严格的时间关系,见图 2-38。

② DDS 信号源

DDS 信号源即直接数字合成信号源,其功能是产生中频测试信号,为雷达系统的频率标定提供标定信号。对标定信号的要求是以 60 MHz 为起点,以 10 Hz 为频率间隔,共 255 个频率点,频率覆盖范围为 60 MHz−1270 Hz～60 MHz＋1270 Hz。DDS 信号源的工作原理框图如图 2-39 所示。下面结合工作原理框图和电路图讨论 DDS 信号源的工作原理。

频率源送来的 60 MHz 时钟信号送到可编程逻辑电路 D1(EPM7128ELC84-7)和 DDS IF

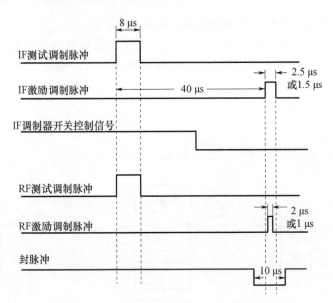

图 2-38　时序控制电路输出信号的时间关系

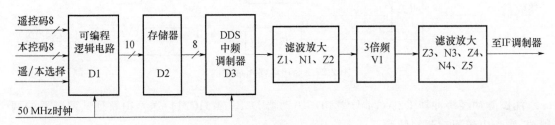

图 2-39　DDS 信号源工作原理框图

调制器专用集成电路 D3（AD7008JP50）作为时钟信号。

信号处理系统送来的 8 位频率遥控码、本分机面板上产生的 8 位频率本控码和遥/本选择控制信号在 D1 中进行选择处理，输出 10 位地址码送入 EPROM 存储器 D2（AM27156-12），存储器 D2 中地址码对应的 8 位数据则进入 DDSIF 调制器 D3，D3 内部进行较为复杂的运算处理及 D/A 变换，输出信号的频率范围为 20 MHz－423.3 Hz～20 MHz＋423.3 Hz，间距为 10/3 Hz。这个信号经过滤波器 Z1（SLP-16）、放大器 N1（MAV-11）、滤波器 Z2（SLP-16），进入 3 倍频电路 V1（MRF581），经过 3 倍频后信号频率即符合标定要求，成为 60 MHz－1270 Hz～60 MHz＋1270 Hz、间距为 10 Hz 的信号，再经 3 级滤波和 2 级放大后送往中频调制器作为中频测试信号。

此外，来自频率源的 60 MHz 中频激励信号经过放大器 N4（MAV-11）、滤波器 Z6（SBP-60N）和功分器 W1（LRPS-2-1）分为两路，一路送中频调制器作为中频激励信号，另一路送 BITE 分机供检测用。

③ 中频调制器

中频调制器的功能是将连续波的中频激励信号和中频测试信号分别与中频激励调制脉冲和中频测试调制脉冲进行调制，并合为一路（测试信号在先，激励信号在后）输出，送往上变频器。中频调制器的工作原理框图如图 2-40 所示。

频率源送来的中频激励连续波信号与时序控制电路送来的中频激励调制脉冲经开关调制器 1S1、1S2（均为 YSWA-2-50DR）两级调制，得到中频激励调制信号。

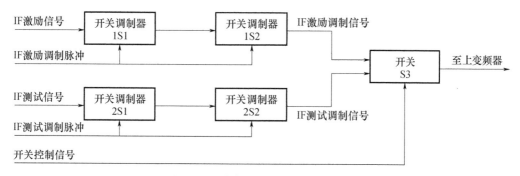

图 2-40　中频调制器工作原理框图

DDS 信号源送来的中频测试连续波信号与时序控制电路送来的中频测试调制脉冲经开关调制器 2S1、2S2(均为 YSWA-2-50DR)两级调制,得到中频测试调制信号。

中频激励调制信号和中频测试调制信号是一先一后顺序出现的,这两个信号在选择开关 S3(YSWA-2-50DR)中经开关控制信号的控制合为一路输出,送往上变频器。

④ 上变频器

上变频器的功能是将中频调制器输出的中频激励调制信号与中频测试调制信号(已经合为 1 路)进行两次混频,产生射频激励信号和射频测试信号,然后送射频调制器进一步调制。上变频器的工作原理框图如图 2-41 所示。

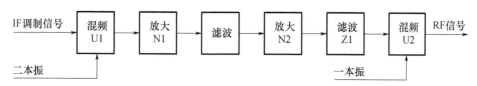

图 2-41　上变频器工作原理框图

中频激励和中频测试两个调制信号在混频器 U1(LRMS-2LH)中与第二本振信号(400 MHz)进行混频,得到 460 MHz 的调制信号。经过 N1、N2(MAV-11)放大、Z1(LJT-460 MHz)滤波之后,送往混频器 U2(MX-4/8GHz),与第一本振信号进行混频,得到射频调制信号。

⑤ 射频调制器

射频调制器的功能是将上变频器输出的射频调制信号与射频调制脉冲再次进行调制,而后将射频激励和射频测试两个信号区别开来分别进行处理。

射频激励调制信号在射频激励调制器中受射频激励调制脉冲的调制,输出的信号仍为射频激励调制信号,送射频放大器进行放大。

射频测试调制信号在射频测试调制器中受射频测试调制脉冲的调制,输出的信号仍为射频测试调制信号,送标定/BITE 分机作为系统标定信号。

⑥ 射频放大器及功分器

射频调制器送来的射频激励调制信号在射频放大器进行线性放大以满足发射系统对激励电平的要求。功分器将该信号分为两路,一路去发射系统,另一路去标定/BITE 分机。

6. 标定/BITE 分机

(1)标定分机

1)功能

接收系统中标定分机的功能,是将接收系统激励源产生的射频测试信号进行限幅放大和大动态程控衰减,产生具有精确幅度值和大动态范围的标准射频测试信号。此标准射频测试信号送往接收系统射频接收分机的低噪声场放电路,完成对接收系统和信号处理系统的幅度测量性能及频率偏移测量性能进行校正和标定。

2)技术指标

① 激励源来的射频测试信号的中心频率为 5410～5490 MHz,频率间距为 20 MHz,在中心频率上附加有已知的多普勒频移。标定分机输出信号的频率仍为上述值。

② 标定分机输出信号的峰值功率为:－ 93～－ 9 dBm,间距为 2 dBm,由 6 位数字信号进行控制。

③ 输出功率的误差:－ 93～－ 71 dBm±1.2 dBm;

　　　　　　　　　　－ 70～－ 31 dBm±1 dBm;

　　　　　　　　　　－ 30～－ 9 dBm±0.3 dBm。

3)组成与工作过程

标定分机由限幅放大器和大动态程控衰减器组成,如图 2-42 所示。标定分机中还包括电源、稳压器。

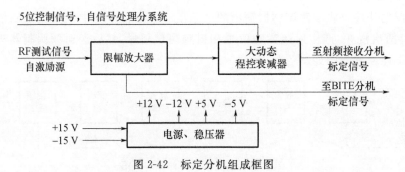

图 2-42　标定分机组成框图

来自激励源的 RF 测试信号,其中心频率及附加的多普勒频移已经符合标定的要求,经过限幅放大器之后成为幅度恒定且为已知功率的信号,该信号一路送往 BITE 分机进行定性指示,另一路送往大动态程控衰减器。程控衰减器的衰减量由来自信号处理系统的 6 位数字控制信号进行精密控制,6 位控制信号对应的衰减量分别为－2 dB、－4 dB、－8 dB、－16 dB、－32 dB 和－64 dB,6 位控制信号可以任意组合,得到 0～－126 dB 的衰减量。

电源稳压器是典型的三端稳压电路,将±15 V 直流电压进一步稳压得到±12 V 和±5 V 直流电压,供限幅放大器和大动态程控衰减器使用。

(2)BITE 分机

1)功能

接收系统 BITE 分机的功能是对本系统的重要工作参数进行定量检测,对 3830 雷达的主要工作状态进行定性监视。

① 进行定量检测的主要功率

a. 发射机固态放大器输出功率(发射机)。

b. RF 激励功率(接收机激励源分机)。

c. 一本振功率(接收机频率源分机)。

d. DDS 信号源功率(接收机激励源分机)。

e. 标定信号(检测信号)功率(接收机标定分机)。

f. LNA 输出端 DDS 信号功率(接收机射频接收分机)。

② 进行定性监视的信号

a. 二本振信号(接收机频率源分机)。

b. 参考源信号(接收机频率源分机)。

c. 相参信号(接收机频率源分机)。

d. RF 测试信号(接收机 BITE 分机)。

2)组成

BITE 分机由功率检测电路 A1、RF 对数放大器 A2 和 8 选 1 开关 A3 组成,如图 2-43 所示,此外还包括电源稳压电路。

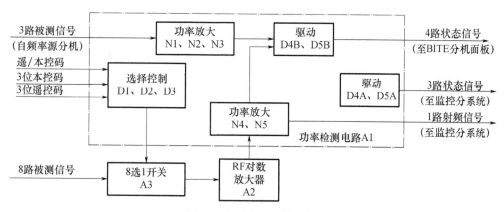

图 2-43　BITE 分机组成框图

3)工作原理

① 6 路被测信号的选择及放大电路

6 路被测信号送到 8 选 1 模拟开关电路 A3,选择信号由功率检测电路 A1 中的部分电路产生。标定/BITE 分机面板上的按键开关 SA 产生遥控/本控信号,对 SB、SC 和 SD 产生的 3 位本控码和监控系统送来的 3 位遥控码进行选择,由四—二选 1 电路 D1(74257)完成。选出的 3 位本控码或 3 位遥控码经译码器 D2(74138)形成 8 位控制信号,再经驱动器 D3(74244)送至 8 选 1 模拟开关电路。被选中的 1 路被测信号送 RF 对数放大器进行放大,然后再送回功率检测电路。

② 功率放大和驱动电路

选中的被测信号经 RF 对数放大后,在功率检测电路中再经运算放大器 N4(OP37)放大后以模拟信号形式送监控系统。

接收系统频率源分机送来的二本振信号、基准相参信号和参考源信号分别经运算放大器 N1、N2 和 N3(均为 OP37)进行放大,然后送至驱动器 D4B、D5B(74240)。经运放 N4(OP37)放大后的被测射频信号的一路再经运放 N5(OP37)放大之后也送至驱动器 D5B(74240)。D4B、D5B 输出 4 路 TTL 电平的状态指示信号,送 B1TE 分机面板上的发光二极管进行状态指示。V1 指示二本振信号状态,V2 指示参考源信号状态,V3 指示基准相参信号状态,V4 指示被测射频信号状态。

二本振信号状态、参考源信号状态和基准相参信号状态还经驱动器 D4A、D5A(74240)送往监控系统。

③ 电源稳压电路

电源稳压电路包括 4 片三端稳压块,分别是 N6(7912)、N7(7905)、N8(7812)和 N9 (7805)。其作用是将输入的 ±15 V 直流电压进一步稳压输出 ±12 V 和 ±5 V 直流电压供 BITE 分机中有关电路使用。

4)分机检测

接收系统中设置了 BITE 分机,BITE 分机对接收系统的主要工作参数进行定量检测;同时还对本系统的工作状态进行定性监视。

2.5 信号处理分系统

2.5.1 功能与特点

信号处理分系统是 CINRAD/CC 雷达的重要组成部分,它的主要功能是运算,几乎所有的数据都要经过这里。除此之外,它还承担了雷达整机的同步控制职能,是协调雷达工作的关键。

信号处理分系统完成以下功能:

(1)提取气象信息。求取噪声基本电平,控制噪声虚警,分离出气象信号,并在程序指令控制下测量通道的特性参数。

(2)对输入 I/Q 信号做平方律平均处理、地物对消滤波处理,得到每个距离库内气象回波功率平均值。

(3)对输入 I/Q 信号,通过 FFT 或 PPP 处理方法计算平均多普勒速度和速度谱宽。

(4)产生整机触发时序信号和各种控制信号,协调各个分系统同步工作。

(5)实现分系统指令接收与状态分解以及标定控制等功能。

2.5.2 主要技术指标(表 2-7)

表 2-7 信号处理技术指标

序号	项目	技术指标
1	距离库长度	强度 75 m、150 m、300 m、450 m;速度、谱宽 75 m、150 m、300 m、450 m
2	距离库数	强度、速度、谱宽均为 1024
3	距离范围	强度 75 km、150 km、300 km、450 km; 速度、谱宽 75 km、150 km、300 km
4	强度处理方式	采用平方律平均估算,门限值可选
5	速度处理方式	PPP 或 FFT 处理
6	PPP 处理脉冲对数	16、32、64、128、256(可选)
7	FFT 处理点数	32、64、128、256(可选)
8	地杂波抑制方式	可变凹口 IIR 滤波器、频域内插值自适应滤波器
9	地物对消能力	≥50 dB
10	解速度模糊处理方式	双重复频率 2:3、3:4 模式

序号	项目	技术指标
11	解距离模糊处理方式	SZ(8/64)相位编码
12	强度估算精度	≤1 dB
13	速度估算精度	≤1 m/s
14	谱宽估算精度	≤1 m/s

2.5.3　组成与工作过程

1. 组成

信号处理由接口控制板、MDSP 板和时序板 3 块插件完成。组成框图如图 2-44 所示。

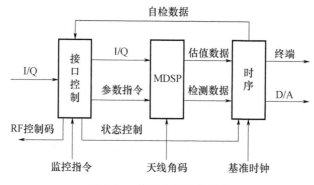

图 2-44　信号处理组成框图

2. 工作过程

信号处理分系统中最先与接收分系统相连接的是接口控制板,来自接收分系统的 16 位 I/Q 数字信号首先经接口控制板进行数据格式转换,以便与 MDSP 板进行正确的数据接口。 I/Q 信号经过 MDSP 板中的 DVIP 处理得到气象目标的强度估值,经过 FFT/PPP 处理得到 气象目标的平均多普勒速度和速度谱宽,最后通过时序板数据缓存接口,送往本地光端机。时 序板的作用贯穿于整个信号处理分系统的工作过程中,完成同步和监测的任务。

信号处理分系统所需的各种电源,由设置于综合机柜的综合电源分机提供。

3. 主要组件模块

(1)时序板

1)功能

时序板是整部雷达的定时中心,也是调试人员监测信号处理分系统各部分信号的窗口。 它的主要功能如下:

① 产生本分系统和雷达整机所需的各种时序信号和控制信号;

② 提供一个本分系统与后续终端的数据接口,作为数字信号处理结果的数据缓存区;

③ 具有 D/A 检测口,随时检测本分系统中各插板的输出信号;

④ 完成本分系统自检和故障检测。

2)组成

时序板主要由系统时序产生器、数据缓存接口、D/A 检测口、自检数据库和故障检测等几 部分组成,时序板的工作原理框图如图 2-45 所示。

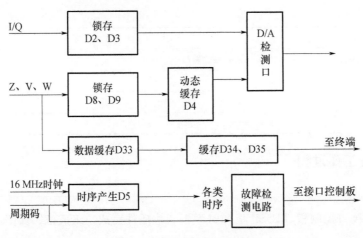

图 2-45 时序板组成框图

3）工作过程

时序板的基准信号是来自接收分系统的 16 MHz 时钟信号。时序板在 16 MHz 时钟信号的触发下，由时序产生器产生各类时序信号，提供给雷达的各分系统。同时，时序板还检测周期码是否正常，如果检测到有故障，就以电平的形式送到接口控制板。为了能很好地观察各插件的输出信号，本板还提供了一个 D/A 检测口，用于检测信号处理过程中各插件的输出信号，检测的内容主要有来自接口控制板的 I/Q 信号和来自 MDSP 板的 Z、V、W 信号；同时时序板也为 MDSP 板的数据提供了一个缓存的空间。

4）产生的主要信号

时序板产生雷达整机的主要时序信号由时序产生器完成，时序产生器的基本工作时钟是接收分系统送来的 16 MHz 正弦波时钟，通过对 EPM9560 的编程，产生各种时钟及控制信号，完成各项控制。信号处理分系统有"工作""自检"两种工作方式，由面板上的开关控制。

雷达整机工作受监控分系统的控制，时序产生器根据监控分系统送来当前设置的雷达工作状态和方式信息，实时调整控制信号。它以接收分系统送来的 16 MHz 正弦波为基准时钟，产生雷达各分系统所需的各种时序信号。时序板产生的主要信号参数如表 2-8 所示。

表 2-8　时序板产生信号参数

序号	项目	信号参数
1	基准触发	TTL 电平，负脉冲有效，脉宽为 4 μs
2	发射脉冲	TTL 电平，负脉冲有效，脉宽为 1.5 μs 或 2.5 μs
3	测试脉冲	TTL 电平，负脉冲有效，脉宽为 8 μs
4	PIN 方波	TTL 电平，负脉冲有效，脉宽为 44 μs
5	STC 触发	TTL 电平，负脉冲有效，脉宽为 4 μs
6	充电触发	TTL 电平，负脉冲有效，脉宽为 4 μs
7	放电触发	TTL 电平，负脉冲有效，脉宽为 4 μs
8	封脉冲	TTL 电平，负脉冲有效，脉宽为 10 μs

（2）MDSP 板

1）功能

MDSP 板是信号处理分系统的核心部件，它的主要功能：

① 地物杂波抑制、门限切割、DVIP 处理等；

② 对 I/Q 数据进行 IIR 滤波，并做 PPP 或 FFT 处理；

③ 重复频率参差解速度模糊以及系统标定。

2）组成

MDSP 板主要是由四片通用 DSP 芯片 ADSP21060 组成，分别完成 IIR、DVIP、PPP/FFT 和 SP 等功能。ADSP21060 芯片是 32 位高速浮点信号处理器，具有指令周期短、片内缓存容量大、多通道数据传输和多处理器结构等特点。MDSP 板的工作原理框图如图 2-46 所示。MDSP 板中 DVIP、IIR、PPP/FFT 等各功能块之间采用总线控制，同时也可通过 Link 口进行串行通信。

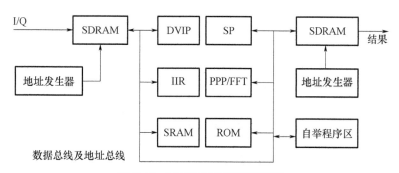

图 2-46　MDSP 板工作原理框图

来自接口控制板的线性信号被送到 MDSP 板后，先存放在一片 DSP（ADSP21060）中。该片完成数据控制的功能，由它控制将哪部分的数据送往哪片芯片处理。如 I/Q 信号先被送到 SP 中，由 SP 控制送到 IIR 中处理，然后将经 IIR 处理完的数据送回到 SP 中，再由 SP 控制，将信号送到 PPP/FFT 的模块中进行处理，处理的结果送到 DVIP 中，最后由 DVIP 将处理好的强度信号和速度信号送到数据缓存接口。

MDSP 板中采用的是通用的 DSP 器件 ADSP21060，它们之所以能完成不同的功能是由程序控制的。设计者事先把程序写入板中的自举程序区（位号为 D26）中，在工作过程中，再把各功能的程序导入各个 DSP 器件中。因此，IIR、DVIP 等模块的编号都是相对的，如果把处理 IIR 的程序导入某一 DSP 器件中，那么这个 DSP 器件就完成 IIR 的功能。具体将哪部分的程序导入到哪个 DSP 器件中，由中断时序（位号为 D28）控制。在它的控制下，MDSP 板协调地完成各项功能。

4. 信号处理信号参数（表 2-9）

表 2-9　信号处理信号参数

序号	项目	参数	监测点
1	基准触发	脉宽 4 μs；延迟同步信号 36 μs	XP1：C57
2	发射触发	脉宽 1.25 或 2.5 μs；延迟同步信号 44 μs	XP1：C58
3	测试脉冲	脉宽 8 μs；延迟同步信号 4 μs	XP1：C59
4	PIN 方波	脉宽 44 μs；延迟同步信号 4 μs	XP1：C61
5	STC 触发	脉宽 4 μs；延迟同步信号 44 μs	XP1：C62
6	充电触发	脉宽 4 μs；延迟同步信号 650 μs	XP1：C63
7	放电触发	脉宽 4 μs；延迟同步信号 40 μs	XP1：C64

序号	项目	参数	监测点
8	封脉冲	脉宽 10 μs；延迟同步信号 39 μs	XP1：C65
9	I/Q 校零触发	脉宽 2 μs；延迟同步信号 29 μs	XP1：C66

2.6 监控分系统

2.6.1 主要功能

(1)采集雷达全机的重要工作参数、工作状态和故障信息并进行相关处理。

(2)将雷达全机的工作状态和故障信息做相关处理后,经光纤通信系统送往雷达终端室的主微机和监控微机。

(3)接收雷达终端室主微机和监控微机经光纤通信系统送来的操作控制命令和参数设置命令,完成对雷达系统的控制。

2.6.2 组成与工作原理

监控系统由监控主板和 PIN 控制板两块插件组成。从功能上可划分为 5 个部分,即主控模块、串行接口模块、信号调理(电平转换)模块、信号采集模块和 PIN 控制模块,其组成与雷达各分系统的信号控制与回馈如图 2-47 所示。

主控模块是监控分系统的任务管理和数据处理中心,在其他模块配合下完成对雷达系统的工作状态设置和操作控制,对其他系统送来的故障信息、工作状态和重要参数进行相关处理,并通过串行接口模块与光纤通信分系统将这些信息送往雷达终端室的主微机和监控微机。

串行接口模块提供多路串行接口,实现监控分系统与发射机、伺服、信号处理等分系统以及峰值功率计的串行通信,并实现监控分系统与雷达终端室的串行通信。

信号调理模块实现各种电平转换,主要是 TTL 电平与 RS-422、RS-232、CMOS 电平之间的转换,信号处理器产生的各类触发信号都需经过电平转换后送往发射机、接收机等。

信号采集模块对接收机(RF 对数放大器)送来的模拟信号进行 A/D 变换,对各类工作状态和故障信息进行采集和处理,然后送往主控模块。

PIN 控制模块产生 PIN 开关所需的 PIN 方波和 STC 控制波形,用来控制 PIN 开关的导通程度,并实现 PIN 开关的故障检测及故障连锁。

2.6.3 与各分系统之间关系

1. 与 PIN 开关之间的控制和回馈

PIN 开关是天线馈线系统中与接收机输入端相连接的二极管开关元件。在发射脉冲瞬间 PIN 管对地导通,将接收系统输入端短路,避免发射瞬间大功率射频能量损坏接收机前置放大器中的场效应管。发射脉冲停止后,PIN 管截止,微弱的回波信号可以正常进入接收机。PIN 管导通和截止是由监控分系统提供的 PIN 方波进行控制。

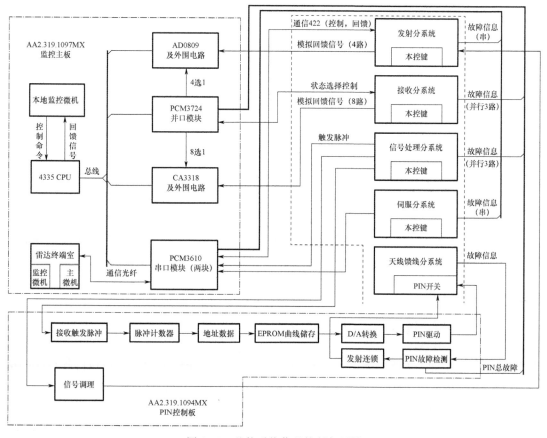

图 2-47　监控系统信号控制与回馈

当雷达需要进行灵敏度时间控制(STC)时,监控分系统提供 STC 信号,STC 信号是渐变的电压信号,可以控制 PIN 管的导通程度,使 PIN 管的导通程度逐渐降低直至截止,其作用是衰减近距离的固定地物回波。

PIN 开关组件的故障信息回馈至监控分系统。

2. 与发射分系统之间的控制与回馈

发射分系统的监控分机向监控分系统提供 6 个工作状态(冷却指示、低压指示、准加指示、高压指示、宽脉冲指示、窄脉冲指示),4 个工作参数值(速调管电流、速调管管体电流、人工线电压、机内温度)和 23 个故障信号(冷却、气压、速调管灯丝、速调管管体电流、速调管总流、总流节点、管体节点、速调管温度、钛泵、风机、SCR 风机、SCR、高温、低温、线包温度、磁场 1、磁场 2、真空度、反峰、人工线过压、高压电源故障、固态激励、机柜门故障),监控分系统将以上信息送往雷达终端室的主微机和监控微机,同时接收雷达终端室主微机和监控微机产生的控制指令实现对发射分系统的遥控操作。

控制指令包括冷却开(关)机、低压开(关)机、高压开(关)机和复位等。

触发信号采用 15 V CMOS 电平接口,下降沿有效,包括基准触发、发射触发(又叫发射脉冲)、充电触发和放电触发。

脉宽控制信号(0 V,15 V)用来选择人工线的长度从而确定发射脉冲的宽度。当脉宽控制信号为高电平(15 V)时,发射脉冲宽度为 2 μs;为低电平(0 V)时,发射脉冲宽度为 1 μs。

3. 与接收分系统之间的控制和回馈

接收分系统通过监控分系统接收雷达终端主微机和监控微机发出的操作控制命令和参数设置命令,实现雷达的遥控操作。接收机中专门设置了自检分机即 BITE 分机,BITE 分机在监控分系统送来的测试触发、8 种功率检测选择等控制信号的作用之下完成对接收分系统和发射分系统中的 6 种功率信号按时间先后逐一选择出来进行放大,形成 1 路模拟信号回馈到监控分系统。BITE 分机还把接收分系统 3 种有代表性的工作状态以 TTL 电平回馈到监控分系统。

4. 与信号处理器之间的控制和回馈

(1)各种触发脉冲信号

信号处理分系统中的时序电路板产生的各种触发脉冲经监控分系统转接至发射、接收与馈线分系统,这些触发脉冲包括测试触发、基准触发、发射触发、充电触发、放电触发、PIN 方波、STC 触发、封脉冲触发。这些信号都以 TTL 电平脉冲信号由信号处理器时序板送往监控分系统。

(2)模式控制与回馈信号(SIO)

该信号是指雷达终端室主微机或监控微机发出的控制指令、信号处理分系统工作状态的回馈信号,采用串行通信方式,RS422 电平接口。

(3)脉宽控制信号

脉宽控制信号由信号处理器产生,经监控分系统送往发射机控制脉冲形成网络(PFN)的长度从而改变发射脉冲宽度。脉宽控制信号是直流电平信号,幅度为 TTL 电平。

(4)2 MHz 时钟信号

2 MHz 时钟信号由信号处理器产生,作为监控分系统的时钟信号,包括 A/D 变换时钟、PIN 方波产生及 STC 波形产生的计数时钟信号,信号电平为 TTL 电平。

(5)信号处理分系统故障信息

并行 8 位 TTL 电平信号。信号处理分系统的故障信息经监控分系统送雷达终端室进行处理显示。

5. 与伺服分系统之间的控制和回馈

监控分系统与伺服分系统之间通过一对串行输入输出口(SIO)连接,RS422 电平。监控分系统向伺服分系统发送天线扫描控制指令,伺服分系统向监控分系统发送伺服分系统故障信息。

方位 R/D 数据、方位同步时钟由伺服分机送往监控分系统。方位 R/D 数据表示天线当前的方位角度(14 位数据),以同步串行方式传送,方位同步时钟的脉冲占空比为 50%。R/D 数据及同步时钟均采用负极性,TTL 电平接口,68 Ω 源端匹配输出。方位 R/D 角度数据在传送时,先送最高位,最后送最低位。例如,14 位数据 011010011 0 10 10 的传送时序如图 2-48 所示。数据位宽 2.5 μs,14 位数据宽 35 μs,相邻两次串行输出时间间隔不大于 1.50 ms。

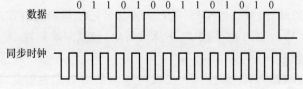

图 2-48 伺服数据传送时序图

俯仰 R/D 数据、俯仰同步时钟由伺服分机送往信号处理系统。接口电平和传输格式同方位 R/D 数据、方位同步时钟。

串口通信。串行输入/输出信号(SIO)是与信号处理系统的通信信号,伺服分机一方面接收监控单元发送的控制指令,另一方面又向信号处理系统回馈天线故障信息。采用异步串行传输(SIO 入、SIO 出),RS-232 电平接口,先传最高位,最后传最低位,传输波特率为 2400。

2.6.4　系统自检

监控主板的面板上有 5 个指示灯和 1 个按钮,自上而下分别是电源、监控故障、发射故障、接收故障、伺服故障指示灯和总清(复位)按钮。

PIN 控制板上有 6 个指示灯,自上而下分别是电源、触发、PIN1、PIN2、PIN3 和 PIN4 指示灯。PIN1~PIN4 指示灯是双色指示灯,红色灯亮表示 PIN 管开路,绿色灯亮表示 PIN 管短路,红绿灯均不亮表示 PIN 管工作正常。

2.7　伺服分系统

2.7.1　主要功能

伺服系统是使物体的位置、方位、状态等输出被控量能够跟随输入目标值(或给定值)的任意变化的自动控制系统。在自动控制系统中,使输出量能够以一定的准确度跟随输入量的变化而变化的系统称为随动系统,亦称伺服系统。

伺服的主要功能是按控制命令的要求,对功率进行放大、变换与调控等处理,使驱动装置输出的力矩、速度和位置控制得非常灵活方便。伺服系统必须具备可控性好、稳定性高和速应性强等基本性能。可控性好是指信号消失以后,能立即自行停转;稳定性高是指转速随转矩的增加而均匀下降;速应性强是指反应快、灵敏、响态品质好。

2.7.2　主要技术指标(表 2-10)

表 2-10　伺服分系统技术指标

序号	项目	技术指标
1	工作控制模式	本地控制和远程控制
2	天线扫描方式	PPI 扫描、RHI 扫描、体积扫描、扇扫
3	天线扫描范围	PPI:0°~360°连续扫描; RHI:−2°~+90°往返扫描,可设置最高扫描角度; 体积扫描:降水模式 1、降水模式 2、警戒模式
4	天线扫描速度	PPI:1~6 r/min,可调; RHI:1~3 往返/min,可调
5	天线定位精度(均方差)	方位:≤0.10°;仰角:≤0.10°
6	保护装置	具有电气和机械双重保护装置和过限保护功能

序号	项目	技术指标
7	BITE	具有机内故障自动检测电路
8	供电条件	220/380 V AC±10%,55AMP

2.7.3 工作原理

根据伺服技术要求,伺服系统在电路上采用了 3 个环路的结构形式:位置环、速度环和加速度环。系统的结构框图如图 2-49 所示。

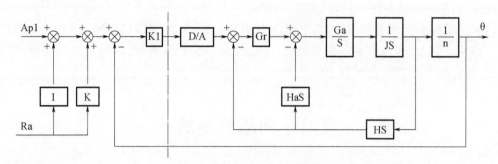

图 2-49 伺服系统工作原理图

加速度环由前向通道 Ga/S、1/JS 和负反馈通道 HS、HaS 构成。通过与电机同轴的测速机,将系统输出速度转换成电压信号,再进行一次微分,然后送到加速度环的输入端,用加速度环的输入信号与之相减的差来控制此环路。速度环由前向通道 Gr、加速度环和负反馈通道 HS 构成。通过与电机同轴的测速机,将系统输出速度转换成电压信号,然后送到速度环的输入端,用速度环的输入信号与之相减的差值来控制速度环路,使天线按给定的速度匀速转动。位置环由计算机、数模转换器 D/A、K1、速度环和轴角编码器构成。通过轴角编码器将系统输出转角转换成数字电压信号,送到计算机,由计算机按相应控制算法计算后,将数据送至D/A,控制电机转动,直到输出角等于输入角即误差等于零时电机才停止转动。

2.7.4 工作过程

伺服分系统开机后,伺服控制软件首先对硬件电路进行初始化,判断有无故障,判断结果回馈给雷达监控分系统,若无故障则进入等待状态。收到本控或遥控指令后,经运算处理送出相应的脉冲信号驱动方位和俯仰电机按指令要求的方式进行扫描运动。脉冲信号的频率决定电机的转速。电机当前运动方向、转速和所处的方位角、仰角位置也是伺服控制软件进行运算处理时的重要数据,例如,天线正进行 RHI 扫描,仰角位置为 15°且正在上升的时刻,如接收到仰角停止在 10°的定位指令,软件会首先使俯仰电机减速、停机,然后再下降到 10°的位置。

2.7.5 组成

伺服分系统主要由伺服分机、方位电机、俯仰电机、方位旋转变压器以及俯仰旋转变压器组成,其组成简化框图如图 2-50 所示。伺服分机主要包括伺服控制板、本地控制/显示面板、方位驱动器、俯仰驱动器以及低压电源组成。

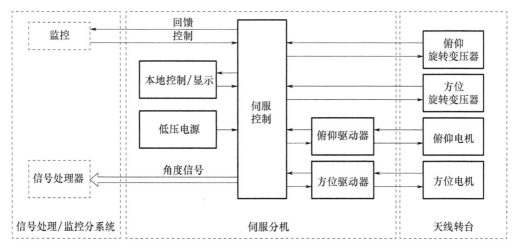

图 2-50　伺服系统组成框图

2.7.6　主要组件及模块

1. 天线转台

（1）天线座

天线座分上下两部分，下半部分为方位传动底座，电缆插座在天线座侧面，方位电机的电源和控制信号由此接入，天线位置和状态信号由此输出，俯仰电机的电源和控制信号以及天线位置和状态信号通过汇流环传输。天线座的下半部分还安装有方位电机（含码盘）、方位传动机构、方位旋转变压器和汇流环。天线座的上半部分是随天线做方位转动的，安装有俯仰电机（含码盘）、俯仰传动机构和俯仰旋转变压器。天线座上方安装天线主体及馈线等部件。结构示意图如图 2-51 所示。

（2）方位传动机构

方位传动关系示意图如图 2-52 所示。

方位传动机构由主轴、减速箱、齿轮副、旋转变压器及轴承支架等组成。方位电机为交流驱动电机（MHM052A1），它与减速箱的输入轴同轴安装，减速箱的输出轴带动齿轮 Z1，齿轮 Z1 带动齿轮 Z2，齿轮 Z2 带动天线的方位主轴。方位驱动电机的转速和转向唯一地确定天线方位转速和转向。方位电机轴与天线方位轴的转速比为 300∶1。减速箱的减速比为 60∶1，Z1/Z2 的减速比为 5∶1，齿轮 Z3 与齿轮 Z2 及天线方位轴一起转动，齿轮 Z3 带动齿轮 Z4 转动，传动比为 1∶1，齿轮 Z4 带动方位旋转变压器的转子转动。方位旋转变压器的转子与天线方位主轴是同速旋转的。

（3）俯仰传动机构

俯仰传动机构示意图见图 2-53。

俯仰传动机构与方位传动机构是类似的，不同的是，因为天线俯仰的范围限定在 −2°∼90°，所以与天线俯仰主轴相连的传动齿轮 Z2 是扇形齿轮，带动齿轮 Z4 从而带动俯仰旋转变压器的齿轮 Z3 也是扇形齿轮。Z3/Z4 的传送比为 1∶2，即天线在仰角变化 1°时俯仰旋转变压器的仰角变化 2°，这样可以提高旋转变压器输出信号的角度分辨率。

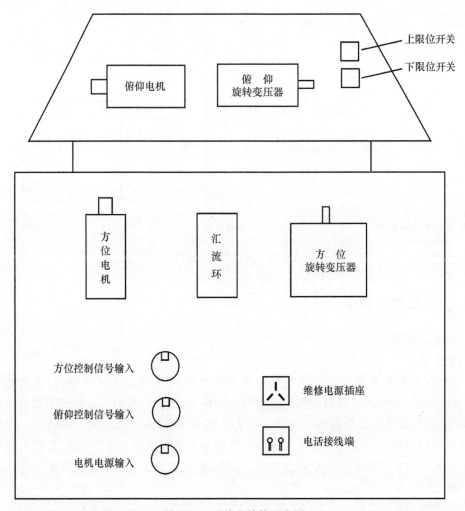

图 2-51　天线座结构示意图

2. 伺服控制板、R/D 板

伺服分系统的伺服控制板具有以下功能：

（1）接收信号处理/监控分系统送来的天线控制指令和 R/D 转换模块输出的天线方位和仰角的角度码，经软件进行运算处理，输出频率可变的脉冲信号，经驱动器控制天线的旋转速度；输出转向控制信号控制天线旋转方向。

（2）接收伺服分机控制面板上控制按键产生相应的天线控制指令。

（3）对本分系统的故障进行检测，将故障信息回送给信号处理/监控分系统。故障信息及天线位置也在伺服分机面板上显示。

伺服控制板由 FPGA 模块、逻辑电平转换差分 I/O 接口、RS232 串口通信模块、网口通信模块和 R/D 转换模块等电路组成，其工作原理框图如图 2-54 所示。

R/D 转换模块，其作用是将天线方位角位置和仰角位置变换为 14 位二进制数据以便于进一步运算处理。以串行方式送往信号处理器，以并行方式送往伺服控制板。

天线角度位置的传感器件是方位和俯仰两只旋转变压器。旋转变压器的定子固定在天线基座上，定子绕组有两个，一个直接短路，另一个接励磁电压信号（60 V,400 Hz,$U=U_\mathrm{m} \cdot \sin\omega t$）。

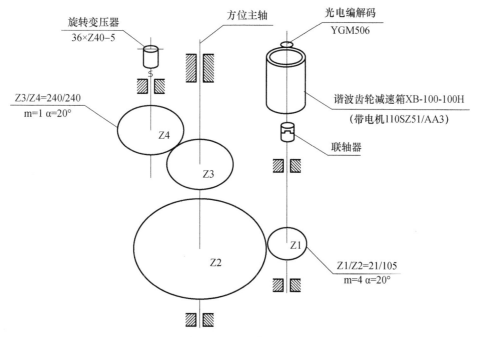

图 2-52　方位传动机构

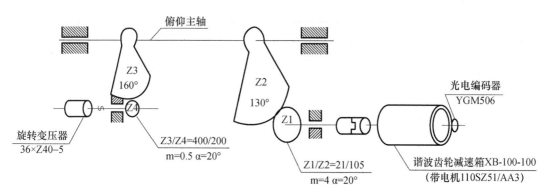

图 2-53　俯仰传动机构示意图

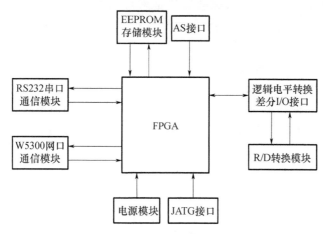

图 2-54　伺服控制板、R/D 板原理框图

转子绕组也有两个且相差90°,转子绕组随天线一起转动。当其中一个绕组与定子励磁绕组轴线夹角为 θ 时,该转子绕组中的感应电势为:

$$u_c = k \cdot U_m \cdot \cos\theta \cdot \sin\omega t = k \cdot u \cdot \cos\theta = u_{cm} \cdot \cos\theta$$

另一个转子绕组中的感应电势为:

$$u_s = k \cdot U_m \cdot \sin\theta \cdot \sin\omega t = k \cdot u \cdot \sin\theta = u_{sm} \cdot \sin\theta$$

式中 k 为变压比,$u = u_m \cdot \sin\omega t$ 为定子励磁电压,由公式可见,两个转子绕组的感应电势和天线转角 θ 分别呈余弦和正弦关系,其中包括了天线转角信息,可以唯一地确定天线转角 θ。这两个感应电势(u_c、u_s)送到 R/D 转换模块,作为天线位置信息,送往监控分系统,经过数据总线送往伺服控制板。

RS232 串口通信模块用于接收上位机软件发送的指令,以及数字信号处理和监控分系统数据。

3. 伺服驱动器

(1)功能

方位电机和俯仰电机采用日本松下电气公司生产的 MINAS 系列交流伺服电机 MHM052A1(500 W),驱动器是与电机配套的全数字交流伺服驱动器 MHD053A1V。驱动器内部硬件结构比较复杂,这里不做详细介绍。驱动器的功能是接收伺服控制板接口电路送来的控制指令,包括天线转速转向指令、定位位置指令、控制方式选择指令等,接收电机附带的旋转编码器(码盘)送来的天线目前转速、转向等状态信息,经内部的运算处理最终产生驱动天线转动的驱动信号送往驱动天线扫描的方位电机和俯仰电机。说明驱动器功能的示意图如图 2-55 所示。

图 2-55　驱动器功能示意图

(2)与伺服控制信号通信

以方位为例,信号经 XP04 接入驱动器的是来自伺服控制板上驱动接口电路送来的+15 V 工作电压、方位控制信号、方位驱动脉冲信号和向 R/D 变换板反馈的方位状态信号。方位控制信号连接示意图如图 2-56 所示。

方位伺服开机。FWSFON 开关闭合时动态制动被释放,开关断开时动态制动起作用,伺服关闭,系统将切断电机电源,驱动器内部的偏差计数器被清零。

方位报警解除。FWA-CL 开关闭合时报警解除,偏差计数器清零,系统回到运行状态。对于某些特定故障,只能在排除故障重新接通电源之后才能解除报警,这些故障是过载(OL)、过流(OC)、编码器错误(ST)、系统故障、参数错误、CPU 及 DSP 故障等。

方位控制方式。选择 FWC-MODE 开关闭合时通过参数设置可以选择一种控制方式。方位零速箝位 FWZSPD 断开此开关时内部和外部的转速命令都无效,输入驱动器的是零速度指令。天线准确定位之后,系统使用此信号可以排除外部转速信号、计数器偏差、R/D 转换器飘移等因素对系统定位的影响。

方位逆时针驱动禁止 FWCCWL;方位顺时针驱动禁止 FWCWL。

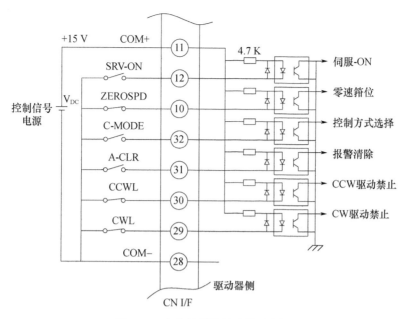

图 2-56　方位控制信号连接示意图

（3）驱动脉冲信号连接

方位驱动脉冲信号连接示意图如图 2-57 所示。

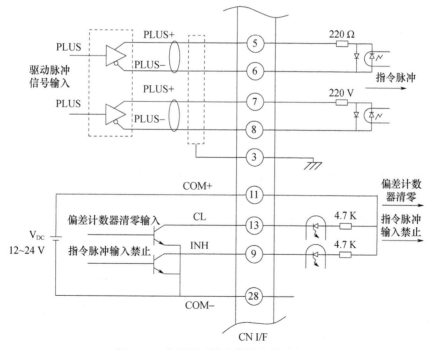

图 2-57　方位驱动脉冲信号连接示意图

控制方位电机转速的脉冲串差动信号 FWPULS＋和 FWPULS-;控制方位电机转向的脉冲符号差动信号 FWSIGN＋和 FWSIGN-。

指令脉冲输入禁止。FWINH 高电平有效,用来禁止 FWPULS 和 FWSIGN 信号的输入;

偏差计数器清零。FWCLR 低电平有效，用来清除偏差计数器，禁止指令脉冲的输入，禁止来自编码器的反馈脉冲的输入，清零信号脉宽应不小于 30 μs。

（4）反馈信号连接

向 R/D 变换板反馈的方位状态信号：方位伺服准备好 FWSFDY。接通电源后没有伺服报警的状态下，驱动器送回该信号。方位伺服报警 FWALM。方位伺服分系统有故障时产生的报警信号。方位定位完成或速度达到 FWCOIN。在定位控制时，偏差计数器所存的脉冲量在设置范围之内时产生此信号；在天线转动时，天线转速达到指令要求的转速时产生此信号，如图 2-58 所示。

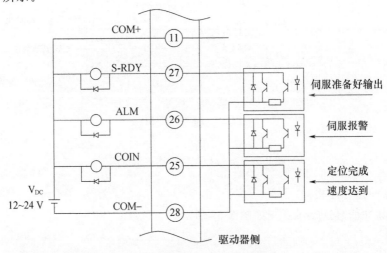

图 2-58　反馈信号连接示意图

（5）本控/显示面板

本地控制、显示电路包括 8 个按键和 8 只七段数码管及其附属接口电路。

8 个按键是本控操作时的扫描方式选择键，分别为 PPI、RHI、CAPPI 和停止键，4 个点动键分别为方位角顺时针、逆时针转动（微调）和仰角升高、降低（微调）。有键按下时 S1～S8 和 D2 产生的中断申请（INTERUPT）信号送往 R/D 变换板的键盘接口电路（8255）。

8 只数码管分为两组，分别指示天线方位角位置和仰角位置。字段信号和字位控制信号由伺服控制板产生，以串行方式送至显示接口电路 D1（MAX7221），驱动 8 只数码管以扫描方式轮流工作，显示天线的方位角和仰角位置。

4. 汇流环

（1）功能

汇流环作为雷达旋转与固定部分的电连接装置，它位于新一代天气雷达天线座内，承担着雷达俯仰系统的供电及信号传输功能。在雷达伺服中起着至关重要的作用，其性能优劣将直接影响雷达的可靠性和使用寿命。

（2）结构及工作过程

汇流环由外环套、轴承和内轴组成。外环套有 26 个碳刷座；内轴由 26 个导电环、绝缘环和引出线组成，如图 2-59 所示。汇流环与天线主轴同心安装，天线转动时，天线主轴与汇流环内轴同心运动，汇流环外环套则固定不动，经外环套电刷与内轴导电环的相对运动，将所需信号传导到天线和俯仰系统。

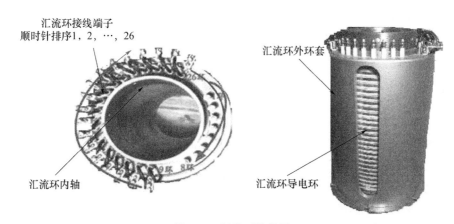

图 2-59　汇流环结构图

(3)导电环与接线端子关系

从图 2-59 中看出,汇流环共有 26 个接线端子,从上向下看,接线端子按顺时针排列;1~8 接线端子为俯仰电机供电端子,其中 1、3、5 端子分别接驱动器 U、V、W;2、4、6 为俯仰电机供电备份端子。其信号连接如图 2-60 所示。

XS02俯仰信号输入			W1汇流环			XP03电机信号输入		
序号	电路特性	去向	序号	电路特性	去向	序号	电路特性	去向
1	GND					A	FY-A	
2	GND					B	FY-/A	
3	FY-A		9	FY-A	9′	C	FY-B	
4	FY-/A		10	FY-/A	10′	D	FY-/B	
5	FY-B		11	FY-B	11′	E	FY-Z	
6	FY-/B		12	FY-/B	12′	F	FY-/Z	
7			13	FY-Z	13′	P	FY-RX	
8	FY-Z		14	FY-/Z	14′	R	FY-/RX	
9	FY-/Z		15	FY-RX	15′	H	+5 V	
10	FY-RX		16	FY-/RX	16′	G	0 V	
11	FY-/RX		17	+5 V	17′	J	GND	
12	+5 V		18	0 V	18′			
13	0 V		19	SXWKG	19′			
20	+5 V		20	XXWKG	20′			
21	0 V		21	FY60V	21′			
22	SXWKG		22	AGND	22′		B2俯仰旋变输入	
23	XXWKG		23	SINQ	23′	序号	电路特性	去向
24	FY60V		24	COSQ	24′	D1	FY60V	
25	AGND		25		25′	D2	GND	
26	SINQ		26		26′	D3		
27	C0SQ		1	FY-U	XP04电机入	D4		
28			2	FY-V	XP04电机入	Z1	FYSINθ	
29			3	FY-W	XP04电机入	Z2	GND	
30			4	FY-E	XP04电机入	Z3	FYCOSθ	
31			5		5′	Z4	GND	
32			6		6′			

FY-U　XS03(5)
FY-V　XS03(6)
FY-W　XS03(7)
FY-E　XS03(8)

序号	电路特性	去向
7		7′
8		8′

S1
S2

图 2-60　汇流环信号连接图

（4）汇流环出现问题解决方法

实际应用中发现，有些汇流环在运行中经常产生刺耳的噪声，有的汇流环一直有噪声，有的汇流环开始有噪声，运行一段时间噪声消失。这种声音个别情况下是由于轴承磨损变形而产生的，大多是电刷摩擦产生的噪声。摩擦噪声产生的因素比较复杂，汇流环在运行时产生的噪声与电刷摩擦产生的摩擦噪声和摩擦系统的刚度、滑动速度和方向、载荷大小、滑动时间长短、润滑条件和环境条件等因素有关。由于汇流环工作时与电刷相对滑动的速度较低，电刷与汇流环的摩擦温升比较小，可以排除温度对摩擦噪声的影响。当汇流环出现异常声音时，要做具体判断并进行相应处理。

汇流环长期运转，电刷与导电环摩擦产生的碳粉或金属粉末，导致汇流环绝缘性能下降，产生故障或误报。必须每隔一段时间对汇流环进行清洗，清除碳粉或金属粉末。故障信息误报频繁时，需对汇流环的绝缘情况进行检测，其方法是将摇表的一接线端子接导电环的1环，摇表另一接线端子接导电环的2环，接下来接2、3环，以此类推，新汇流环的阻值≥50 MΩ；对使用过一段时间的汇流环，其阻值≥1 MΩ。

5. 旋转变压器

（1）用途

为精密测量雷达系统方位、俯仰轴角，在雷达角位置检测系统中采用旋转变压器，但其输出信号为模拟量，故采用 RD 轴角转换，将旋转变压器产生的模拟信号快速转换为二进制数字信号，实现对角位置的数字化测量、显示。旋转变压器是一种能转动的变压器。这种变压器的原、副绕组分别放置在定、转子上。原、副绕组之间的电磁耦合程度与转子的转角有关，因此，转子绕组的输出电压也与转子的转角有关。旋转变压器的用途主要是用来进行坐标变换、三角运算和角度数据传输、信号转换等。

（2）工作原理

旋转变压器是一种单相激励双相输出（幅度调制型）无刷旋转变压器，如图 2-61 所示。旋转变压器初级励磁绕组（R1-R2）和二相正交的次级感应绕组（S1-S3，S2-S4）同在定子侧，转子侧是与初级绕组和次级绕组磁通耦合的特殊结构的线圈绕组。

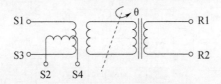

图 2-61　旋转变压器的工作原理图

当旋转变压器转子随雷达方位轴同步旋转、初级励磁绕组（R1-R2）外加交流励磁电压后，次级两输出绕组（S1-S3，S2-S4）中会产生感应电动势，大小为励磁与转子旋转角的正、余弦值的乘积。旋转变压器输入输出关系如下：

$$E_{R1-R2} = E_0 \sin\omega t$$
$$E_{S1-S3} = KE_{R1-R2} \sin\theta$$
$$E_{S2-S4} = KE_{R1-R2} \cos\theta$$

这里的 θ 是转子旋转的角度，E_0 是励磁最大幅值，ω 是励磁角频率，K 是旋转变压器变比。

（3）参数

① 额定电压。指励磁绕组应加的电压，有 12、16、26、36、60、90、110、115、220 V 等几

种,CINRAD/CC 雷达采用 60 V 励磁电压。

② 额定频率。指励磁电压的频率,有 50 Hz 和 400 Hz 两种。选择时应根据自己的需要,一般工频 50 Hz 的使用起来比较方便,但性能会差一些,而 400 Hz 的性能较好,但成本较高,故应选择性价比比较适中的产品。

③ 变比。指在规定的励磁一方的励磁绕组上加上额定频率的额定电压时,与励磁绕组轴线一致的处于零位的非励磁一方绕组的开路输出电压与励磁电压的比值,有 0.15、0.56、0.65、0.78、1.0 和 2.0 等几种。

④ 输出相位移。指输出电压与输入电压的相位差。该值越小越好,一般在 3°~12°电角度。

⑤ 开路输入阻抗(空载输入阻抗)。输出绕组开路时,从励磁绕组看进去的等效阻抗值。标准开路输入阻抗有 200、400、600、1000、2000、3000、4000、6000 和 10000 等几种。

6. 松下 MINAS-A4 系列高性能 AC 伺服电机及驱动器使用

(1)电机分类

① 交流伺服电动机。具有运行稳定、可控性好、响应快速、灵敏度高以及机械特性和调节特性的非线性度指标严格(要求分别小于 10%~15%和小于 15%~25%)等特点。

② 直流伺服电动机。具有良好的线性调节特性及快速的时间响应。

(2)工作原理

伺服电机主要靠脉冲来定位,伺服电机接收到 1 个脉冲,就会旋转 1 个脉冲对应的角度,从而实现位移,因为,伺服电机本身具备发出脉冲的功能,所以伺服电机每旋转一个角度,都会发出对应数量的脉冲,这样,和伺服电机接受的脉冲形成了呼应,或者叫闭环,如此一来,系统就会知道发了多少脉冲给伺服电机,同时又收了多少脉冲回来,这样,就能够很精确地控制电机的转动,从而实现精确的定位,可以达到 0.001 mm。

交流伺服电机也是无刷电机,分为同步和异步电机,目前运动控制中一般都用同步电机,它的功率范围大,可以做到很大的功率。

伺服电机内部的转子是永磁铁,驱动器控制的 U/V/W 三相电形成电磁场,转子在此磁场的作用下转动,同时电机自带的编码器反馈信号给驱动器,驱动器根据反馈值与目标值进行比较,调整转子转动的角度。伺服电机的精度决定于编码器的精度(线数)。

(3)工作特点

1)电机特点

① 采用松下公司独特算法,使速度频率响应提高 2 倍,达到 500 Hz;定位超调整定时间缩短为以往产品的 1/4。

② 具有全闭环控制功能,通过外接高精度的光栅尺,构成全闭环控制,进一步提高系统精度。

③ 电机可配用多种编码器,适应各种用户需要。

2)伺服驱动特点

① 带操作面板,控制和使用简便易行。每套松下伺服驱动器上都配有操作面板,各种参数和控制方式均可通过操作面板实行调整,非常适合于现场调试。面板可显示运行速度、位置脉冲、实际转矩、接线 I/O 状态、参数设定、错误原因等大量信息。特别是实际转矩的显示给设计、选型提供了极大方便。通过操作面板可以检查接线状态,用户可利用此功能判别接线错误,十分有效。

② 稳妥方便地自动调整,刚性调整更方便。用户在调试设备时可以启动自动增益调整功能来调节伺服系统的刚性。松下伺服在自动增益调整时运动范围小(电机正转两圈反转两

圈)运动速度低(约 100 rpm),所以在非常有限的场合运用时非常安全可靠。

③ 控制方式多样化。有 3 种控制方式可供选择:速度控制方式、位置控制方式、转矩控制方式,以上三种方式也可进行复合控制。其中位置控制方式极具特色,用户可以采用电子线路、单片机、PC 机及其他方式非常简便而廉价地实现数控功能。

④ 保护设施齐全。系统还配有各种自诊断保护措施,硬件软件双重保护,并可以胜任三倍过载。一旦发生错误,便立即停机,并告以报警故障原因,在用户解除故障后方可重新工作,因此,可靠性极高。

(4)使用注意事项及检查维护

① 勿将手放入驱动器内部,电机、驱动器及其再生放电电阻会产生高温,请勿接触,否则可能导致灼伤、触电。

② 请勿使用外部动力驱动电机,否则可能引发火灾。

③ 驱动器和电机的地线必须接地,否则可能导致触电。

④ 电机相序、编码器配线应正确布线,否则可能导致受伤、故障、产品损坏。

⑤ 切勿强烈撞击电机轴,否则可能导致故障发生。

⑥ 日常检查:确认使用温度、湿度、灰尘、异物等;是否有异常振动和噪声;电源电压是否正常,是否有异臭;通风口是否粘有纤维线头,驱动器的前部、连接器的清洁状况,配线是否已损伤;与装置、设备的连接部分是否有松动和芯脚偏离,负载部有无异物嵌入。

⑦ 年度定期检查:紧固部位是否有松动,是否有过热迹象。

(5)A4 系列电源、驱动器与电机电缆连接注意事项

图 2-62 为 A4 系列伺服电机主电源、驱动器、电机电气连接图。

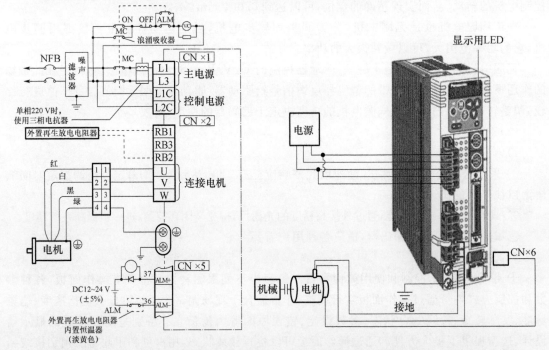

(a) A4系列电机主电源、驱动器、电机电气连接框图　　(b) A4系列电机主电源、驱动器、电机电气连接图

图 2-62　A4 系列伺服电机主电源、驱动器、电机电气连接图

① 连接电缆到每个接线端子时,要采用有绝缘套的压线端子以保证绝缘屏蔽。

② 接线前,要先卸下接线端子排盖板的紧固螺丝,移开盖板。

③ 不安装外接放电电阻时,将 RB3(B1)和 RB2(B2)端子短接起来。通常情况,A4 系列 A 型、B 型驱动器无内置放电电阻,不需要将 RB3 和 RB2 端子短接起来。但是如果发生再生放电,电阻过载(Err18)报警,在 RB1 和 RB2 之间接入电阻。使用外接放电电阻时,正确设置参数 Pr6C 的值。

④ 电源电压务必按照驱动器铭牌上的指示。

⑤ 主电源接线端子(L1、L2、L3)和电机接线端子(U、V、W)不要混淆。

⑥ 电机接线端子(U、V、W)不可以接地或短路。

⑦ 禁止触摸电源接线端子 X1 、X2 和接线端子排,因为有高电压,否则可能会导致触电事故。

⑧ 交流伺服电机的旋转方向不可以像感应电机一样通过交换三相顺序来改变。

必须确保伺服驱动器上的电机连接端子(U、V、W)与其连接电缆的色标(或航空插头的脚号)一致。

⑨ 电机的接地端子和驱动器的接地端子以及噪声滤波器的接地端子必须保证可靠地连接到同一个接地点上。机身也必须要接地。确保铝线和铜线不接触,以免金属腐蚀。

(6)驱动器、电机保护功能、报警代码及处理方法

MINAS A4 驱动器具有不同的保护功能。当其中任一功能激活时,驱动器切断电流,报警输出信号(ALM)没有输出。驱动器显示面板上的 7 段 LED 会闪烁显示相应的报警代码。报警代码、保护功能、故障原因及处理方法如表 2-11 所示。

表 2-11　保护功能、报警代码及处理方法表

保护功能	报警代码	故障原因	处理方法
控制电源欠电压	11	控制电源逆变器上 P、N 间电压低于规定值。 1)交流电源电压太低。瞬时失电。 2)电源容量太小,电源接通瞬间的冲击电流导致电压跌落。 3)驱动器(内部电路)故障	测量 L1C、L2C 和 r、t 之间电压。 1)提高电源电压。更换电源。 2)增大电源容量。 3)换用新的驱动器
过电压	12	电源电压高过了允许输入电压的范围。逆变器上 P、N 间电压超过了规定值。电源电压太高。存在容性负载或 UPS(不间断电源),使得线电压升高。 1)未接再生放电电阻。 2)外接的再生放电电阻不匹配,无法吸收再生能量。 3)驱动器(内部电路)故障	测量 L1、L2 和 L3 之间的相电压。配备电压正确的电源。排除容性负载。 1)用电表测量驱动器上 P、B 间外接电阻阻值。如果读数是"∞",说明电阻没有真正地接入。 2)换用一个阻值和功率符合规定值的外接电阻。 3)换用新的驱动器
主电源欠电压	13	1)主电源电压太低。发生瞬时失电。 2)发生瞬时断电。 3)电源容量太小。电源接通瞬间的冲击电流导致电压跌落。 4)缺相:应该输入三相交流电的驱动器实际输入的是单相电。 5)驱动器(内部电路)故障	测量 L1、L2、L3 端子之间的相电压。 1)提高电源电压。换用新的电源。排除电磁继电器故障后再重新接通电源。 2)检查 Pr6D 设定值,纠正各相接线。 3)参照"附件清单",增大电源容量。 4)正确连接电源的各相(L1、L2、L3)线路。单相电源只接 L1、L3 端子。 5)换用新的驱动器

续表

保护功能	报警代码	故障原因	处理方法
过电流和接地错误	14	流入逆变器的电流超过了规定值。 1)驱动器(内部电路、IGBT 或其他部件)故障。 2)电机电缆(U、V、W)短路了。 3)电机电缆(U、V、W)接地了。 4)电机烧坏了。 5)电机电缆接触不良。 6)频繁的伺服 ON/OFF(SRV-ON)动作导致动态制动器的继电器触点熔化而粘连。 7)电机与此驱动器不匹配。 8)脉冲的输入与伺服 ON 动作同时激活,甚至更早	1)断开电机电缆,激活伺服 ON 信号。如果马上出现此报警,换用新驱动器。 2)检查电机电缆,确保 U、V、W 没有短路。正确地连接电机电缆。 3)检查 U、V、W 与"地线"各自的绝缘电阻。如果绝缘破坏,换用新机器。 4)检查电机电缆 U、V、W 之间的阻值。如果阻值不平衡,换用新驱动器。 5)检查电机的 U、V、W 端子是否有松动或未接,应保证可靠的电气接触。 6)换用新驱动器。勿用伺服 ON/OFF 信号(SRV-ON)来启动或停止电机。 7)检查驱动器铭牌,按照上面的提示换用匹配的电机。 8)在伺服 ON 后至少等待 100 ms 再输入脉冲指令
电机或驱动器过热	15	伺服驱动器的散热片或功率器件的温度高过了规定值。 1)驱动器的环境温度超过了规定值。 2)驱动器过载了	1)降低环境温度,改善冷却条件。 2)增大驱动器与电机的容量。延长加/减速时间。减轻负载
过载	16	1)电机长时间重载运行,其有效转矩超过了额定值。 2)增益设置不恰当,导致振动或振荡。电机出现振动或异常响声。参数 Pr20(惯量比)设得不正确。 3)电机电缆连接错误或断开。 4)机器碰到重物,或负载变重,或被缠绕住。 5)电磁制动器被接通制(ON)。 6)多个电机接线时,某些电机电缆接错到了别的轴上	1)增大驱动器与电机的容量。延长加/减速时间,减轻负载。 2)重新调整增益。 3)按照接线图,正确连接电机电缆。 4)清除缠绕物。减轻负载。 5)测量施加到制动器上的电压。断开其连接。 6)将电机电缆和编码器电缆正确地连接到对应的轴上
再生放电电阻过载	18	1)惯量很大的负载在减速过程中产生的能量抬高了逆变器电压,而且由于放电电阻无法有效地吸收再生能量而继续升高。 2)电机转速太高,无法在规定时间内吸收产生的再生能量。 3)外接电阻被限制为工作周期的 10%	1)检查运行状况(在速度监视器上)。检查电阻负载率和过载报警显示内容。增大驱动器与电机的容量。延长加/减速时间。外接一个电阻放电。 2)检查运行状况(在速度监视器上)。检查电阻负载率和过载报警显示内容。增大驱动器与电机的容量。延长加/减速时间。降低电机速度。外接一个电阻放电
编码器通信出错	21	编码器与驱动器之间的通信中断,并激活了通信中断检测功能	按照接线图,正确连接编码器线路。纠正错误接线
编码器通信数据出错	23	主要是噪声引起了一个错误数据,数据不能被发送到驱动器。即使编码器电缆已连接,但通信的数据有问题	1)确保编码器电源电压是 DC5 V±5%(4.75~5.25 V),尤其是电缆很长时必须特别注意。 2)如果电机电缆与编码器电缆捆绑在一起,分隔开来布线。 3)参照接线图,将屏蔽线接到 FG 上

保护功能	报警代码	故障原因	处理方法
过速	26	电机的转速超过了参数(过速水平)的设定值	1)避免指令速度过高。 2)检查指令脉冲频率和分倍频比率。 3)对于不恰当的增益引起的过冲,正确调整增益。 4)按照接线图,正确连接编码器线路
EEPROM 参数出错	36	电源接通瞬间从 EEPROM 读取数据时,存储在内存里的数据受损	1)重新设置所有的参数。 2)若多次出错,应换用新的驱动器,并将此台驱动器送厂家检修

2.8　终端分系统

2.8.1　概述

终端分系统是雷达面向用户的窗口,承担了对雷达获取的 Z、V、W 数据进行实时显示、数据预处理、数据质量控制、二次产品生成和显示以及原始数据、产品数据的存储等。同时,还能对雷达整个系统工作参数的预置、观测方式的选择等实施操控。

2.8.2　功能

1. 监控终端

主要功能包括雷达系统控制、工作参数显示、故障报警、雷达机内标校测试、回波实时显示、原始数据存储等。

2. 产品终端

生成如下产品数据:

(1)基本数据产品。平扫(PPI)、高扫(RHI)、等高平面位置显示(CAPPI)、任意垂直剖面显示(VCS)、回波顶高显示(ETPPI)、回波底高显示(EBPPI)、最大回波强度(CR)、分层组合反射率(LCR)、多层 CAPPI、等值线。

(2)物理量产品。雨强(RZ)、1 h 雨量累积(OPA)、3 h 雨量累积(TPA)、垂直累积液态含水量(VIL)、速度解模糊(DIALL)、径向散度(RVD)、方位涡度(ARD)、综合切变(CS)、分层组合湍流(LCTA)、强回波移向移速。

(3)风场反演产品。垂直风廓线(VWP)、速度方位廓线(VAD)和 UWT 风场(UWT)。

(4)识别产品。下击暴流识别、尺度气旋识别、风切变识别、阵风锋识别、风暴识别、冰雹识别和暴雨识别。

(5)其他产品。直方图、图像放大、产品动画、图像打印、单屏多图显示。

2.8.3　组成

终端分系统主要包括监控终端、产品终端以及相应的网络设备,组成框图如图 2-63 所示。

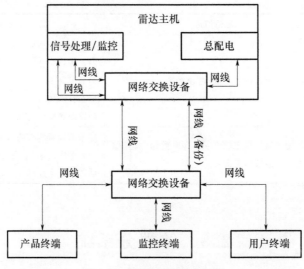

图 2-63 终端系统组成框图

2.8.4 工作过程

监控终端利用局域网采集信号处理/监控分系统输出的气象回波数据、控制命令回馈、故障信息、参数信息以及遥控配电箱输出的电源状态信息,同时监控终端通过网络向雷达发送控制指令,对雷达工作参数进行配置,对扫描方式进行控制。

监控终端主要完成下列功能:

① 控制功能。发送各种控制指令,如雷达工作状态控制(开机/关机控制、天线控制、电源控制等),雷达工作参数设置等指令。

② 状态监测。接收来自雷达的回馈信息,完成全机 BIT 显示,即工作状态、工作参数、故障信息的显示、处理等。

③ 数据处理。对雷达探测的原始数据进行采集,强度数据应经过噪声阈值、距离订正、标校等处理;径向速度数据应经过噪声门限等预处理。

④ 产品生成。完成基本数据产品的显示,即 PPI、RHI、VOL 等。

产品终端主要完成气象二次产品自动生成以及各种气象产品的手动制作。另外,还起到数据与图像的存储、输出(包括打印、刻录)以及接入外部网络的作用。

监控终端和产品终端之间通过一个交换机连接,组成一个局域网。由于雷达信号处理以及监控采用 UDP 方式进行数据传输,所以在雷达局域网内部均能够获取到雷达数据,也就是说,在雷达局域网内部可以连接多个监控终端,同时显示雷达回波数据。

2.8.5 软件系统

1. 软件简介

软件运行环境为 Windows XP 或 Windows 7 32 位专业版,编程环境为 VC++6.0。

雷达终端分系统软件是一个综合性的多普勒天气雷达终端系统软件,软件设计的宗旨是系统应具有较高水平的起点、较好的安全性,适应我国雷达业务运行规范,从设计原则、设计标准、系统分析、性能需求、功能特点和系统测试等方面都进行了认真的调研和分析。该系统采用面向对象的程序设计方法,依照功能或产品类型的不同建立了多种对象模型,充分利用了对象的封装性和继承性的特点,大大提高了软件的通用性和维护性。具有用户界面友好、操作简单直观的特点,可实时采集和显示多种扫描方式下的回波数据与图像,生成多种基本数据产品和物理量产品;可在线监测雷达的各种参数、工作状态、故障;可远程控制雷达的天线扫描方式、发射机开关机、雷达参数标定等。

2. 监控终端软件

监控终端软件按功能模块划分,可分为实时数据采集模块、网络通信模块、指令控制模块、数据处理模块和监控模块。

实时数据采集模块主要通过网络对雷达探测的原始数据、指令回馈、状态参数进行采集,并转换成指定的格式送往控制模块、数据处理模块、监控模块。数据处理模块是将数据采集模块得到的原始数据再经过必要的处理,将回波信息实时显示出来,并提供原始数据保存。该模块还可以打开已经存储的数据,进行原始数据文件复显。指令控制模块主要完成发送各种控制指令,如:雷达的开关机、工作参数设置、天线控制等。监控模块主要完成接收监控分系统送来的显示信息,如工作状态、工作参数、故障信息等。

3. 产品终端软件

产品终端软件按功能模块划分,可分为网络通信模块、目录监视模块、自动产品生成模块、手动产品生成模块、数据库管理模块。网络通信模块用于建立产品终端与监控终端之间的网络通信。自动产品生成模块是根据网络通信模块传送来的数据保存消息或目录监视消息进行气象产品的自动生成。手动产品生成模块根据用户的要求,人工将基本数据产品(PPI、RHI、VOL 等)经过一定的处理,转化为气象上的常用物理量。生成的产品自动保存到数据库,供用户选择调用。

4. 软件功能说明

监控终端软件。采用对话框方式,窗口尺寸设置为 1280×1024。监控终端软件界面主要包括 5 个部分,分别是回波区、色标区、信息区、参数区和游标区。

(1)回波区

回波区显示雷达获取的 Z、V、W、T 四要素资料,图像区的显示大小为 1000×1000 个像素点,显示的最大距离是雷达当前工作的距离量程,雷达在不同工作量程下得到的图像的像素点代表的距离(像素大小)随当时雷达工作的距离量程不同而不同。根据用户的需要,还可以在某些图像显示中增加地图信息,地图信息以雷达站为中心,包括省界、市界、县界、市名、县名和主要水域等信息,用户可以根据自己的需求进行选择。

(2)色标和信息显示区

该区包括两部分,一部分为色标显示区,另一部分信息显示区显示的是当前图像的一些参数信息,主要包括雷达站名、测站经纬度、雷达站代码、雷达站海拔高度、当前终端的 IP 地址和软件用户名称。

(3)游标区

显示当前鼠标所指示位置的消息信息,包括订正前强度(dB)、订正后强度(dBZ)、径向速度、速度谱宽、方位角、仰角、距离、高度和经纬度等信息。

(4)雷达参数显示区

该区显示的是雷达工作状态、工作参数、故障回馈和雷达控制等信息,其内容如下。

1)天线位置栏:显示当前雷达天线方位角、仰角。

2）噪声栏：当前雷达系统噪声，左边为高增益通道，右边为低增益通道。

3）双通道：显示高、低增益通道之间的增益差和相位差。

4）时间栏：显示当前日期、时间。

5）操作提示栏：显示当前雷达状态回馈以及控制信息。

6）信号处理：显示当前信号处理的处理方式（PPP/FFT）、处理对数、距离量程、重复频率、脉冲宽度、距离库长、滤波器选择、强度门限和速度门限等信息。

7）接收：显示当前接收模式（正常模式/标定模式）、强度测试时 DDS 功率、接收机工作频率和速度测试时 DDS 频移量。

8）伺服：当前扫描方式、PPI 扫描速度和 RHI 扫描速度。

9）发射：当前发射机工作状态、输出峰值功率和机内温度。

10）工作参数区：显示当前雷达主要工作参数，包括总流、管体、人工线电压（PFN）、驻波、激励功率、一本振功率、DDS 功率和反射功率等。

11）整机：正常/故障显示栏，显示当前雷达状态和故障回馈。

① 发射分系统：冷却开关脱扣故障、磁场开关脱扣故障、回扫开关脱扣故障、KLY 温度异常故障、线包温度异常故障、机内温度过高故障、机内温度过低故障、天线罩门开启故障、机柜门开启故障、充电过荷故障、回扫电源故障、人工线过压故障、串口通信故障、可控硅故障、可控硅风机故障、反峰故障、无触发故障、磁场电源 1 故障、磁场电源 2 故障、灯丝电源故障、真空度故障、KLY 总流故障、KLY 管体电流故障、KLY 总流节点故障、KLY 管体电流节点故障。

② 接收分系统：100 MHz、一本振、二本振、相参信号故障。

③ 信号处理/监控分系统：数字接收机无外时钟故障、DSP 板无外时钟故障、DSP 芯片故障、DSP 板串口故障、PIN 开路故障、PIN 短路故障。

④ 伺服分系统故障：方位电源、俯仰电源、方位 R/D、俯仰 R/D、伺服控制板。

（5）雷达控制区

雷达控制区所在位置与游标区、色标区和信息区所处位置重叠，在上述任一位置单击鼠标右键即可弹出雷达控制区面板，整个控制面板分为发射、信号处理、伺服、接收、标定控制区和软件配置区。

1）发射控制区

① 冷却：接通或断开发射机的冷却风机。

② 低压：接通或断开发射机的低压电源。

③ 准加：指示发射机的准加状态。

④ 高压：接通或断开发射机的高压电源。

⑤ 复位：复位中的"发射复位"主要是清发射机内的工控机中故障缓冲，用于消除由检测信号毛刺造成的虚故障。需要复位时，按压复位键，就会弹出"发射复位"对话框，确定即可复位。

⑥ 开机顺序：开冷却，开低压，等 15 min 后准加到，开高压。

⑦ 关机顺序：关高压，关低压（同时准加自动关闭），关冷却（此时风机不会立即停止工作），等 5 min 后风机停。

2）信号处理控制区

① 自检：信号处理自检模式选择。

② 复位：复位中的"监控复位"主要是对主监控进行复位。

③ 距离量程:信号处理输出距离量程和距离库长选择。

信号处理二级控制菜单内容如下。

① 处理:调整多普勒处理方式(PPP、全程 FFT、单库 FFT 和解距离模糊)和对应的对(点)数。

② 重频:调整参差比和脉冲重复频率(PRF),缺省为 900 Hz 单频。

③ 脉宽:有 1 μs 和 2 μs 两种脉宽选择,对应数字接收机进入宽带和窄带模式,缺省为 1 μs 脉宽。

④ 对消:开启或关闭地物对消滤波器及选择滤波器类型。

⑤ 质量控制:对强度和速度进行门限切割处理。

⑥ 复位:对信号处理器进行软件复位处理。

3)伺服控制区

① 停止扫描:停止天线扫描。

② PPI:执行当前仰角的 PPI 平面扫描。

③ EPPI:执行指定仰角的 PPI 平面扫描。

④ RHI:执行当前方位角的 RHI 高度扫描。

⑤ ERHI:执行指定方位角的 RHI 高度扫描。

⑥ VOL:执行体积扫描,包括 3 种扫描模式可选(降水模式 1、降水模式 2、警戒模式)。

⑦ FAN:执行当前仰角的扇扫扫描。

⑧ EFAN:执行指定仰角和范围的扇扫扫描。

按压伺服按键,弹出伺服二级控制菜单,内容如下。

① 指定方位:天线转到该方位(0°～360°)。

② 顺时针点动:天线方位点动增加 0.2°。

③ 逆时针点动:天线方位点动减小 0.2°。

④ PPI 转速:0.5～6 圈/分,步进 0.5。

⑤ 指定仰角:天线转到该仰角(0°～90°)。

⑥ 向上点动:天线仰角点动增加 0.2°。

⑦ 向下点动:天线仰角点动减小 0.2°。

⑧ RHI 转速:1～3 往返/分,步进 1。

4)接收控制区

接收控制区主要控制接收机的工作模式选择,其模式如下:

① 正常模式:进行雷达观测时使用的模式。

② 相噪模式:进行相位噪声测试时使用的模式。

③ 噪声模式:进行噪声系数测试时使用的模式。

④ DDS 测试模式:进行强度测试或速度测试时使用的模式。

5)标定控制区

标定控制区主要控制雷达常规标定等,包括噪声系数标定、特性曲线标定、相位噪声标定、强度测试和速度测试,内容如下:

① 噪声系数:对雷达噪声系数进行机内标定。

② 特性曲线:对雷达接收特性曲线进行机内标定。

③ 相位噪声:对雷达发射相位噪声进行标定。

④ 强度测试:使用雷达机内 DDS 测试信号对雷达系统进行强度测试。

⑤ 速度测试:使用雷达机内 DDS 测试信号对雷达系统进行速度测试。

2.9 雷达电源分系统

2.9.1 组成及特点

雷达电源分系统主要指总配电分机、发射配电以及各个分系统中的低压电源模块。整个雷达系统的供配电结构见图 2-64。电源分系统的主要功能是负责给整个雷达系统供电。它的主要特点如下:

① 具有稳压、滤波和一定的防雷功能。

② 直流低压电源都采用成熟的模块化电源,具有很强的短路、过流和过压保护功能,并在故障排除后可自动恢复正常供电。

③ 总配电分机可以本地控制输出,也可以通过网络远程进行遥控控制。

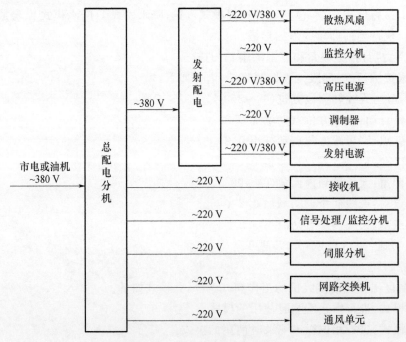

图 2-64 电源分系统组成框图

2.9.2 主要技术指标

1. 整机电源

① 供电方式:市电或油机电源站。

② 输入电源:三相四线 $380 \times (1 \pm 10\%)$ V。

③ 电源频率:50 Hz±3 Hz。

④ 整机功耗:≤15 kW。

2. 低压电源模块

① 输入电压:AC 220 V±20％频率 50 Hz±6％单相。

② 输出:电压、电流按所需要求设计。

③ 纹波系数:开关集成电源≤1％;线性集成电源 5 mV。

④ 工作环境温度:0～+40 ℃。

⑤ 保护功能:过流、短路保护、过热保护、过压保护。

2.9.3　总配电分机

为方便雷达系统的供电操作,CINRAD/CC 天气雷达配备了专门的总配电分机,用户可按自己的需要将总配电分机设置成本地控制或远程遥控状态。遥控状态时本地与远端之间通过网线传输控制指令和状态回馈。遥控配电分机电路图如图 2-65 所示。

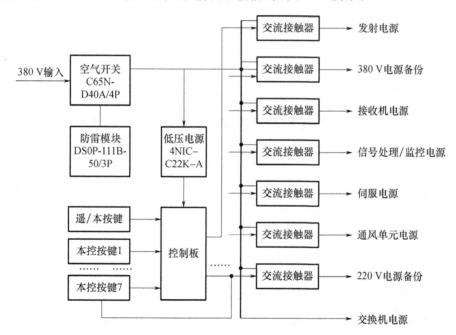

图 2-65　雷达遥控配电分机电路图

第 3 章　CINRAD/CC 天气雷达主要信号流程

天气雷达维护维修测试过程中,维修测试人员对故障诊断、分析、测试和处理时,必须熟悉雷达整机和各分系统的信号流程,使用仪器仪表诊断、测试系统关键测试点的波形参数,并对雷达故障做出快速准确的判断和分析。因此,雷达各分系统的信号流程是雷达维修、保障的重要内容。CINRAD/CC 天气雷达信号流程包括发射分系统、接收分系统、伺服分系统和信号处理分系统 4 个部分。

3.1　发射分系统信号流程

3.1.1　发射分系统

发射信号将激励源输出的脉宽 1 μs(或 2 μs),功率为 27 dBm 脉冲调制信号,经过固态放大器再放大 3～5 dB,输入速调管的输入腔,再经过速调管放大输出宽度 1 μs(或 2 μs),峰值功率 250 kW 以上的大功率、全相参、高品质的射频发射脉冲,经过波导送到天线馈源口,再经过抛物面天线,形成电磁波束,照射到气象颗粒物。全相参:发射信号、本振电压、相参振荡电压和定时器的触发脉冲均有一个基准信号提供,这些信号之间均保持确定的相位关系,即相位相关。雷达(主振放大式)由频率源(或综合器)产生各种相参信号,虽然频率各不相同,但信号之间均保持相位相参性。发射分系统组成框图如图 3-1 所示。

3.1.2　发射配电电路信号流程

市电或油机发送来的三相 380 V、50 Hz 交流电源首先经电网滤波器 Z1 进行滤波。三相电源经接线板转接提供充气机电源(三相)、调制器电源(A 相)、发射监控工作电源(C 相)和高压电源分机工作电源(C 相)。向发射机柜 Ⅱ 的速调管散热风机(离心风机)提供工作电源(三相)。发射配电电路图见第 2 章图 2-10。

继电器。时间继电器是一种使用在较低的电压或较小电流的电路上,用来接通或切断较高电压、较大电流的电路的电气元件。

断路器(空气开关)。断路器的作用是切断和接通负荷电路,切断故障电路,防止事故扩大,保证安全运行。高压断路器要开断 1500 V,电流为 1500～2000 A 的电弧,低压断路器也称为自动空气开关,低压断路器具有多种保护功能(过载、短路、欠电压保护等)。

K1～K6 为继电器,断相保护。

Q1、Q2 和 Q3 为断路器,过载时会自动断开,起保护作用。

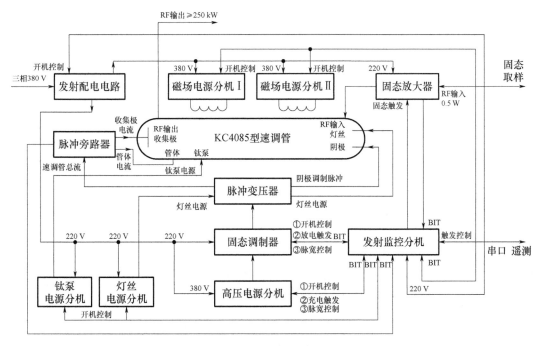

图 3-1　天气雷达发射分系统组成框图

3.1.3　发射监控分机

发射监控分机主要功能是可以完成开关机控制操作、工作状态指示、工作参数指示、故障指示、故障连锁保护和遥控通信等功能。

1. 发射监控分机

发射机监控分机示意图见第 2 章图 2-11。除了门故障之外,所有故障报警均以低电平有效。例如,钛泵故障的封存,当钛泵电流大于 $10\ \mu A$ 时,产生故障报警,发射高压掉线,可以将 PC004 单进行故障封存,将 158 号线悬空。

2. 发射监控接口板

接口板的功能是将触发信号进行电平转换和放大,主要信号流程如下:

输入信号。3 路触发信号,基准脉冲触发、充电脉冲触发、放电脉冲触发。

输出信号。3 路触发信号经过整形放大处理后送机柜Ⅰ和机柜Ⅱ。取样信号中的 4 路送监控系统。故障信号送至 PC004。

取样信号。7 路取样信号,PFN 取样信号、SCR 取样信号、管体电流取样信号、总流取样信号、风机 1 和风机 2 取样信号、温度取样信号。

故障信号。6 路故障信号,磁场 U1、磁场 U2、PFN 过压故障、SCR 故障信号、风机 1 和风机 2 取样信号。

3.1.4　高压电源分机

高压电源分机信号流程示意图如图 3-2 所示,图 3-3 为高压电源变换器电路图。输入380 V 三相电压,滤波整流成 500 V 直流电压,经过变压输出 5000 V 直流电压,再送人工线

PFN 网络。主要器件：V2、V4（IGBT）是变换器的功率开关元件，T1 是耦合储能变压器，T2 是电流互感器，PFN 是脉冲形成网络。

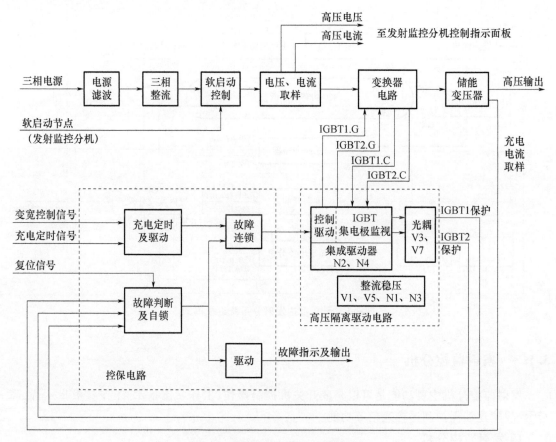

图 3-2　高压电源电路流程示意图

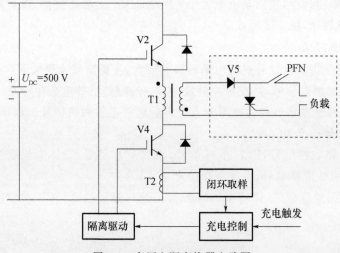

图 3-3　高压电源变换器电路图

3.1.5　高压脉冲调制器

固态调制器是发射机的重要组成部分,它可以产生一定幅度、脉宽、功率的视频脉冲。3830 调制器为线型脉冲调制器,充电方式为回扫充电,采用调制脉冲略宽于射频脉冲的嵌套工作模式。图 3-4 为高压脉冲调制器电路示意图。

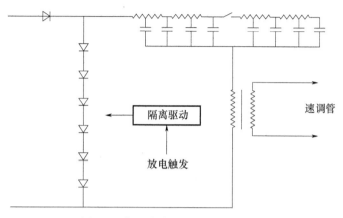

图 3-4　高压脉冲调制器电路示意图

3.1.6　速调管功率放大器

速调管功率放大器在固态放大器送来的射频激励脉冲以及来自固态调制器的阴极调制脉冲的共同作用下,在灯丝、钛泵电源、聚焦磁场电源正常供电的保证下,运用直射式多腔速调管固有的大功率、高增益特性,产生峰值功率≥250 kV 的射频发射脉冲。

1. 主要波形参数

速调管功率放大器工作时,激励脉冲和阴极调制脉冲在时间上必须重合,射频激励脉冲必须处在视频调制脉冲的顶部,两种脉冲的嵌套不能发生偏差。激励脉冲和调制脉冲的重复频率必须与雷达的脉冲重复频率完全一致,当雷达的脉冲重复频率改变时,两种脉冲的重复频率也同步改变。两种脉冲的宽度也必须是要变同时改变。

2. 速调管"老练"

长时间停机,导致速调管真空度下降,影响雷达发射功率。在低压状态下(高压关闭),钛泵电源、灯丝电源供电进行"老练"直到钛泵指示表头小于 10 μA。

3. 速调管更换

(1)更换条件。从磁环上测试的收集极电流小于 12 A,显示波形右上侧凹口数量多于 2 个,且深度较深。

(2)更换步骤。关闭所有电源低压、高压、综合电源,调小高压控保板电流旋钮(比正常略小一点)。小心拔出管子;卸下磁场聚焦线包;放掉变压器油并用酒精清洗油箱,然后注入新油,确保油面超过速调管的陶瓷部分;插上新管,再装上聚焦线包,恢复管子与外部的连接;根据新管的具体要求调整灯丝电流、磁场电流、激励功率等参数,控保板电流旋钮指示灯,收集极电流达到 14 A,终端显示功率 250 kW 左右。

3.1.7　磁场电源

产生均匀的轴向聚焦磁场,保证速调管电子枪产生的电子注在速调管内整个渡越过程中获得最佳的聚焦,输入电压三相交流 380 V,输出电流 7～9 A 电流。

3.1.8　灯丝电源

灯丝电源分机向速调管灯丝提供高稳定的直流电源。输入 200 V 交流,输出直流灯丝电源的电流为 6.5～7 A,电流稳定度为 0.1%。

3.1.9　钛泵电源

钛泵电源分机向速调管的钛泵提供工作电源。为了保证速调管的高真空度,管内设有一个冷阴极的钛泵。速调管阳极电流几乎正比于管内气体的浓度,阳极电流可以用来指示管内的真空度,用来进行故障判断和对速调管的工作进行控制和保护。本速调管钛泵电源要求电压较高但电流很小,采用典型倍压电路形式。钛泵电源电压为 3～4 kV(可调),电流为 1 mA。输入 220 V 交流电源,输出 3000～40000 V 直流高压,电流为 1 mA。

3.2　接收分系统信号流程

3.2.1　接收分系统

主要功能如下:

(1)射频回波信号的低噪声放大和下变频,将 60 MHz 中频信号进行数字下变频处理,为数字信号处理分系统提供所要求的 16 位正交 I、Q 数据。

(2)产生和形成雷达系统所需要的各种高频率稳定度的信号源。

(3)产生激励信号送往发射分系统。

(4)产生标准测试信号,用于接收分系统和信号处理分系统的幅度、频率特性进行校正和标定;利用 BITE 实现对雷达接收分系统的状态检测。

(5)利用机内标准噪声源,实现对噪声系数的标定,专门设计的相噪通道实现对系统相位噪声的测试。

天气雷达接收系统的信号流程及组成框图如图 3-5 所示。

3.2.2　射频(RF)接收机

通过天线馈线波导接收到回波信号(5430 MHz＋多普勒移频)→低噪声放大、带通滤波、下变频(2 次变频,第一次与一本振 4970 MHz 混频输出 460 MHz,第二次与二本振 400 MHz 混频输出 60 MHz)、匹配滤波(最大功率输出)、放大→输出 60 MHz 信号。图 3-6 为射频接收机信号流程图。

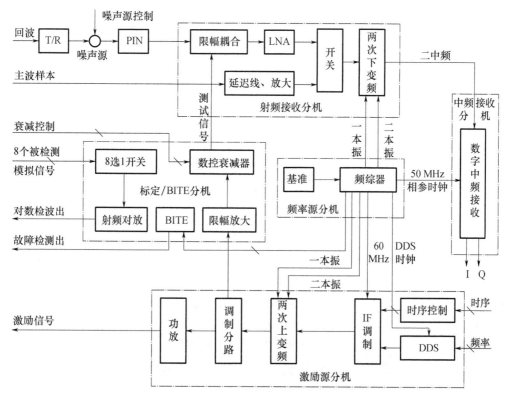

图 3-5　接收分系统信号流程及组成框图

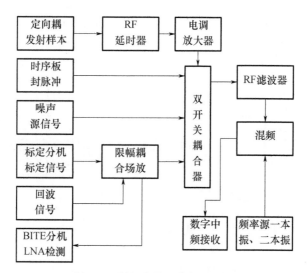

图 3-6　射频接收机信号流程图

3.2.3　数字中频接收机

RF 接收机的输出信号为中频 60 MHz→高速 A/D 采样(频率源提供采样时钟信号)→数字下变频(分别与两个正交信号进行混频)→正交 I/Q 信号输出→送信号处理系统数据接口板。图 3-7 为数字中频接收机信号流程图。

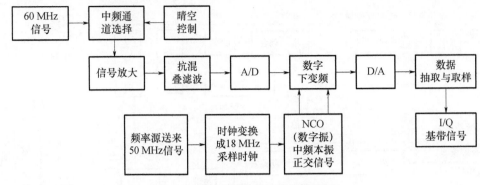

图 3-7 数字中频接收机信号流程图

3.2.4 频率源

频率源是雷达接收系统十分重要的单元组件,不仅为整个雷达提供了所需的基准信号,也为发射机和接收机提供了高稳定性、高纯频谱信号。晶体振荡器产生的 100 MHz 的基准信号,送入频标综合输出频率信号:射频接收通道单元混频器一本振、二本振信号,用于接收回波信号下变频处理;激励源单元混频器一本振、二本振信号,用于标定分机和发射及射频激励信号上变频处理;激励源 DDS240 MHz 时钟信号;雷达整机时序信号 16 MHz;数字中频采样50 MHz 信号以及基准相参 50 MHz 信号。C 波段天气雷达频率源单元信号流程如图 3-8 所示,主要信号流程以及信号关键测试点中心频率和功率幅度值如下。

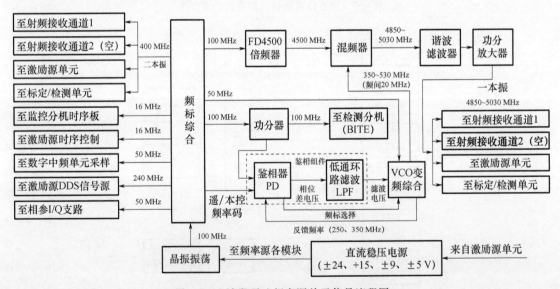

图 3-8 C 波段雷达频率源单元信号流程图

1. 一本振信号

晶振振荡器输出 100 MHz(功率≥10 dBm)→频标综合输出 100 MHz(功率≥10 dBm)→FD4500 倍频器输出 4500 MHz(功率≥9 dBm)→混频器输出 4850～5030 MHz(功率≥3.5 dBm,与 VCO 输出 350～530 MHz 进行混频,混频输入功率≥0 dBm)→谐波滤波→功分放大→输出 4 路一本振 4850～5030 MHz(功率≥9 dBm;一路至射频接收通道 1;二路至射频接收通道 2;三路至激励源单元;四路至检测单元)。

2. 二本振信号

晶振振荡器输出 100 MHz(功率≥10 dBm)→频标综合输出 4 路二本振 400 MHz(一路至射频接收通道 1,功率≥7 dBm;二路至射频接收通道 2;三路至激励源单元,功率≥−2 dBm;四路至检测单元,功率≥0 dBm)。

3. 锁相环路信号

① 鉴相组件

晶振振荡器输出 100 MHz(功率≥10 dBm)→频标综合输出工分 2 路 100 MHz(一路鉴相器输入,功率≥10 dBm;二路检测分机,功率≥0 dBm)→鉴相组件输出相位差电压信号(线性 2 V 左右)。

② VCO 变频综合组件

鉴相组件输出电压信号(鉴相器相位差电压 2 V 左右)→VCO 变频综合输出 2 路(一路反馈频率信号 250、350 MHz 至鉴相器,功率≥0 dBm;二路至混频器 350～530 MHz(频间 20 MHz),功率≥0 dBm)。晶振振荡器输出 100 MHz(功率≥10 dBm)→频标综合输出 50 MHz(功率≥12 dBm,至 VCO 变频综合)

4. 其他信号

① 频标综合输出 16 MHz(功率≥12 dBm)→监控分机时序板。

② 频标综合输出 16 MHz(功率≥10 dBm)→激励源时序控制。

③ 频标综合输出 50 MHz(功率≥0 dBm)→数字中频单元采样。

④ 频标综合输出 240 MHz(功率≥10 dBm)→激励源 DDS 信号源。

3.2.5　激励源

C 波段天气雷达激励源由时序控制模块、数字频率合成模块、中频调制模块、射频调制模块 4 个模块组成,组成框图和信号流程如图 3-9 所示,其中虚线框为激励源单元框图,实线框图分别为频率源单元、信号处理系统和终端控制系统。从图 3-9 中可以看出,激励源信号分为激励、标定测试输入和输出信号。时序控制模块提供了激励中频、标定测试中频和激励射频调制、标定测试射频调制等脉冲信号,图 3-10 为时序控制模块输出脉冲信号机时序关系。以下是信号关键测试点中心频率、功率幅度值和脉冲信号脉宽、电平幅度值。

1. 时序控制模块输入输出信号

(1)输入信号

① 信号处理系统(时序板)→发射脉冲(脉宽 2 μs,幅度+15 V)→激励时序控制。

② 信号处理系统(时序板)→测试脉冲(脉宽 2 μs,幅度−15 V)→激励时序控制。

③ 终端控制系统→激励控制信号(15 V 高电平)→中频激励调制脉冲(脉宽 1.5 μs 或者 3 μs)→射频激励调制脉冲(脉宽 1 μs 或者 2 μs)。

④ 终端控制系统→标定测试控制信号(0 V 高电平)→中频测试调制脉冲(脉宽 8 μs)→射频测试调制脉冲(脉宽 8 μs)。

⑤ 终端控制系统→脉宽控制信号(5 V 高电平→产生 1 μs 发射窄脉冲,0 V 高电平→产生 2 μs 发射宽脉冲)。

(2)输出信号

① 中频激励调制控制信号→中频激励调制(选择 1 μs 窄脉冲→脉宽 1.5 μs;选择 2 μs 宽脉冲→脉宽 2.5 μs,+5 V 电平有效)。

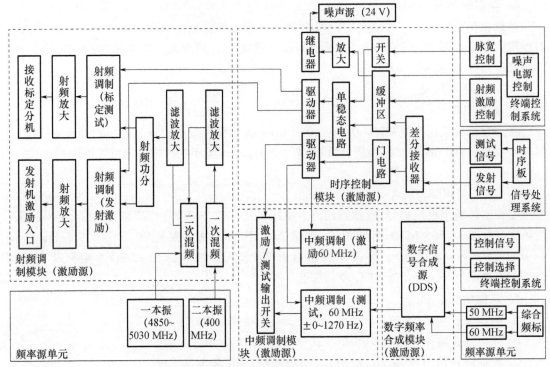

图 3-9　激励源单元结构组成框图及信号流程图

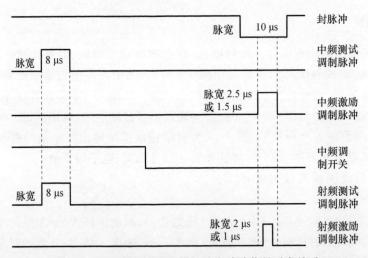

图 3-10　激励源时序控制模块输出脉冲信号时序关系

② 中频测试调制控制信号→中频测试调制（脉宽 8 μs，+5 V 电平有效）。

③ 射频激励调制控制信号→射频激励调制（选择正常工作状态；选择 1 μs 窄脉冲→脉宽 1 μs；选择 2 μs 宽脉冲→脉宽 2 μs，+5 V 电平有效）。

④ 射频测试调制控制信号→射频测试调制（选择标定状态，脉宽 8 μs，+5 V 电平有效）。

⑤ 封脉冲信号→只允许输出测试脉冲信号（脉宽 10 μs，−5 V 电平有效）。

2. 中频调制模块输入输出信号

(1)频率源→中频(IF)激励输入信号（正弦频率 60 MHz，功率≥7 dBm）。

（2）激励源 DDS→中频（IF）激励输入信号（正弦频率 60 MHz±（0～1270）Hz，功率≥7 dBm）。

（3）中频调制模块→中频（IF）激励输出信号（调制频率 60 MHz，功率≥0 dBm）。

（4）中频调制模块→中频（IF）测试输出信号（调制频率 60 MHz±（0～1270）Hz，功率≥0 dBm）。

3. 射频调制模块输入输出信号

（1）频率源→上变频一本振信号（频率 4970 MHz，功率≥12 dBm）。

（2）频率源→上变频二本振信号（频率 400 MHz，功率≥8 dBm）。

（3）射频调制模块→射频（RF）激励输出信号（调制频率 5430 MHz，功率≥28 dBm）。

（4）射频调制模块→射频（RF）测试输入信号（调制频率 5430 MHz，功率≥0 dBm）。

3.2.6　标定分机

激励源送来测试信号（已知信号功率和中心频率及多普勒移频，激励源产生）→大动态衰减（衰减码信号处理产生），产生不同幅度信号（知道大小，衰减间距 2 dB）送入接收通道→送 RF 接收机回波口。用于噪声系数、强度、速度、特性曲线标定和重要参数的监测。

1. 标定分机

标定分机信号流程图如图 3-11 所示。

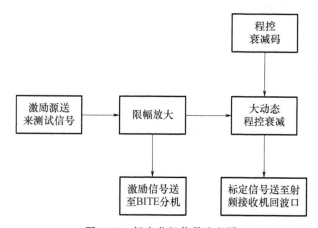

图 3-11　标定分机信号流程图

2. 检测分机

接收分系统 BITE 分机的功能是对本分系统的重要工作参数进行定量检测，对雷达的主要工作状态进行定性监视，流程图如图 3-12 所示。

（1）定量检测的重要工作参数

固态放大器输出功率（发射分系统）、RF 激励功率（接收分系统激励源分机）、一本振功率（接收分系统频率源分机）、DDS 信号功率（接收分系统激励源分机）、标定信号（检测信号）功率（接收分系统标定分机）、LNA 输出端 DDS 信号功率（接收分系统射频接收分机）。

（2）定性监视的信号

400 MHz 二本振信号（接收分系统频率源分机）、100 MHz 基准源信号（接收分系统频率源分机）、50 MHz 相参信号（接收分系统频率源分机）。

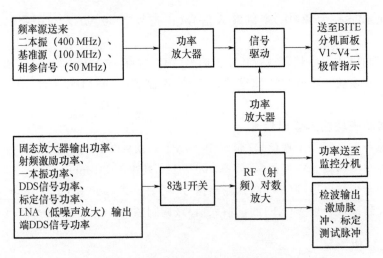

图 3-12 检测 BITE 分机信号流程图

3.3 伺服分系统信号流程图

雷达伺服分系统可以接收综合机柜中伺服分机控制键盘发出的操作指令或雷达终端室主微机、监控微机经监控分系统送来的操作指令,经过相应软件的运算和处理,产生驱动信号去控制天线做多种方式的扫描运动,以满足气象探测的需要,同时接收天线位置(方位角和仰角)信息,并经过量化后送往信号处理分系统。

CINRAD/CC 天气雷达伺服系统按照物理连接可以分为两个部分,主机柜中伺服控制板、方位俯仰驱动器、方位俯仰 R/D 变换板、本地控制键盘及显示面板、电源等组成;天线座中方位俯仰旋转变压器、汇流环、方位俯仰电机、减速箱和齿轮。天气雷达伺服分系统信号流程如图 3-13 所示。

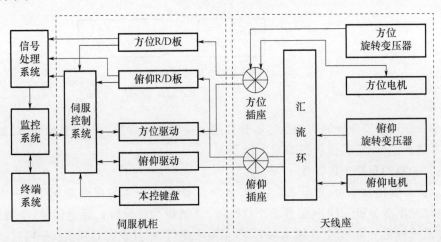

图 3-13 天气雷达伺服分系统信号流程

1. 伺服控制板信号流程

伺服控制板是伺服系统的核心控制电路,输入信号来自监控分系统和本地键盘送来的天线控制指令、R/D 变换板送来的天线方位和仰角角度码。这些输入信号经过软件的运算和处理后,输出变频脉冲信号经过伺服驱动器控制天线的旋转速度,输出转向控制信号经过伺服驱动器控制天线的转向。

2. RD 变换板信号流程

输入信号包括来自方位俯仰旋转变压器产生的确定天线方位仰角正弦和余弦信号。输出信号包括送到方位俯仰旋转变压器 60 V/400 Hz 交流电压,天线方位仰角位置变为 14 位二进制数字信号后以串行方式送到信号处理,R/D 同步时钟送到信号处理,送往伺服驱动器的决定天线转动速度的变频驱动脉冲信号,送往伺服驱动器的决定天线转动方向的控制信号。

3. 驱动器信号流程

输入信号包括来自伺服控制板的天线定位位置指令和控制方式指令,R/D 变换板天线转向转速指令,电机码盘送来的天线当前转向转速状态信号。输出信号有伺服驱动器将输入信号经过内部运算处理后最终产生驱动天线转动的驱动信号送往驱动天线扫描的方位俯仰电机。

4. 汇流环信号流程

汇流环是连接俯仰伺服驱动与俯仰电机及俯仰 R/D 变换板与俯仰旋转变压器连接机械器件,其中汇流环固定线柱与俯仰伺服驱动和俯仰 R/D 变换板相连,转动线柱与俯仰电机和俯仰旋转变压器相连。

5. 电机信号流程

输入信号包括驱动器送来的驱动天线转动转速、转向驱动信号和码盘工作电压信号。输出信号码盘输出伺服驱动器的当前天线转向转速状态信号。

6. 旋转变压器

输入信号来自 R/D 变换板的 60 V/400 Hz 交流电压。输出信号确定天线方位仰角正弦和余弦信号送到 R/D 变换板。

3.4　信号处理分系统信号流程图

信号处理分系统主要功能如下。

(1)提取气象信息。求取噪声基本电平,控制噪声虚警,分离出气象信号,并可在程序指令控制下,测量通道的特性参数。

(2)对输入 I/Q 信号做平方律平均处理、地物对消滤波处理,得到反射率的估测值。

(3)对输入 I/Q 信号,通过 FFT 或 PPP 处理方法计算平均多普勒速度和速度谱宽。

(4)产生整机触发时序信号和各种控制信号,协调雷达系统同步工作。

(5)实现指令接收与状态分解以及标定控制等功能。

信号处理分系统信号流程如图 3-14 所示。

1. 数据接口板信号流程

(1)监控系统串行数据送数据接口板→将串行信号变为并行信号→监控板。

(2)数字中频输出 I/Q 数据→正常回波通道数据(I/Q),并做必要变换(或选择自检数据库数据)→MDSP 板。

数据接口板信号流程图如图 3-15 所示。

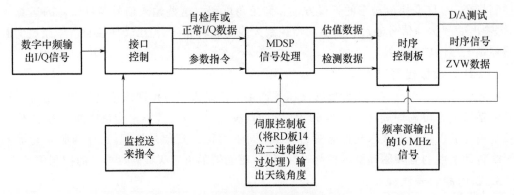

图 3-14 信号处理分系统信号流程图

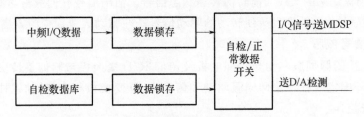

图 3-15 数据接口板信号流程图

2. MDSP 板信号流程

数据接口板处理 I/Q 信号和伺服控制板角度信号→送 MDSP 处理→做地物杂波抑制、门限切割、DVIP 处理;对 I/Q 数据进行 IIR 滤波,并做 PPP 或 FFT 处理→MDSP 板处理后数据送时序控制板。MDSP 板信号流程图如图 3-16 所示。

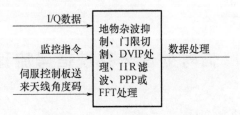

图 3-16 MDSP 板信号流程图

3. 时序控制板信号流程

(1)频率源送 16 MHz→时序控制板→信号产生整机触发时序信号和各种控制信号,协调各分系统同步工作→发射机、接收系统。

(2)频率源送 16 MHz→时序板→对输入 I/Q 信号做各种处理(包括求取噪声基本电平、距离库内气象回波功率平均值、地物杂波抑制、门限切割、DVIP 处理、IIR 滤波,并做 PPP 或 FFT 处理)后的数据缓冲区。

(3)频率源送 16 MHz→时序板→将 Z、V、W 数据信号转换成模拟信号(D/A 转换)输出到检测口(当设备码为 010 时,D/A 检测口输出的自检数据库(存储在接口板中的数据),当设备码为 100 或 101 时,选通的是 MDSP 板的信号(当前接收的信号))。

时序控制板信号流程图如图 3-17 所示。

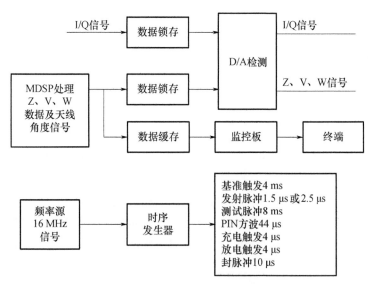

图 3-17　时序控制板信号流程图

第 4 章　CINRAD/CC 天气雷达主要信号测试及测试方法

天气雷达信号的测试是维护维修保障的重要内容,使用仪器仪表对雷达的发射、接收关键性技术指标进行测试,是春季巡检中的一项必做项目。本章主要介绍使用频谱仪、信号源、示波器、功率计等仪器仪表,对雷达发射功率、发射脉冲信号包络、发射信号频谱、发射机极限改善因子、接收系统噪声系数、接收机最小可测功率、接收系统动态范围、接收系统相位噪声等主要技术指标测试方法及步骤。另外,还介绍了发射机脉冲包络的调整方法、速调管性能测试及更换方法。

4.1　发射分系统主要技术指标测试及调整

4.1.1　发射信号脉冲包络测试及调整

1. 测试仪表
测量仪表:示波器,型号:Agilent DSO5032A。
附件:包络检波器,信号:VT124CDN/BNC、衰减器、测试软电缆。

2. 测试内容
天气雷达发射机输出的脉冲包络信号,包括脉冲宽度、上升沿、下降沿、顶降幅度等参数。

3. 测试连接
测试连接如图 4-1 所示。

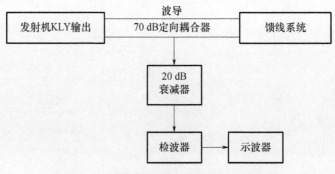

图 4-1　发射信号脉冲包络测试连接示意图

4. 测试方法
按照图 4-1 连接测试设备,打开示波器,雷达发射机加载高压,进行以下测试内容。
(1)上升沿测试
① 选择通道按钮 1→② 选择按钮阻抗 50 Ω→③ 选择按钮 Auto Scale→④ 选择时基旋钮

（1 μs/每格，面板最右上角旋钮）→⑤选择按钮 Quick Meas→⑥选择测量参数（屏幕下方，左二按钮）→⑦选择按钮 Rise Time（菜单按钮）测量上升沿→⑧选择测量按钮 Measure Rise→读取上升沿数据。

（2）下降沿测试

仪表按钮选择①～⑥步骤与测量上升沿相同，⑦选择按钮 Fall time（菜单按钮）测量下降沿（调节旋钮，面板上亮绿箭头圆线下方按钮）→⑧选择测量按钮 Measure Fall→读取下降沿数据。

（3）顶降测试

仪表按钮选择①～⑥步骤与测量上升沿相同，⑦选择按钮 Over shoot（调节旋钮，面板上亮绿箭头圆线下方按钮）测量顶降→⑧选择测量按钮 Measure Over→读取顶降数据。

（4）脉宽测试

仪表按钮选择①～⑥步骤与测量上升沿相同，⑦选择按钮＋Width（调节旋钮，面板上亮绿箭头圆线下方按钮）测量脉宽→⑧选择测量按钮 Measure＋Width→读取脉宽数据。

（5）读取测试数据

仪表按钮选择，选择面板按钮 Label→屏幕显示 Rise、Fall、Over、＋Width 等读数。

5. 发射机输出脉冲包络调整

（1）示波器上包络不显示

检查检波器接入是否正确，如果检波器接入正确，则将衰减器按照每 5 dB 减小，衰减器全部去掉，包络波形仍没有显示，分别检查速调管收集极调制脉冲波形（（1.2～1.4）V×10 左右），固态放大器增益（6～9 dB），激励输出功率（27 dBm），激励包络。

（2）发射输出脉冲包络形状检测及调整

正常情况下发射包络为方波或者近似方波，如果包络为圆弧状或者三角形状，可能存在问题。图 4-2 是正常情况下发射脉冲包络图（实测）。

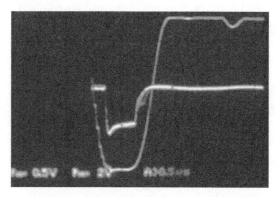

图 4-2　发射机包络和速调管收集极输出波形及嵌套（正常）

1）激励输出波形异常，需要检查激励输出检波波形，按图 4-3 连接方法，按照测试读数的办法测试激励包络。

2）如果激励输出包络正常，检查发射脉冲调制波形，按照图 4-4，使用磁环测试速调管收集极脉冲调制波形是否为方波或者近似方波，并且观察峰值读数（1.4 V×10 左右）。

3）如果发射脉冲调制波形正常，激励检波波形正常，则固态放大器增益不能太大，固态放大器输出功率太大，速调管出现非线性放大，结果可能产生寄生调幅或调频现象。

4）如果以上步骤 1、2、3 检查均正常，则需要调整固态放大器发射时序，调整方法如下：

① 连接图如图 4-1 所示,将输出波形接入示波器通道 1,将速调管收集极经过磁环输出的调制脉冲波形接入示波器通道 2。

② 关闭高压,打开发射机监控面板,小心取出发射机监控接口板(发射机机柜 I 最上面),将接口套接板插入接口板的位置,然后再套接板的外面插入接口板。

③ 开高压,用 2.0 m 的直刀调整接口板从外侧数第二个 PR 旋钮,同时观察示波器,直到检波波形正常。

5)速调管输出调制脉冲顶部激励波形位置调整方法如下:

① 按照图 4-4 所示连接。

② 关闭高压,打开发射机监控面板,小心取出发射机监控接口板(发射机机柜 I 最上面),将接口套接板插入接口板的位置,然后再套接板的外面插入接口板。

③ 开高压,用 2.0 m 的直刀调整接口板从外侧数第一个 PR 旋钮,同时观察示波器,直到激励波形基本处在调制脉冲的顶部,但同时在终端观察发射机功率,直到发射机输出功率最大为准。

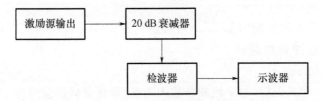

图 4-3　激励源输出激励包络测试连接图

图 4-4　使用磁环测试激励调制脉冲包络连接图

4.1.2　发射信号频谱测试

1. 测试仪表

测试仪表:安捷伦 E445A 频谱仪。

测试附件:衰减器、测试软电缆。

2. 测试内容

测试目的:检查发射机放大链是否存在寄生频谱。

测试参数:脉冲重复频率 900 Hz、窄脉冲宽度 1 μs、宽脉冲宽度 2 μs。

3. 测试连接

测试连接如图 4-5 所示。

4. 测试方法

按照图 4-5 连接测试设备,打开示波器,雷达发射机加载高压,进行以下测试内容。

(1)打开频谱仪,按照图 4-5 所示连接,开启电源预热。

(2)输入雷达载波频率,在仪表右面的按钮面板上,按〈Mode〉键→选择 Spectrum Analysisan(屏幕右侧)→按〈Preset〉键→按〈Freq〉键→按 Centre Freq(屏幕右侧)→输入雷达中心频率 5430 MHz(在右面面板上)。

(3)设置屏幕扫描宽度,在仪表右面的按钮面板上,按〈Span〉键→选择 Span(屏幕右侧)→

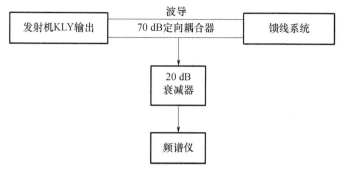

图 4-5　发射频谱测试框图

输入 100 MHz 频率(在右面面板上)。

　　(4)设置屏幕扫描时间,在仪表右面的按钮面板上,按〈Sweep〉键→选择 Sweep(屏幕右侧)→输入 1 s(在右面面板上)。

　　(5)设置分辨率带宽,在仪表右面的按钮面板上,按〈VBW〉键→选择 ResVBW(屏幕右侧)→输入 2 MHz 频率(在右面面板上)。

　　(6)设置视频带宽,在仪表右面的按钮面板上,按〈VBW〉键→选择 VideoBW(屏幕右侧)→输入 2 MHz 频率(在右面面板上)。

　　(7)读取信号峰值,在仪表右面的按钮面板上,按〈Peak Search〉键→调整参考电平到信号峰值位置。

　　(8)设置点数,在仪表右面的按钮面板上,按〈Marker〉键→选择〈Mr＋Ref Lvl〉键(屏幕右侧)→增加测量点数,按〈Sweep〉键→选择 Points(屏幕右侧)→输入 2000 点。

　　(9)设置轨迹保持,按〈Trace〉键→选择 Max Hold(屏幕右侧)。

　　(10)设置游标读取信号差值,按〈Marker〉键→选择 Delta(屏幕右侧)→调节游标分别读取左右频偏值。

　　(11)计算频谱宽度,用相同功率点的左右频偏相减即得到。

　　(12)正常情况发射输出频谱如图 4-6 所示,保存图片。

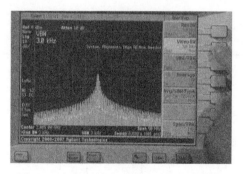

图 4-6　发射机放大链输出的正常频谱图

4.1.3　发射机输出功率测试

1. 测试仪表

　　测试仪表:功率计型号:安捷伦 E4416A,峰值功率传感器型号:E9327A。

　　测试附件:衰减器,测试软电缆。

2. 测试参数

窄脉冲宽度:1 μs;脉冲重复频率:1000 Hz、900 Hz、600 Hz。

宽脉冲宽度:2 μs;脉冲重复频率:400 Hz、300 Hz。

3. 功率损耗补偿

(1)功率补偿因子(dB):定向耦合器耦合度+线缆损耗+衰减值+其他损耗=总损耗。

按照发射机功率 260 kW 计算,发射机功率(89 dBm)-总损耗≤功率计最大可测功率。

(2)占空比:高电平所占周期时间与整个周期时间的比值。在计算时要注意单位,脉宽 τ、周期 T 单位都为 s,频率为 Hz,例如,脉宽 $\tau=1$ μs$=0.001$ ms$=10^{-6}$ s,频率 $f=1000$ Hz,周期 $T=1/f=0.001$ s,占空比$=\tau/T\times100\%=10^{-3}\times100\%=0.1\%$。

4. 功率计探头校准

按照图 4-7 所示连接功率计和功率计探头。

图 4-7   功率计探头校准连接图

(1)功率计预制,按〈Preset〉键→按 Conform(屏幕右侧)→读取功率计参考校准因子(在功率计探头上,一般在探头型号下面的第一行,如 99.9%)→按〈Zero Cal〉键→选择 Ref CFactor(屏幕右侧,参考校准因子)→输入 99.9%→将功率探头连接到 POWER Ref 输出。

(2)功率计校准,按〈Zero〉键(屏幕右侧,功率计调零,等待一段时间)→按〈Cal〉键(屏幕右侧,探头校准,等待一段时间)→按〈Zero Cal〉键(验证校准结果)→选择 Power Ref 输出(屏幕右侧)→选择 Power Ref On(屏幕右侧,打开内部参考电平)→屏幕显示 0.0 dBm→选择 Power Ref Off(屏幕右侧,关闭内部参考电平)。

5. 功率测试

(1)按照图 4-8 所示连接测试设备。

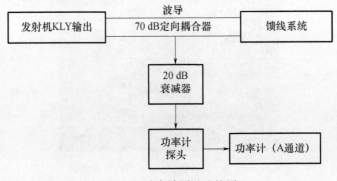

图 4-8   功率计测试连接图

(2)在功率计探头上读取 5.43 GHz 频率校准因子。

(3)输入功率探头的频率和校准因子,按〈Frequency〉键→选择 Freq 输入 5.43 GHz(屏幕右侧)(E93 系列的探头校准因子自动从探头 EROM 读入)。

(4)按图 4-8 所示连接功率计到发射机耦合器波导口,按〈System〉键(屏幕下方,最左边)→选择 Input Setting(屏幕右侧)→选择 Offset On(屏幕右侧)→输入 Offset 值(损耗总功率,单位 dB)。

(5)将平均功率转换为峰值功率,按〈System〉键(屏幕下方,最左边)→选择 Input Setting(屏幕右侧)→切换显示页面(屏幕右侧,最下方按钮)→选择 Duty Cycle On(屏幕右侧)→输入占空比 Duty Cycle(单位％)。

4.1.4 发射机输出极限改善因子测试

1. 测试仪表

测试仪表:安捷伦 E4445A 频谱仪。

测试附件:衰减器、测试软电缆。

2. 测试参数

窄脉冲宽度:1 μs,脉冲重复频率:1000 Hz、900 Hz、600 Hz。

宽脉冲宽度:2 μs,脉冲重复频率:400 Hz、300 Hz。

3. 测试项目说明

新一代天气雷达采用脉冲多普勒体制,系统的相干性直接影响了雷达对回波信号谱参数的估计和系统的地物对消能力。雷达系统的相干性指雷达系统内各信号的频率是稳定的,信号的初相位是相同的,或相互之间存在固定的关系。雷达的相干性指标,可用两种方法来反映,一种是在信号的频域上,用极限改善因子 $I=(S/N)$ 来测量;另一种是相噪法,即在信号的时域上,用相位噪声来测量。

计算公式:

$$I=S/N+10\lg B-10\lg F$$

式中:I 为极限改善因子(dB),S/N 为信号噪声比(dB),B 为频谱仪分析带宽(Hz),F 为发射脉冲重复频率(Hz)。

4. 测试方法

(1)打开频谱仪,按照图 4-5 所示连接,开启电源预热。

(2)仪表预置,按〈Mode〉键→选择 Spectrum Analysisan(屏幕右侧)→按〈Preset〉键→按〈Freq〉键→按 Centre Freq(屏幕右侧)→输入雷达中心频率 5430 MHz(在右面面板上)。

(3)设置屏幕扫描宽度,在仪表右面的按钮面板上,按〈Span〉键→选择 Span(屏幕右侧)→输入 2 kHz 频率(在右面面板上)。

(4)设置扫描时间,在仪表右面的按钮面板上,按〈Sweep〉键→选择输入 600 ms。

(5)设置分辨率带宽,在仪表右面的按钮面板上,按〈VBW〉键→选择 ResVBW(屏幕右侧)→输入 3 Hz 频率(在右面面板上)。

(6)设置视频带宽,在仪表右面的按钮面板上,按〈VBW〉键→选择 VideoBW(屏幕右侧)→输入 3 Hz 频率(在右面面板上)。

(7)读取信号峰值,在仪表右面的按钮面板上,按〈Peak Search〉键→调整参考电平到信号峰值位置。

(8)再读取信号峰值,在仪表右面的按钮面板上,按〈Peak Search〉键。

(9)设置轨迹平均,按〈VBW〉键→选择 Average On(屏幕右侧)→输入 10。

(10)设置游标读取信号与噪声功率之比(S/N)→按〈Marker〉键→选择〈Mr＋Ref Lvl〉键

(屏幕右侧)→选择 Delta(屏幕右侧)→移动游标到中心频率偏离位置重复频率 F 的中间位置→读取信号功率(S)与噪声功率(N)的差值,再去绝对值,代入公式 $I=S/N+10\lg B-10\lg F$ 求得极限改善因子。

(11)正常情况下测试发射机输出极限改善因子如图 4-9 所示,保存图片。

发射机输入和输出极限改善因子的测量方法一样。

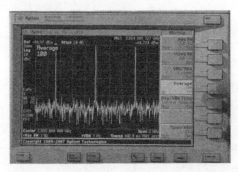

图 4-9　发射机输出极限改善因子频谱图

4.1.5　发射机速调管放大性能测试及速调管更换

当速调管的使用寿命到期后,应及时更换新管,否则会因速调管工作状态的不稳定,造成发射机功率下降或频谱变差,更换之前必须使用专用仪表对速调管性能进行测试。

1. 测试仪表

测量仪表:示波器,型号:Agilent DS05032A。

附件:磁环、测试软电缆。

2. 速调管性能测试

测试速调管放大性能是通过测量速调管收集极电流来间接得到速调管放大增益,正常情况测试手机及电流为 14 A,如果测试收集极电流小于 13.5 A,且发射机功率小于 250 kW 时,如果通过调整发射高压电流和灯丝电流,发射机功率仍然没有增大,则需要更换速调管。测试连接如图 4-4 所示,测试方法与速调管输出调制脉冲顶部激励波形位置调整方法内容一致。

3. 速调管更换

(1)速调管更换前,技术人员对发射系统相关技术参数进行全面检查、测试、调整并记录。若速调管技术参数正常,则不予更换。当调整相关技术参数仍无法满足工作要求时,应更换速调管。检查测试速调管收集极电流波形如图 4-10 所示。

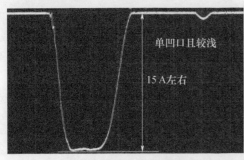

(a) 速调管状态正常时波形

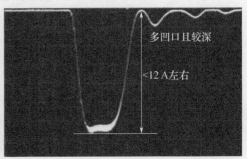

(b) 速调管状态异常时波形

图 4-10　速调管收集极电流测试波形

（2）停机并确认钛泵电源电压为零,拆除管子与外部所有连接,小心拔出速调管。

（3）用干净的抹布盖住磁场线包的孔,防止灰尘落入变压器油箱,卸下磁场聚焦线包。

（4）装上聚焦线包,按图 4-11 所示连接,对新速调管各项参数进行测试并做记录;测试时,按照开低压、冷却、钛泵、灯丝电源的顺序依次打开各开关。然后按出厂装箱单中测试指标进行复测,复测中调试的原则为电流与电压的乘积等于 50 W,一般复测的数据为 3 组,选用与出厂指标最接近的一组为宜。

 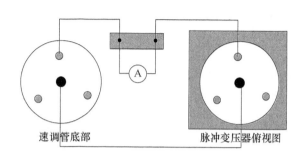

　　（a）速调管测试连接示意图　　　　　　　　（b）速调管测试连接示意图

图 4-11　速调管测试连接图

（5）插上新速调管,恢复管子与外部的连接,根据新管的具体要求调整灯丝电流、磁场电流、激励源功率、脉冲与激励嵌套等参数。记录旧管换下和新管换上时高压计时器的读数。

（6）速调管更换后,应对系统进行不少于 48 h 的考机。在雷达运行正常的情况下,填写速调管更换附表报中国气象局气象探测中心。

4.2　接收机分系统主要技术指标测试

4.2.1　接收机噪声系数测试

1. 噪声系数的定义

噪声系数测试采用 Y 系数法原理进行,图 4-12 为 Y 系数法原理。接收机输入端信号噪声功率比与输出端信号噪声功率的信噪比。$F=(Si/Ni)/(So/No)$。噪声系数是接收的一项重要指标,表征了接收机检测微弱信号的能力,通常理论上用 Y 因子测量法来测量。当不启动噪声繁盛期时,输出指示值 No;启动噪声时输出值为 $No+So$,两次功率的相对比值为

$$Y=(So+No)/No=(So/No)+1$$
$$NF=ENR-10\lg(Y-1)$$

式中,NF 为接收机的噪声系数(dB);ENR 为噪声发生器的超噪比(dB),机内噪声源连接图如图 4-13 所示。

图 4-12　Y 系数法原理图

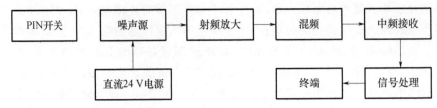

图 4-13　机内噪声源连接示意图

2. 噪声源的超噪比检查

(1)测试仪表

频谱仪:安捷伦 E4445A 频谱仪

噪声源:346B 噪声源

附件:测试软电缆

(2)检查方法

测试前检查噪声源的超噪比表(ENR)设置是否正确,检查方法如下:

① 打开安捷伦 E4445A 频谱仪,加电启动后进入系统操作软件界面。

② 按〈MODE〉键→选择噪声系数 Noise Figure→按〈Preset〉键→按动测试设置键〈Measure/Setup〉→选择超噪比 ENR 软键→选择测量和校准表键 Meas&Cal/Table 软件→出现超噪比表格。

③ 进入界面图 4-14,检查表格中的值与噪声源对应值是否一致,如不一致,多次按〈→〉键到频率对相应的超噪比值,输入正确的超噪比值进行修改,直到表中与噪声源对应超噪比值一致。

④ 如果没有该类型的噪声源表格,则新建一个表格,按〈Mode〉键→选择 Noise Figure(屏幕右侧)→选择 ENR(屏幕右侧)→选择 Meas Cal Table(屏幕右侧)。

⑤ 输入序列号和类型,按〈→〉键(屏幕下方)→选择 Serial→选择 Model。

⑥ 按〈→〉键(屏幕下方)→选择 New Entry(屏幕右侧)→选择 Frequency(屏幕右侧)→输入频率。

⑦ 保存新的表格,按〈File〉键→输入文件名称→按〈Save〉保存文件。

3. 噪声源超噪比校准方法

(1)修改完超噪比后,进行噪声系数测试连接,将噪声源 Q9 头一端通过线缆连接在频谱仪 E4445A 后面板 28 V 电源端,噪声源的射频输出口连接在频谱仪射频 RF 输入端口,图 4-15 为连接示意图。

(2)设置频谱分析仪进入噪声测试模式,按〈Mode〉键→选择噪声系数 Noise Figure 软键→按〈Preset〉键→按〈Frequency〉频率键→选择起始频率〈Start Freq〉键→输入 55 MHz→设置终止频率选择 StopFreq→输入 65 MHz。

(3)设置被测器件类型为下变频模式,按〈Mode/Setup〉键→选择被测件设置键 DUT Setup 软键→选择下变频模式 DownConv 软键→设置本振频率,按箭头键→选择本振频率软键 Ext Lo Freq→输入一本振频率 4970 MHz。

(4)设置测试边带为上边带→选择上边带 USB 软键→设置测量带宽→按〈BW〉键→选择分辨带宽 Res Bw 软键→输入 1 MHz。

(5)设置测量点数→按〈Frequency〉频率键→选择 Points 点数软键→输入 21 点。

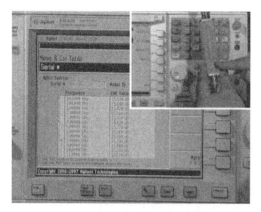
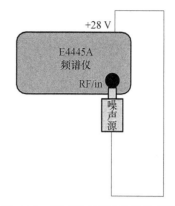

图 4-14　频谱仪噪声源超噪比检查界面　　　　图 4-15　测试噪声系数连接示意图

（6）按照噪声系数校准图连接噪声源→按测量〈Measure/Setup〉键→选择校准 Calibrate 软键→再次选择校准 Calibrate 软键→等待校准结束。

4. 接收机噪声系数测试

（1）校准结束后，连接噪声源到雷达接收机的输入口，连接雷达接收机的输出口（中频输出口）到频谱分析仪的射频（RF/in）输入口。连接示意图如图 4-16 所示。

（2）读取不同频率的噪声系数值，按〈Trace/view〉键→选择 Table 软件→读取测试结果→读取中间对应频率下的噪声系数→图 4-17 右边是对应频率的增益值。

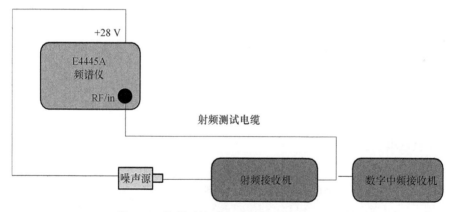

图 4-16　接收系统噪声系数仪表连接示意图

5. 用机外噪声源校准机内噪声源

（1）利用噪声源校准办法进行校准，校准完之后，再做一次噪声系数标定。

（2）对于一个接收系统其噪声系数是一定的，用已知的噪声源来标定噪声系数来校准机内噪声源，校准办法如下。

① 从接收机前端取下回波电缆。

② 从馈线 PIN 开关取下接至固定噪声源上所接电缆。

③ 将机外固定噪声源接至接收机前端回波口处，并将从 PIN 开关取下的 24 V 电源线接至机外固态噪声源上。

④ 记下机外固态噪声源上与雷达相匹配的超噪比。

⑤ 进入终端软件，在雷达配置参数表里填入记下的超噪比。

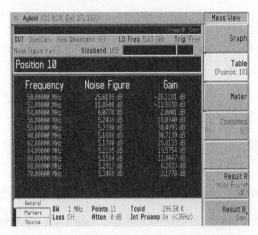

图 4-17 频谱仪测试接收机噪声系数界面

⑥ 进入雷达终端软件，进行噪声标定，记下加电和不加电的噪声。

⑦ 利用公式：

$$N_F(\mathrm{dB}) = N_e - 10\lg(10^{0.1\Delta P} - 1)$$

式中，N_e 为超噪比，$\Delta P =$（加电噪声－不加电噪声），计算出机外噪声源接收机噪声系数。

⑧ 拆卸机外噪声源，恢复机内噪声源的接线，包括 24 V 电源线。

⑨ 进入终端软件，进行噪声标定，同时不断修改雷达配置参数表里填入的超噪比，直到噪声系数 N_e 与机外噪声源标定系数相同为止。

4.2.2 接收机最小可测信号功率（或灵敏度）测试

1. 测试仪表

频谱仪：安捷伦 E4445A 频谱仪。

信号源：安捷伦。

附件：测试软电缆。

2. 测试方法

接收机最小可测信号功率测试办法有以下几种。

(1)利用公式 $P(\mathrm{dBm}) = -114 + 10\lg(B) + N_F$ 来计算，其中 B 为接收机 IF 带宽（MHz），N_F 为接收机噪声系数。

(2)通过终端软件上的噪声电平来计算最小可测信号功率。

① 确定高压处于关闭状态，进入终端做 PPI 扫描（高压处于关闭状态），取得显示屏幕上的噪声电平为 dB1（注意，要设置单频，窄脉冲，门限电平选择为 0）。

② 打开机外信号源，设置频率为 5430 MHz，波形为连续正弦波，功率为 -115 dBm，将信号源输出信号注入 RF 接收机回波口，读取终端软件上显示的噪声电平 dB2。

③ 慢速调整信号源的输入值，使得 dB2－dB1＝3，此时信号源输入值即为最小可测信号功率。

(3)利用信号源和频谱仪来测试最小可测信号功率。

① 线缆连接图如图 4-18 所示。

图 4-18　测量最小可测信号功率连接图

② 打开机外信号源,设置频率为 5430 MHz,波形为连续正弦波,功率为-115 dBm,将信号源输出信号注入 RF 接收机回波口。

③ 打开频谱仪,设置中心频率为 60 MHz,将 RF 接收机 IF 输出接到频谱仪 RF 输入口,设置屏幕分辨率 Span=10 MHz,分析带宽 ResBW 和视频带宽 VBW 为 1 MHz(窄脉冲情况下)。

④ 慢速调整信号源的输入值,在频谱仪上能从噪声中看到的频谱信号的功率为最小可测信号功率。

4.2.3　用机外信号源标校机内 DDS 信号源

在确定接收机 RF 接收、数字中频等工作正常情况,通过采用机外信号源对回波强度定标进行检验和机内信号源对回波强度定标的检验发现出现线性误差,可能 DDS 输出功率偏大或偏小(正常值-10~-20 dBm),此时需要对 DDS 信号进行校准,具体办法用机外信号源来校准。

(1)将信号源通过电缆连接到 RF 接收机回波口。

(2)进入雷达终端软件,选择强度标定,取得一个强度值 X1(dBm)。

(3)进行 PPI 扫描(0.5°仰角),在任意距离的位置读取强度值 Y1。

(4)停止扫描,外接信号源输入频率 5430 MHz(连续波),功率为 X1,并将 X1 通过 RF 回波口输入,进行 PPI 扫描(0.5°仰角),读取任意距离的强度值 Y2。

(5)停止扫描,进入雷达终端系统参数界面,将 Y2-Y1 的差值累加到"信号源峰值功率"一栏中,保存退出。

4.2.4　发射机机内峰值功率计标定

雷达机内内置功率计有时输出雷达瞬时功率存在误差,定期需要对内置功率计进行校准,校准方法如下。

(1)准备机外信号源、线缆(已知损耗)、插件,连线如图 4-19 所示。将信号源与机内峰值功率计的 A 通道相连。

图 4-19　校准机内峰值功率

(2)进入雷达终端软件,打开雷达参数表,进入"功率监测"一栏,选择"A 通道",从最小输入值开始。

(3)如在输入栏最小值为-14 dBm,选择-14 dBm,打开机外信号源,选择频率为 5430 MHz,输出功率为-14 dBm(假如线损耗为 0 dB),在雷达参数表中"功率监测"一栏,"输出(dB)"一栏中进行单击,从小到大依次类推完成功率校准。

（4）保存该参数表，重新启动雷达终端软件，内置功率计标定结束。

4.2.5　接收系统相干性测试

1. 系统相干性定义

系统相干性即相位噪声反应信号相位和信号频率的短期稳定度，其定义为在信号载波 10 kHz 处 1 Hz 带宽内噪声功率（功率谱密度）与载波功率（功率谱密度）之比。如图 4-20 所示测试相位噪声波形图。

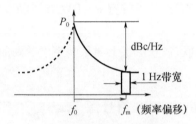

图 4-20　相位噪声波形图

对于雷达接收系统的相干性，一般指频率源输出的一本振、二本振信号的相位噪声。使用频谱仪的 Marker Noise 功能键可以完成频率源一本振或二本振或发射机回波样本信号等频点的相位噪声。

2. 测试仪表

频谱仪：安捷伦 E4445A 频谱仪。

附件：测试软电缆。

3. 测试方法

（1）进入频谱仪设置测试参数，一般扫频（Span）范围小于 2 MHz，分析带宽（RBW）尽可能小，Sweep 约为 600，分析带宽 RBW 为 10 Hz。

（2）首先测量载波功率 P_1。

（3）利用频谱仪 Marker Noise 功能键测量偏移载波 offset 频偏处 1 Hz 带宽内噪声功率 P_2。

（4）$P_1 - P_2 =$ 偏移载波 offset 频偏处信号相位噪声。

4.2.6　接收机动态范围测试

1. 动态范围定义

接收机动态范围的表示方法有多种，常用的有 1 dB 增益压缩点的动态范围和无失真信号动态范围，通常用 1 dB 增益压缩点的动态范围来表征接收机的动态范围。1 dB 增益压缩点动态范围的定义：当接收机的输出功率大到产生 1 dB 增益压缩时，输入信号的功率与可检测的最小信号（即灵敏度 P_{smin}）或等效噪声功率之比。接收系统动态范围示意图如图 4-21 所示。测试接收机动态范围，需先对接收机灵敏度进行测试，再测出 1 dB 压缩点，二者的比值即为接收机动态范围。

2. 测试仪表

频谱仪：安捷伦 E4445A 频谱仪。

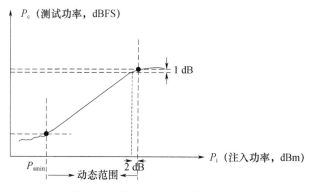

图 4-21 接收系统动态范围示意图

信号源:安捷伦。

附件:测试软电缆。

3. 测试方法

(1)线缆连接图与本章 4.2.2 小节中图 4-18 一致(连接方法与接收机最小可测信号功率测试连接方法一致)。

(2)按照接收机灵敏度测试方法测出接收机灵敏度值。

(3)打开信号源,将其输出频率设定为接收机 RF 频率,幅度设为 -30 dBm。

(4)将频谱分析仪中心频率设为雷达中频频率,Span 设置为 2 MHz,RBW 为 1 MHz。

(5)按 1 dB 步进逐渐增大 RF 信号源输出功率,在频谱仪上逐一读取信号功率值。

(6)比较读出的信号功率值,当信号源增大,在频谱仪上找出 1 dB 压缩点,记录注入功率值。

(7)根据 1 dB 压缩点注入功率和接收机灵敏度,计算出接收机动态范围。

第 5 章　CINRAD/CC 天气雷达维护

5.1　雷达检查内容

5.1.1　外部检查

检查的主要内容包括天线罩内、外表面油漆是否脱落,有无渗水,天线罩四周螺丝有无松动、生锈;天线座配重块之间的连接是否完好,配重位置是否合适;天线反射面是否有裂痕、挂擦变形等,天线转动时有无安全隐患;仰角限位挡块上的缓冲块是否松动老化、破裂;俯仰、方位转台和伺服电机轴承有无异常声音,传动齿轮有无变形、异常磨损,润滑脂是否变性;减速器外表面有无漏油现象,转动是否灵活,工作声音是否正常;观察汇流环碳刷和导电环有无过磨损现象,各塑料件是否有开裂现象,备用环连接是否正常;工作机柜各受力件是否有疲劳老化现象;冷却风机工作是否正常,有无异常声音;电源电缆和馈线有无损坏、老化现象;分机固定是否牢固,是否清洁干燥。

5.1.2　清除灰尘

(1)清除汇流环积碳,主机柜、冷却风机及轴流风扇灰尘。
(2)清除终端机柜灰尘。
(3)定期清除天线反射面灰尘。

5.1.3　擦洗油脂及触点

(1)用适量汽油作溶剂,清洗天线转台俯仰、方位齿轮变性润滑脂。
(2)用适量浓度为 99.9% 酒精作溶剂,擦拭汇流环、发射机高压瓷柱、馈线、接收系统等高频接插件接触点。

5.1.4　更换润滑脂

定期更换俯仰、方位传动齿轮系统润滑脂,添加轴承转动系统、金属磨损机件润滑油,保证雷达的正常工作和延长可动机件的使用年限,降低因摩擦而产生的温升和防止金属生锈。方位及俯仰减速箱加入 HP-8 航空润滑油,方位、俯仰传动齿轮使用美孚牌 SHC-100 型或7007 润滑脂。这项工作一般在汛前巡检和年度维护中进行。

5.2　雷达定期维护

雷达的定期维护分为日维护、周维护、月维护和巡检及年维护。

5.2.1　日维护

日维护每天进行一次,不影响雷达担负任务。对雷达主机室、终端室做清洁卫生处理,对雷达进行外部擦拭、检查和试机,做好开机前的准备工作。

(1)用湿度适宜抹布擦拭雷达主机室、终端室机柜、操作台、窗户。

(2)用吸尘器清理雷达主机室、终端室地面灰尘。

(3)每天正常开机一次,其中加发射高压的时间不得少于 0.5 h,开机后做显示画面检查。

5.2.2　周维护

周维护每周进行一次,所需维护时间通常为 4~6 h,周维护主要对雷达各系统进行有计划、有重点的检查维护,测量主要技术数据,并进行必要的调整。

1. 检查

(1)对各机柜和系统进行外观检查,并清除灰尘。

(2)检查发射监控分机面板或终端上的速调管电流指示、发射功率是否符合要求。

(3)观察充气机的压力指示,检查其工作是否符合要求。

(4)检查天线转台内各线缆插头及连接部分有无松动。

(5)在空调器使用期间,按空调使用说明清洗滤尘网。

2. 噪声系数标定

(1)连接测试

① 用机外噪声源标定机内噪声源

机外噪声源型号:＿＿＿＿＿＿＿＿＿＿＿　　　超噪比:＿＿＿＿＿＿ dB。

机内噪声源型号:＿＿＿＿＿＿＿＿＿＿＿　　　超噪比:＿＿＿＿＿＿ dB。

② 测试连接

检查所使用固态噪声源型号、超噪比、直流供电电压等相关参数,将经过校准的固态噪声源按图 5-1 接至接收机前端(RF 回波输入端)。

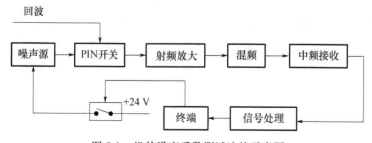

图 5-1　机外噪声系数测试连接示意图

（2）标定

① 将经过频谱仪校准的机外固态噪声源接至接收机 RF 回波输入端，接入时要注意固态噪声源的电压与直流供电电压严格相符。

② 在雷达终端上反复操作噪声源标定，显示器上读出噪声源加电和不加电时的噪声系数功率的比值 $\Delta P(dB)$，记录 5 次标定数据并求其平均值（记录表格从略）。

③ 用平均值根据下面的公式计算出噪声系数。

计算公式：

$$N_F(dB) = N_e - 10\lg(10^{0.1\Delta P} - 1)$$

式中：N_e 为固态噪声源的超噪比，ΔP 为噪声源加电和不加电时的噪声功率的比值（dB）。

④ 将机内噪声源接回原处（PIN 开关耦合口），改用机内方法测试噪声系数，显示器上读出噪声源加电和不加电时的噪声系数功率的比值 $\Delta P(dB)$，记录 5 次标定数据并求其平均值。

⑤ 打开控制维护软件，双击回波区，输入当天日期，进入配置菜单，修改超噪比，使机内机外所测试的噪声系数一致。测试和修改界面如图 5-2 所示。

 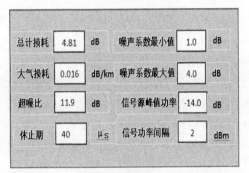

　　　（a）噪声源终端显示　　　　　　　（b）超噪比参数修改

图 5-2　机内、外固态噪声源超噪比修改示意图

3. 波束指向检查

（1）方法说明

波束指向性定标采用太阳标定法，该方法使用终端"太阳标定法软件"SunAntenna 进行自动标定，取得天线的方位、俯仰角与实际方位、俯仰角的差值。标定原理：首先根据地球与太阳的天体运动规律和公历可算得视赤纬，结合雷达天线所在的经纬度以及北京时间，最终计算出此时太阳在天空中的位置，即与地理北极的夹角（方位）与地平面地夹角（仰角）。标定者可利用这两个数据指引雷达天线在一定范围内搜索太阳的噪声信号，太阳标定法软件将记录下时间和天线指向的方位和仰角。做 6 次搜索运算，得出天线和实际太阳位置指向间的平均误差。此误差应≤0.1°，若大于此误差应进行标定，消除误差，直到标定合格为止。

（2）标定条件

① 天气情况：选择一年中日照时间较长的日期相对较好，一天中接近中午的时间比较好，天气以晴朗为佳。

② 雷达能够正常工作，接收机的灵敏度要高，天线控制灵活可靠，终端计算机与雷达主机间数据通信正常。

③ 雷达高压关闭（低压、冷却不限制）。

④ 关闭控制维护终端软件。

（3）标定方法

1）校准计算机时间。由于太阳的实际位置与当前时间有很大关系，如果计算机的时间不够准确，将影响到当前时刻的太阳的仰角和方位，使结果产生较大的误差。校准的时间以北京时间为准，采用 GPS 授时系统，整个系统的时间与北京时间一致。

2）双击"太阳标定"程序，这时程序运行界面如图 5-3 所示，其中"今天日期""北京时间""太阳方位""太阳仰角"由当前时间决定。如果雷达系统状态正常，这时"天线指向方位""天线指向仰角""雷达噪声电平"应有数据显示。

3）单击"配置项"进行设置，如图 5-4 所示，各项的意义分别为：

① 天线经度、天线纬度。表示雷达天线所在测站的经、纬度，精确到秒。

② 观测间隔。因为本标定结果是一个平均值，是由多个时间点进行搜索后获取的多组结果的综合值，所以本参数就是调整两个时间点之间的间隔，即雷达两次取样之间的时间间隔，一般在 1～60，单位为 min。采样间隔时间不宜过短，以保证在采样间隔时间内完成所有的扇形扫描为宜。默认值为 6。

③ 观测次数。调整的就是时间点的个数。其值与采样间隔对应。太阳标定需要多次采样来求平均，这样可最大限度地降低误差。一般选择 5～10 次，默认值为 6。

④ 方位扫描、仰角扫描。指雷达在太阳标定过程中做扇扫的方位、仰角范围，以便在指定范围内寻找太阳。方位扫描默认值为 10，仰角扫描默认值为 2。

⑤ 太阳信号。本参数包括 3 个部分，第 1、2 个参数是调整太阳信号的门限值，因为可以从本程序的显示上看到类似示波器的信号，此信号值太大或太小都不会是太阳噪声信号。太阳信号一般在 10～20 dB。第 3 个参数是指在一个重复周期内（一般是处理 1000 个距离库），有太阳噪声的距离库数与全部距离库数的比值门限，因为太阳噪声一般是全量程的，基本上占满全部距离库，所以本门限不应设得太小，一般在 500/1000 以上。

⑥ 通信串口。软件运行的计算机与雷达传送和接收指令的端口。

⑦ 天线转速。指雷达进行标定时天线的转速。

⑧ 配置项设定后，按"开始"按钮进行"太阳标定"。

⑨ 每一次标定结束后，程序自动提示。标定结果显示在列表内，根据标定结果调整伺服系统进行角度校正。

（4）标定误差校正

① 根据标定结果显示的方位误差值，例如：××.×度，将天线方位角转到××.×度。

② 断开伺服系统所有电源开关，将方位 R/D 变换板取出，并将该板上标定专用的拨动开关的 3、4 脚均拨向反位置后，再将该板插回伺服分机，然后闭合伺服总电源开关（方位电源、俯仰电源开关仍为断开状态），此时天线方位角指示应归零，最后断开伺服总电源，将拨动开关的 3、4 脚恢复原状态。

③ 仰角标定时，重复步骤 1、2 将天线仰角转到标定结果显示的仰角误差值，断开伺服总电源，将仰角 R/D 变换板上的拨动开关 3、4 脚拨到反位置后插回伺服分机，然后闭合伺服总电源开关（方位电源、俯仰电源开关仍为断开状态），此时天线仰角指示应归零，断开电源，将拨动开关恢复为原状态，仰角标定完毕如图 5-5 所示（注意：所有插件板不能带电插拔）。

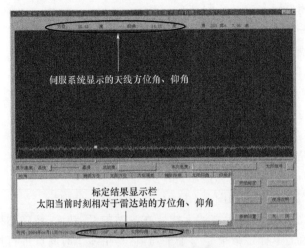

伺服系统显示的天线方位角、仰角

标定结果显示栏
太阳当前时刻相对于雷达站的方位角、仰角

图 5-3　太阳标定法界面

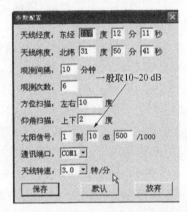

图 5-4　太阳标定法参数设置

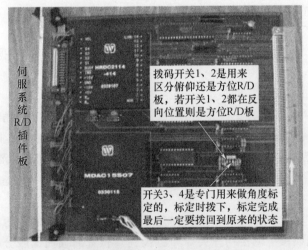

图 5-5　天线方位、仰角标定示意图

5.2.3　月维护

月维护每月进行一次,所需维护时间通常为 8～12 h。月维护主要对天线系统和精密复杂器件进行有计划的维护、检查和校正,测量各系统主要电压(流)、电阻值和波形,并进行必要的调整。

1. 检查

(1)检查散热系统风道的畅通情况,取下风道入口处的灰尘过滤网罩,清洗干净,重新装入原位。

(2)用无水酒精清洗高压导线焊接端子、脉冲变压器所有绝缘子和速调管钛泵端子的陶瓷体,避免因灰尘污染造成绝缘强度降低。

(3)检查充气机启动是否频繁,波导是否漏气。用肥皂水放在波导接头处,漏气处有气泡冒出,通过更换波导接头处的导电橡胶垫圈解决漏气问题。

2. 发射机功率测量

(1)使用机内功率计测量

1)测试所需仪器、仪表

机内脉冲峰值功率检测仪:AOH2.900.1017 MX、固定衰减器、测试线缆等。

2)测试方法

采用机内功率检测设备测量,发射机输出经耦合器后,再经固定衰减器衰减到合适的功率电平送到功率计,如图 5-6 所示。

图 5-6　机内发射功率测试框图

3)测试步骤

① 发射机加高压,功率计通电预热 10 min 以上。

② 在高压状态下,从终端上直接读取发射脉冲峰值功率。

③ 记录功率测量值,改变发射机的脉宽和重复频率,依次进行测试(记录表格从略)。

(2)使用机外功率计测量

1)测试所需仪器、仪表

功率计 Agilent E4416A、峰值功率传感器 E9300A(平均功率)、测试线缆。

2)测试方法

采用机外功率计测量,发射机输出经耦合器后,再经固定衰减器衰减到合适的功率电平与功率计传感器连接,如图 5-7 所示。

图 5-7　机外发射功率测试框图

3)测量步骤

① 连接功率计电源,打开电源键,等待完成预热 10 min 和内部自检过程。

② 接上功率传感器于面板上的"channel"端口,按下面板上的"system/inputs",依次按下软按键"table"→"Sensor Cal Tables",在"Tables Name"中选择功率传感器名称与之所接的功率传感器相符。

③ 功率计归零、校准,将功率传感器接至面板上的"POWER REF"端口,按下面板上的〈Rel/Offset〉键,按下屏幕上的软按键〈Offset Off〉,即把衰减偏置关闭;按下面板上的〈Zero/Cal〉键,按下屏幕上的软按键〈Power Ref On〉,即把功率修正打开,按下"Zero",等待功率归零后,再按"cal"校准仪器,校准完成;按下屏幕上的软按键〈Power Ref Off〉,即把功率修正关闭。

④ 设置偏置、被测信号频率,按下面板上的〈Rel/Offset〉键,按下屏幕上的软按键〈Rel off〉;按"offset"输入 offset 值,偏置值=线耗+固定衰减器+定向耦合器;按"offset on",即把衰减偏置打开。

⑤ 选择测试分辨率,按下面板的"Meas Setup","Resolution"分辨率有 4 种参考方式,默认选择"Resolution 3"分辨率是 0.01 dB,Resolution1 分辨率是 1 dB,Resolution2 分辨率是 0.1 dB,Resolution4 分辨率是 0.001 dB。

⑥ 设置测量单位,Preset/Local 键设置逻辑(dBm)测量单位,按〈dBm/W〉键,然后从屏幕上 dBm、W、dB、% 中选择测量单位。

记录功率测量值,改变发射机的脉宽和重复频率,依次进行测试(测试记录表从略)。

3. 发射射频频率测量

(1)测试所需仪器、仪表

① 频谱仪 Agilent E445A,固定衰减器,测试线缆。

② 固定同轴衰减器:根据需求选择适当衰减器,将耦合器输出的发射信号衰减到合适的功率电平送到频谱仪。

(2)测试方法

① 按图 5-8 连接测试设备。

② 雷达通电工作在高压状态,通过频谱仪直接读取被测发射机的工作频率。

③ 通过频率源键码开关人工设置发射机工作频率,重复上述测试过程,完成 5 个工作频率点的测试(测试记录表从略)。

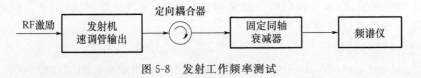

图 5-8　发射工作频率测试

4. 发射脉宽、重复频率测试

(1)测试参数

发射脉冲宽度:$\tau=1\ \mu s\pm0.1\ \mu s$ 和 $2\ \mu s\pm0.1\ \mu s$。

发射重复频率:$300\sim1300$ Hz(脉宽 $1.0\ \mu s$);$300\sim450$ Hz(脉宽 $2.0\ \mu s$)。

(2)测试所需仪器仪表、附件

① 同轴检波器。型号:TJ8-4(频率范围:0.1 GHz~12.4 GHz,输入特性阻抗:50 Ω,电压驻波比:≤2.0,灵敏度:≥0.08 m V/μW,频率响应:≤±0.7 dB,接头形式:L16-50J/Q9-50 K)。

② 示波器。Agilent DS05032A(或同类型号)带宽:300 MHz,2 通道。

③ 固定同轴衰减器:衰减后送至检波器的峰值功率一般应在几十毫瓦量级,如功率过大

有可能损坏检波器。

（3）测试方法

采用射频包络检波测试脉冲宽度，用示波器测试重复频率。

① 按图 5-9 方式连接测试设备。

② 使雷达系统处于正常工作状态，发射机加高压。

③ 仔细调整，使示波器上能见到合适的检波波形，然后测量脉冲宽度指标。

④ 改变雷达脉冲重复频率，在示波器上测量相应工作状态下的重复周期 T，并计算重复频率（$f_r = 1/T$），如图 5-10 所示。

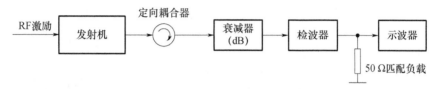

图 5-9　发射脉冲宽度和重复频率检测

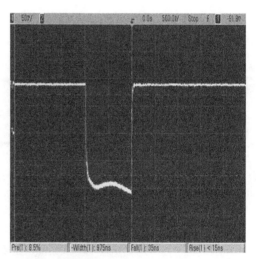

图 5-10　发射脉冲脉宽测试（左图：测试连接图，右图：波形）

5. 发射机高压电源 IGBT 驱动波形测试、检查

（1）测试仪表

示波器：Agilent DS05032A（或同类型号）。

（2）低压状态下测试

发射机高压电源分机，为发射机调制器提供所需的直流高压，充电周期<650 μs，充电电压为 5000 V，可进行变宽充电，最高工作频率 1300 Hz。高压电源采用回扫充电技术对调制器进行充电，把电源逆变原理与调制器充电技术融为一体，整个充电过程分为储能变压器充电和脉冲形成网络（PFN）充电两部分。电路中充电开关 IGBT（V2、V4）周期性饱和导通与截止受隔离驱动电路输出信号控制，图 5-11 中充电波形测试点。

① 示波器严禁接地，示波器通电并预热数十分钟。

② 示波器中心线连接 IGBT 蓝色线端子，屏蔽夹连接 IGBT 白色线端子。

③ 在低压状态下进行测试。

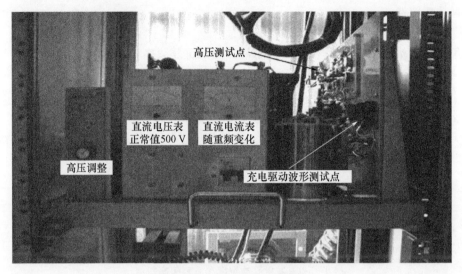

图 5-11　发射机高压电源分机

④ 正常状态下,1.0 μs 脉宽状态:约 180 μs;2.0 μs 脉宽状态:约 240 μs;波形参数:
+15 V(0 V 线以上),−5 V(0 V 线以下),如图 5-12 所示。

 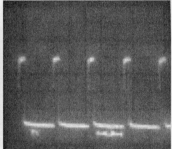 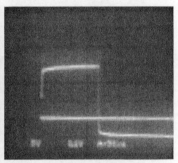

（a）驱动波形测试位　　　　　　　　（b）驱动波　　　　　　（c）驱动波形展宽

图 5-12　发射充电驱动波形测试位置及波形

（3）高压状态下测试

① 将门开关和高压放电开关断开,示波器严禁接地,示波器通电并预热数十分钟。

② 在未开启高压之前,将示波器中心线连接至电阻 R13 一端(蓝色线端子),边线夹连接
至电阻 R13 另一端(白色线端子)。

③ 调节示波器垂直、水平分辨比率等参数以便于测量,开启高压进行测试。

④ 正常状态下,1.0 μs 脉宽状态:约 180 μs;2.0 μs 脉宽状态:约 240 μs;波形参数:+4 V
左右,如图 5-13 所示。

6. 发射机调制器可控硅测试、检查

（1）测试所用仪器仪表

三用表和示波器。

（2）可控硅状态测试

① 选用一精度较高三用表(最好选用数字三用表,指针表内阻相对数字表来说比较小,测
量精度相比较差),检查其内置电池应保持足量电压,如果是指针式三用表,使用前观察一下表

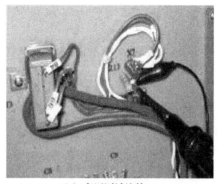
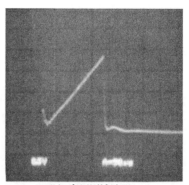

(a) 高压测试连接　　　　　　　　　　(b) 高压测试波形

图 5-13　发射机高压检查测试

针是否指在零位。如果不指零位,可用螺丝刀调节表头上机械调零螺丝,使表针回零,保证测量的准确性。

② 将量程选择开关拨在电阻挡(指向 Ω 挡范围)测试位置,选择电阻 R－2 MΩ 档,在发射机不加电状态下,红、黑表笔直接测试可控硅相邻两只散热器之间的电阻值,如图 5-14 所示。

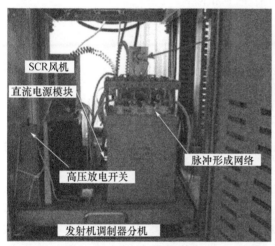
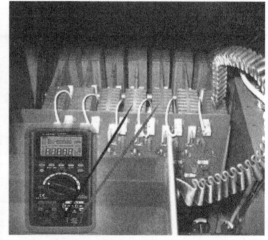

图 5-14　发射机调制器可控硅状态测试示意图

③ 读取三用表测量数值,正常值应为 200～300 kΩ,若此值小于正常值或为无穷大时,确定该可控硅击穿或开路,应进行更换。

(3)可控硅放电触发脉冲测试

① 选用一数字或模拟示波器,连接电源,电源严禁接地检测,通电预热 30 min 左右。

② 连接示波器探头并应该补偿示波器探头,使其特性与示波器的通道匹配。一个补偿有欠缺的探头可能导致测量错误,补偿探头的过程可作为一种基本测试,检验该示波器工作是否正常。

③ 设置合适的扫描方式、扫描速度等参数,根据所测信号大小,设置垂直灵敏度以方便观察信号波形为原则。

④ 如图 5-15a 所示,从右到左,示波器探头的外夹接至第二只散热器,探针接至均压板的 V1 的上端,测试的是第一只可控硅的驱动波形。依次,外夹至散热器 2、3、4、5、6、7,探针至

V2、V3、V4、V5、V6,可测试其余 5 只可控硅的驱动波形。波形如图 5-15b 所示,正常时其参数为幅度:15～20 V;脉宽:1.5～2.5 μs(50％电平处)。

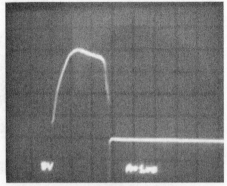

(a) 可控硅测试连接图　　　　　　　　　　　(b) 可控硅触发脉冲波形

图 5-15　可控硅放电触发脉冲测试图

7. 用机外噪声源标定机内噪声源

标定方法与 5.2.2 节中"周维护噪声系数标定"内容相同。

8. 机内信号源对回波强度定标的检验

(1)需要仪表

用机内信号源检验(DDS 信号源)。

(2)技术参数

回波强度测量值与注入信号计算回波强度值(期望值)的最大差值应≤±1 dB。

(3)检验方法

① 设置发射脉宽为 1 μs 状态下,依次测试重复频率为 1000 Hz、900 Hz、600 Hz 时的功率。

② 设置发射脉宽为 2 μs 状态下,依次测试重复频率为 400 Hz、300 Hz、时的功率。

③ 计算 1)、2)状态下的 5 次测试功率的平均值,鼠标左键双击回波显示区,输入当天日期,打开参数设置表,修改功率缺省值为 5 次测试功率的平均值,雷达常数按计算公式:$C = 10\lg[2.69 \times \lambda^2/(P_\tau \tau \theta \varphi)] + 160 - 2 \times G + L_\Sigma + L_p$ 也随之自动修正为与当前功率相应值,如图 5-16 所示。

④ 标定当前状态曲线,去滤波器,强度门限设置为"0",设置信号处理重复频率 PRF 为 900 Hz,接收机脉冲宽度为 1 μs。

⑤ 天线仰角置为 0°,进行 PPI 扫描,依次改变雷达系统内部 DDS 信号源的输出功率 −90 dBm、−80 dBm、−70 dBm、−60 dBm、−50 dBm 和 −40 dBm 左右,分别测试和记录 5 km、50 km、100 km、150 km、200 km 处的强度值(dBZ)。

⑥ 将实测强度值(dBZ)与理论值进行比较,计算其误差值,测量误差值的最大值应 ≤±1 dB(测试记录表从略)。

9. 回波速度检验

(1)单重频测速检测

① 技术指标

最大差值:≤±1 m/s。

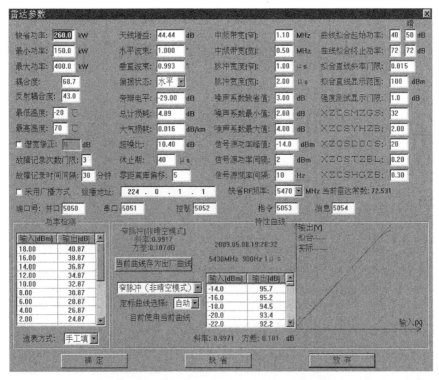

图 5-16　缺省功率设置及雷达常数改变

② 将信号处理设置为"不加滤波器"工作模式,速度门限设置为"0",重复频率 PRF 为单频 900 Hz,接收机脉冲宽度 1 μs,工作选择"正常"模式。

③ 如图 5-17 所示,在功能区选择"标定",在"标定"弹出对话框中选择"速度测试"选项卡,在"速度测试"选项卡所在的列表中用鼠标左键依次双击列表中选定需要测试的频移频率 f_d,系统根据所选频率偏移自动计算出对应速度的理论、实测、误差值。

计算公式:

$$V_2 = \lambda f_d / 2$$

式中:λ 为雷达波长,f_d 为多普勒频移。

④ 读取并记录测量值 V_1 与理论计算值 V_2(期望值)进行比较;V_3 为终端速度显示值。需要注意的是,单频 f_d 为 450 Hz 时为最大测速,其值为 12.43 m/s。$f_d > 450$ Hz 速度模糊,要进行退模糊处理。方法是:$V_1 = (2 V_{max} \pm V_3)$;$\Delta V = V_1 - V_2$。

⑤ 正测速方向和负测速方向分别测试并记录,测试记录表从略。

(2)双重频测速检测

1)正测速值方向测试方法

① 技术指标:最大差值:$\leqslant \pm 1$ m/s。

② 将信号处理设置为"不加滤波器"工作模式,速度门限设置为"0",接收机脉冲宽度 1 μs,工作选择"正常"模式。

③ 分别设置重复频率 PRF 为单频 900 Hz、双 PRF900/600 Hz 工作模式;如图 5-17 所示,在功能区选择"标定",在"标定"对话框中选择"速度测试"选项卡,在"速度测试"选项卡所在的列表中用鼠标左键依次双击列表中选定需要测试的频移频率"f_d",系统根据所选频率偏

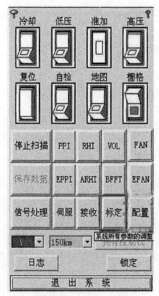

(a) 速度标定终端选择操作　　　(b) 参数设置及速度标定

图 5-17　速度测试软件操作示意图

移自动计算出对应速度的理论、实测、误差值。

2)负测速值方向测试方法

负测速值方向的测试与正测速值方向方法相同,不同的是在选项卡所在的列表中用鼠标左键依次双击列表中选定需要测试的频移频率"$-f_d$",系统根据所选频率偏移自动计算出对应速度的理论、实测、误差值(测试表格略)。

10. 天线水平检查

(1)使用仪表

光学合相水平仪、电子水平仪。

(2)技术指标

光学合相水平仪最大差值≤60″,电子水平仪≤30″。

(3)测试方法

1)合相水平仪

① 测试方法

a. 控制伺服系统使其方位角、俯仰角显示均为 0°,将光学合相水平仪置于天线俯仰转台的顶端中部,并保证水平仪与转台平面之间光洁、平整;使水平仪的横轴轴向与天线底座任意两个相隔 180°的螺钉的连线平行,便于以下调节工作。

b. 将天线顺时针转动 45°,记录下此时伺服系统指示的方位角度,调节合相水平仪的调整旋钮使水平泡停在玻璃管的中央或从水平仪中间的小孔中看到两气泡重合。

c. 记下此时水平仪刻度圆盘的读数 L_A 和水平仪侧面垂直刻度读数 L_B,则此时可计算合相水平仪的实际读数为 $L45° = L_A + L_B \times 100 \text{(mm)}$。

d. 重复步骤 b,得到读数 L90°。

e. 重复步骤 b,c,d,依此法类推,可得到天线在 45°、90°、135°、180°、225°、270°、315°、360°八个方位角度上合相水平仪的读数 L_m:L45、L90、L135、L180、L225、L270、L315、L360 和

4 个读数差值：

$$\Delta L45 = L225 - L45, \Delta L90 = L270 - L90, \Delta L135 = L315 - L135, \Delta L180 = L360 - L180$$

② 合相水平仪转台计算公式

$$Oa = \arctan \frac{\frac{0.01}{1000} \times 165 \times L_{m+180}}{165} - \arctan \frac{\frac{0.01}{1000} \times 165 \times L_m}{165}$$

③ 合相水平仪使用方法

将合相水平仪安置在被检验件的工作表面上，由于被检验面的倾斜而引起两气泡像的不重合，则转动度盘，直到两气泡像重合为止，此时即可读出读数。被检验件的实际倾斜度，可通过下式进行计算：

$$实际倾斜度 = 刻度值 \times 支点距离 \times 刻度盘读数$$

例如：刻度盘读数为 5 格，对此种合相水平仪而言，刻度值和支点距离都为定值，即刻度值为 0.01 mm/m，支点距离为 165 mm。

$$实际倾斜度 = \frac{0.01}{1000} \times 165 \times 5 = 0.00825 \text{ mm}。$$

2）电子水平仪

无线电子水平仪由电子水平仪、无线数据收发器、终端软件 3 部分组成。图 5-18 为电子水平仪硬件组成示意图。

测试方法如下：

① 打开电子水平仪电源，将测量精度设置为精度Ⅰ，无线数据收发器与电子水平仪相连。打开笔记本电脑，启动电子水平仪测试软件，设置好端口参数，设置台站信息。

② 控制伺服系统使其方位角、俯仰角显示均为 0°，将电子水平仪置于天线俯仰转台的顶端中部，并保证水平仪与转台平面之间光洁、平整；使水平仪的横轴轴向与天线底座任意两个相隔 180°的螺钉的连线平行，便于以下调节工作。

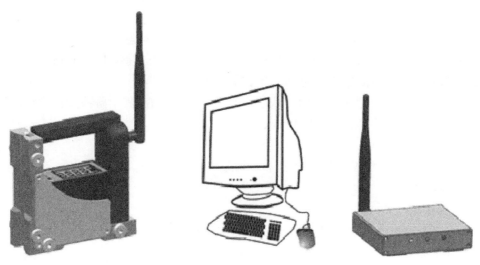

图 5-18　电子水平仪硬件组成图

③ 按照图 5-19 八个角度转动天线，读数记录完成以后，单击"保存数据"按钮。如果 0°～180°、45°～225°、90°～270°、135°～315°读数误差大于 30″，则调节对应角度的天线转台与水泥

预制之间的螺母,直到其误差≤30″(调整方法与合相水平仪方法一致)。

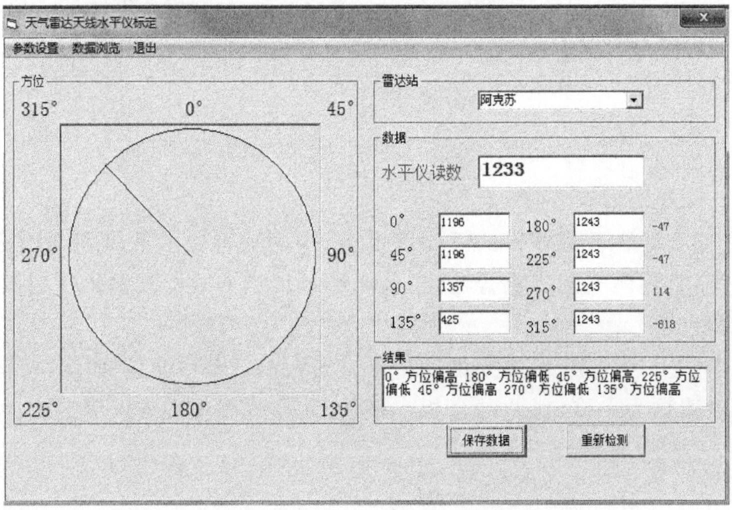

图 5-19　电子水平仪软件界面

5.2.4　春季巡检

每年的汛期之前都要进行一次巡检,所需时间通常为 3～4 d。进行巡检维护时,要对雷达进行全面彻底的维护和检查,测试雷达全部技术指标数据,并进行必要的调整。实施春季巡检期间应保证重要天气过程观测。

雷达春季巡检内容包括按照《C 波段新一代天气雷达测试大纲》要求,全面检查雷达各系统的各个部分,测试雷达的各项技术参数。对整机测试中发现的问题进行调试、维修,对已疲劳老化器件、线缆进行更换。

1. 春季巡检准备

(1)在巡检之前,通知各个雷达站,对雷达在运行中存在的问题进行收集,并反馈至省级装备保障中心,省级装备保障中心雷达保障室对各个雷达站反馈问题集中进行分析,针对存在的问题提出解决方案,包括准备备件(省级)、附件等。

(2)在巡检之前,对各类仪表、附件、线缆进行上电测试检查,其中附件、线缆准备双套,准备常用工具一套,形成仪表,附件、常用工具清单。

(3)对巡检内容进行集中学习,尤其对测试方法熟悉。

(4)制定巡检计划表,确定时间、人员和巡检路线。

2. 巡检内容

(1)雷达结构件维护

对雷达部分结构设备,如天线、转台、汇流环、抽风通道、充气机等进行检查和维护。

1)天线罩部分

① 天线罩板块间的连接是否完好,天线罩四周的螺钉是否有松动、生锈等现象。

② 天线座配重块各连接部分是否完好,有无安全隐患,限位挡块上的缓冲块是否老化损坏,配重的位置是否合适。

③ 天线转台减速器,电机外表面是否有渗油现象,工作声音是否正常,轴承工作时有无异

常声音,润滑脂是否变性,传动齿轮工作是否异常,有无异常磨损情况,检查旋转变压器固定夹有无生锈现象等,汇流环的工作情况,观察碳刷和导电环有无过磨损现象,各塑料件是否有开裂现象,备用环连接是否正常,波导和旋转关节是否存在漏气。

2)主机室部分

受力件是否有变形疲劳现象,进风板上灰尘是否需要清理,雷达设备接地是否完好、可靠,波导是否存在打火现象,电缆有无损坏、老化等现象,抽拉导轨是否运动自如,门是否开关自如。

(2)雷达部分设备检查

① 空气干燥机检查,启动(下限)压力值、断开(上限)压力值以及启动间隔时间等。

② 冷风机检查,包括风机的固定支架、风机风力等。

③ 雷达天线水平检查。

④ 油机检查,切断三相供电,检查油机是否自动发电。

⑤ UPS 电源检查。使用万用表检查每节电池,电压>10.5 V,检查电池连线连接不能过紧和过松,应保证两组并联电池汇流排阻抗相同。UPS 电池每 3～4 个月要充、放电一次,以防极板氧化,充电时间为 10～20 h。

(3)雷达分机维护

分机维护按照表 5-1 所示进行。

表 5-1　雷达分机维护记录

维护内容		维护记录		备注
		√	×	
配电	配电分机电缆连接是否牢固;有无接插件、连接件松动;表面是否清洁			
	监控机接线是否牢固;表面是否清洁			
	高压电源各连接点是否牢固;元件是否稳固;是否清洁			
	调制器各连接点是否牢固;元件是否稳固;SCR 风机转动是否平稳;是否清洁			
	各接地点是否可靠			
	机柜风扇是否清洁;运行情况是否平稳			
	柜门屏蔽情况是否正常			
	线缆表面是否老化			
	其他			
发射机柜Ⅱ	速调管表面是否清洁;各连接点是否可靠;管子是否稳固			
	磁场线包通风滤网是否清洁			
	脉冲变压器各接点是否牢固;表面是否清洁			
	固态放大器、衰减器安装是否牢固;连接是否可靠			
	钛泵电源连接点是否可靠、清洁			
	冷却风道是否畅通			
	各接地点是否牢固			
	柜门屏蔽情况是否正常			
	机柜风扇是否清洁,运行是否平稳			
	其他			

续表

维护内容		维护记录		备注
		√	×	
发射机柜Ⅲ	馈线结构连接是否稳固			
	灯丝电源是否清洁；接插件是否牢固			
	磁场电源 1 是否清洁；接插件是否牢固			
	磁场电源 2 是否清洁；接插件是否牢固			
	各接地点是否牢固			
	柜门屏蔽情况是否正常			
	机柜风扇是否清洁；运转是否平稳			
	其他			
接收机柜	微波功率计接插件是否可靠；是否清洁			
	接收通道各接插件是否可靠；是否清洁			
	射频分机各接插件是否可靠；是否清洁			
	中频分机各接插件是否可靠；是否清洁			
	频率源分机各接插件是否可靠；是否清洁			
	激励源分机各接插件是否可靠；是否清洁			
	标定分机/BITE 各接插件是否可靠；是否清洁			
	各接地点是否可靠			
	机柜风扇是否清洁；运行是否平稳			
	其他			
综合机柜	电源分机各接插件是否可靠；是否清洁			
	监控分机/信号处理各接插件是否可靠；是否清洁			
	光端机各接插件是否可靠；是否清洁			
	伺服分机各接插件是否可靠；是否清洁			
	柜门屏蔽情况是否正常			
	各接地点是否可靠			
	机柜风扇是否清洁；运行是否平稳			
	其他			
终端机柜	监控微机是否清洁；接插件是否可靠			
	主微机是否清洁；接插件是否可靠			
	服务器是否清洁；接插件是否可靠			
	用户微机是否清洁；接插件是否可靠			
	附属设备是否正常			
	终端 UPS 是否正常			
	各接地点是否可靠			
	配电柜各接线端是否可靠			
	遥控配电箱各接线端是否牢固,接触器、继电器接点是否正常			
	其他			

（4）系统主要状态数据记录（表 5-2）

表 5-2　雷达系统主要状态数据

主要内容		说明和记录	备注
接收通道参数	接收机噪声电平	宽带：＿＿ dB，窄带：＿＿ dB	
	机内固态噪声源超噪比		
发射机主要参数 900 Hz 单频	KLY 总流		发射机柜面板 表头指示
	灯丝电流		
	反峰电流		
	高压 V_F		
	高压 I_F		
	磁场 1 电流		
	磁场 2 电流		
	钛泵电流		
雷达工作参数 遥测指示 900 Hz 单频	KLY 总流		监控微机 终端指示
	KLY 管体电流		
	人工线电压		
	KLY 输出功率		
	固态激励器输出		
	馈线反射功率		
	接收机 RF 功率		
	一本振功率		
	DDS 输出功率		
本速调管加高压时间	＿＿小时	截至＿＿年＿＿月＿＿日	
雷达累计加高压时间	＿＿小时	截至＿＿年＿＿月＿＿日	
太阳标定法检查天线定标	方位误差：＿＿＿° 仰角误差：＿＿＿°		

（5）软件运行情况检查（表 5-3）

表 5-3　雷达软件运行情况检查

软件名称	功能	版本	更新时间	操作系统	运行计算机	安装目录
雷达终端控制软件					监控微机	
雷达终端控制软件					主微机	
RPG						
PUP						
PUP 产品传输程序（PUPC）						
GIF 拼图报文传输程序（Trad2005Ⅱ）						
雷达基数据传输程序（tClient）						
雷达基状态数据传输程序（tClient）						

续表

软件名称	功能	版本	更新时间	操作系统	运行计算机	安装目录
雷达 Web 产品处理程序(Radar Process)						
雷达 Web 产品发布程序						

(6)雷达备件(台站)检查(表5-4)

表 5-4　雷达站主要备件检查表

备件名称	配备情况		目前状态	
时序板	有口	无口	正常口	不正常口
PIN 控制板	有口	无口	正常口	不正常口
R/D 板	有口	无口	正常口	不正常口
可控硅	有口	无口	正常口	不正常口
IGBT	有口	无口	正常口	不正常口

其他备件：

(7)雷达主要技术指标测试

1)发射机功率测试

发射机功率测试参见月维护 发射机功率测量。

2)发射机射频频率测试

发射机射频频率测试参见月维护 发射射频频率测量。

3)发射机输出频谱测试

测量发射机频谱带外抑制特性。

① 测量所需仪器仪表、连接方式如图 5-20 所示。

图 5-20　发射机输出频谱测试

② 测试方法

a. 测量时,一般设置频谱仪分辨率带宽 RBW 为 1.8 MHz,SPAN 为 200 MHz,找出中心频率(峰值)。

b. 在相对于中心频率谱线幅度衰减－10 dB、－20 dB、－30 dB、－40 dB、－50 dB、－60 dB处记录射频脉冲频率,检查带外频谱抑制特性,如图 5-21 所示。

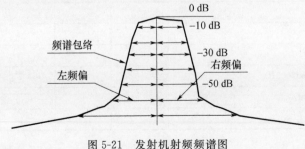

图 5-21　发射机射频频谱图

c. 左、右频偏相加为各谱线幅度衰减处频谱宽度,分析频谱宽度及抑制特性。

4)发射机极限改善因子测试

用频谱仪检测信号功率谱密度,求取信号和相噪的功率谱密度比值(S/N),根据信号的重复频率(F),谱分析带宽(B),计算极限改善因子(I)。

计算公式:

$$I = S/N + 10 \lg B - 10 \lg F$$

式中:I 为极限改善因子(dB);S/N 为信号噪声比(dB);B 为频谱仪分析带宽(Hz);F 为发射脉冲重复频率(Hz)。

① 测量使用仪器仪表:测量所需仪器仪表、连接方式同图 5-20 连接图。

② 测量方法。

a. 测量时设置频谱仪分析带宽 B 为 10 Hz,重复频率 1000 Hz、600 Hz 测量,span 为 2.5 kHz。

b. 相位噪声平均值在 PRF/2 处读数。

c. 记录、计算测量表从略。

5)发射脉冲宽度和重复频率检测

测试方法参见"月维护 发射脉宽、重复频率测试"小节。

6)接收机噪声系数测试

测试方法参见"周维护 噪声系数标定"小节。

7)接收系统动态特性测试

接收系统是指从接收机前端经接收支路、信号处理器到终端(距离库 5 km 或 10 km 处)数值输出。接收系统动态曲线低端拐点与高端饱和点所对应的输入信号功率值的差值定为系统动态范围。

① 机内接收系统动态特性测试

a. 测试所用仪器仪表、附件

利用机内 DDS 信号源。

b. 测试方法

单击终端软件界面上的"标定"按钮,在弹出的对话框内先选择"特性曲线",单击"标定"按钮。

收到特性曲线后,再选择"强度检查",选择"15 km"处的强度,对应每一个输入功率值,记录强度值(dBZ)填入表格(记录表从略)。

根据输入输出数据,采用最小二乘法进行拟合。由实测曲线与拟合直线对应点的输出数据差值≤1.0 dB 来确定接收系统低端下拐点和高端上拐点,下拐点和上拐点所对应的输入信号功率值的差值为系统的动态范围。

确定接收系统的动态范围,CC 雷达接收系统的动态范围≥95 dB,拟合直线斜率应在 1±0.015 范围内,线性拟合均方根误差≤0.5 dB(拟合直线可用随机附送的动态范围计算软件绘制)。

② 机外接收系统动态特性测试

a. 测试所用仪器仪表

射频信号源 E4428、射频测试线缆、50 Ω 高频接插件等。

b. 测试方法

射频信号源 E4428 预热 30 min 以上。

对信号源输出功率进行校准。

设置信号源频率为接收机工作频率。

依次设置信号源输出功率,对应每一个输出功率值,在回波区选择"15 km"处的强度,在监视区读取并记录强度值(dBZ)。

确定接收系统的动态范围,动态范围应与机内标定一致。

机外信号测试接收机系统动态范围拟合直线如图 5-22 所示。

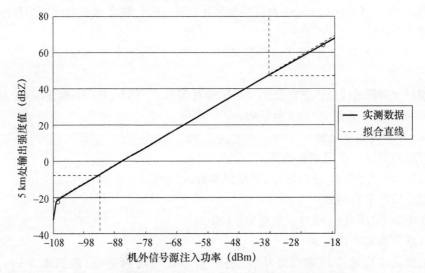

图 5-22　机外信号测试接收机系统动态范围拟合直线图

8)最小可测功率测试

最小可测信号功率 P_n 可用噪声系数 N_f 计算:

$$P_n(\text{dBm}) = -114 + 10\lg B + N_f(\text{dBm})$$

式中:B 为接收机带宽,N_f 为噪声系数。

① 测试用仪器仪表、附件

射频信号源 E4428、射频测试线缆、50 Ω 高频接插件等。

② 测试方法

a. 射频信号源 E4428 预热 30 min 以上。

b. 对信号源输出功率进行校准。

c. 设置信号源频率为接收机工作频率。

d. AGC 衰减量置为零,输入接收机的信号源不工作,读出接收机噪声电压(VF);再接入信号源并逐渐增大其信号功率,当接收机输出电压为 1.4 V 时,注入接收机的信号源功率即为最小可测信号功率。

e. 依次改变发射脉冲宽度,分别测量接收机两种带宽下的最小可测信号功率。

9)地物对消能力

① 测试使用仪器仪表

用雷达观测到的实际地物回波在对消前和对消后的强度差值检验系统的地物对消能力。

② 测试方法

a. 将雷达射频发射脉冲信号经衰减延迟后注入接收机。

b. 用终端控制信号处理器加、不加滤波器，分别计算出滤波前、后的功率。

c. 用滤波前、后的功率比估算系统的地物对消能力，地物对消能力≥50 dB。

10）系统相干性测试

系统相干性测试是将雷达发射微波脉冲经衰减延迟后注入接收机前端，对该信号放大、相位检波后的 I/Q 值进行 1024 次采样，由每次采样的 I/Q 值计算出信号的相位，并求出相位的均方根误差（σ_ϕ）用 σ_ϕ 表征信号的相位噪声。

相干性是对信号的载频而言的，而与其调制包络无关。CINRAD/CC 雷达系统的相干性能，用测量 I/Q 值计算相位噪声来表征系统相干性。近似估算系统的地物对消能力 L。

$L=-20\lg(\sin\sigma_\phi)$。测量方法如下：

① 设置 RPF 为 1000 Hz，将雷达射频发射脉冲信号经衰减延迟后注入接收机，如图 5-23 所示。

② 对相位检波后的 I/Q 值（在一个单库）分别进行采样，每采样一个 I/Q 值计算一个相位角度值，并对计算出的角度值求平均相位和相位的均方根误差。

③ 连续重复多次，看其相位稳定度。

④ CINRAD/CC 雷达相位噪声 $\sigma_\phi<0.3°$。

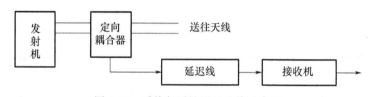

图 5-23　系统相干性测试连接示意图

11）回波强度检查

天气雷达回波强度定标，实际上就是对测量回波功率定标，找出雷达观测数据与系统回波强度定标检查分别用外接信号源和机内信号源两种方法检查。

输入信号功率计算回波强度方程：

$$10\lg Z=C+P_r+20\lg R+R\times Lat$$

其中 $C=10\lg[2.69\times\lambda^2/(P_t\tau\theta\varphi)]+160-2\times G+L_\Sigma+L_p$

式中：λ：波长（cm）；G：天线增益（dB）；P_t：发射脉冲功率（kW）；τ：脉宽（μs）；L_Σ：馈线系统收、发损耗（dB）；L_p：匹配滤波器损耗（dB）；θ：水平波束宽度（°）；φ：垂直波束宽度（°）；R：距离（km）；P_r：输入信号功率（dBm）；大气损耗：C 波段 Lat 取 0.016 dB/km（双向）。

① 机内信号源回波强度定标检查

机内回波强度定标方法见"月维护　回波速度检验"小节。

② 机外信号源回波强度定标检查

a. 测试仪器仪表、附件

包括射频信号源 E4428、射频测试线缆、50 Ω 高频接插件等。

b. 测试方法

射频信号源 E4428 预热 30 min 以上。

对信号源输出功率进行校准。

设置信号源频率为接收机工作频率。

控制天线做 PPI 扫描，依次设置信号源输出功率，终端距离 5～200 km 范围内读取回波强度测量值,回波强度测量值与注入信号计算回波强度值(期望值)的最大差值应不大于±1 dB。

修订雷达相应参数,使机内、外信号源定标回波强度一致。

12)径向速度检查

径向速度定标检查见"月维护 回波速度检验"小节。

13)双脉冲重复频率(DPRF)测速范围展宽能力的检验

双脉冲重复频率测速范围的检查见"月维护 双重频测速检测"小节。

14)雷达天线水平检查

雷达天线水平标定检查见"月维护 天线水平检查"小节。

15)雷达天线波束指向定标检查

雷达天线波束指向定标检查见"周维护 波束指向检查"小节。

16)雷达天线定位精度检查

测量方位角和俯仰角的控制精度,分别用 12 个不同方位角和俯仰角上的实测值与预置值之间差值的均方根误差来表征。方位角、俯仰角的控制精度均应≤0.1°。

测量方法:

① 从终端分别依次指定方位或仰角预置值(记录表从略)。

② 从终端监视区读取方位或仰角显示值。

③ 计算其差值及均方根误差值,方位角、俯仰角的控制精度均应≤0.1°。

17)UPS 不间断电源检查

UPS 不间断电源电池经过一段时间以后,常易因活性(有效)物质脱落、变坏,正极栅格腐蚀以及硫化等原因,使容量逐渐减低。为了保证蓄电池组充足的供电时间,就必须定期检查容量(放电)试验。

① 测试仪器仪表、附件

a. 数字三用表或电池容量监测设备 BCSU。

b. 防护眼镜、手套等安全防护用具。

② 测试方法

a. 现场测试由两人以上组成,穿戴必要安全防护用具。

b. UPS 带载放电至容量 30% 左右。

c. 用三用表或电池容量监测设备 BCSU 检查单电池电压。

d. 找出电池组中最小容量电池。

e. 更换最小容量电池,充电 10~20 h。

③ 注意事项

a. 蓄电池不可过度放电以及长时间闲置不用。

b. 当蓄电池单体的实际容量低于出厂时额定容量值的 80% 时,应更换该蓄电池,不应在蓄电池单体接近失效时更换,对新蓄电池在安装前必须经过测试。

c. 更换电池时禁止不同容量和不同厂家的电池混用,其特性一定和备换的蓄电池相容,否则会降低电池寿命。

d. 蓄电池使用最佳环境温度为 20~25 ℃。

第 6 章 CINRAD/CC 天气雷达故障类型、关键点测试及故障诊断、分析处理

本章主要介绍了天气雷达发射分系统、接收分系统、伺服分系统、信号处理分系统、监控分系统的故障类型、关键点测试及故障诊断、分析处理方法。另外,还介绍了天气雷达回波强度标定方法和系统关键参数的调整方法。

6.1 发射分系统

6.1.1 故障类型

1. 电源配置故障

(1)配电保险丝烧断

机柜Ⅰ面板指示灯不亮,低压和高压均不能加载。更换保险丝,要注意保险丝的最大电流额度值。

(2)断路器损坏

断路器 Q1 损坏造成冷却风机电源(Ⅰ、Ⅱ)故障。

断路器 Q2 损坏造成低压电源(磁场Ⅰ、Ⅱ)故障。

断路器 Q3 损坏造成高压电源故障。

(3)继电器损坏

如果是 K4、K5、K6 某一个继电器损坏,则三相电源缺少一相电。如果是 K1 继电器损坏,报冷却风机故障。K2 继电器损坏,报低压电源(或磁场电源)故障。K3 继电器损坏,报高压电源故障。

2. 冷却风机(速调管和磁场线包)

(1)冷却风机三相电相位接错,速调管和磁场线包风机有相序要求,不能接错,否则报冷却风机故障。

(2)冷却风机风力降低或叶片损坏,报冷却风机故障。

(3)冷却风机风道堵塞,或者风管速调管和磁场线包一端风管没有对接好,报冷却风机故障。

(4)磁场线包温度继电器不能吸合,报冷却风机故障。

3. 高压电源

(1)IGBT 烧坏,报 IGBT 故障,机柜Ⅰ高压电源开关脱扣。

(2)回扫变压器初次级绝缘性下降,报回扫变压器充电过荷故障,机柜Ⅰ高压电源开关脱扣。

(3)高压控保板充电电流比较器性能下降,终端显示发射机功率波动。

4. 调制脉冲

(1)PFN 过压,报人工线故障,可能可控硅击穿短路或可控硅触发脉冲没有信号,直流电源模块(24 V 和 60 V)或触发脉冲放大整形电路等故障。

(2)SRC 故障,与 PFN 过压故障原因一致。

(3)SRC 风机故障,可能可控硅底部的两个直流 24 V 风机损坏。

(4)反峰故障,可能硅堆被击穿,或脉冲变压器和速调管打火。

5. 灯丝电源

(1)灯丝工作电压 220 V(单相)没有,灯丝电源不能工作。

(2)灯丝电源本身损坏,不能提供灯丝电流。

(3)速调管与脉冲变压器阴极接触不好,主要原因是变压器中油部纯净,或安装速调管时没有安装好。

6. 磁场电源

(1)单个磁场电源报故障,可能磁场电源本身故障。

(2)两个磁场电源同时报故障,磁场电源的输入工作电压为 0 V(正常为 380 V),可能低压电源(磁场)继电器 K2 损坏。

7. 速调管

(1)速调管打火,高压跳线。

(2)真空度下降,报真空度故障。

6.1.2 关键点测试波形及参数

1. 主要参数

天气雷达发射分系统主要参数如表 6-1 所示。

表 6-1 天气雷达发射分系统主要参数表

项目	正常范围(1 μs 900 Hz 单频状态)	备注
总流	2.0～3.0	终端
管体	≤2.0	终端
人工线(PFN)	≤4.0	终端
发射峰值功率	≥250 kW	终端
灯丝	6～9 A	分机
磁场 I	6～9 A	分机
磁场 II	6～9 A	分机
反峰	≤1.25 V	指示板
钛泵	≤16.0 μA	指示板
高压 I_F	2.0～3.0 A	指示板
高压 V_F	4.5～6.0 V	指示板
脉冲宽度(1 μs)	1.0±0.1 μs(图 6-1)	示波器

续表

项目	正常范围(1 μs 900 Hz 单频状态)	备注
脉冲宽度(2 μs)	2.0±0.1 μs	示波器
输出极限改善因子	≥49 dB	频谱仪
输入极限改善因子	≥51 dB	频谱仪
IGBT 驱动波形	见图 6-2	示波器
可控硅阻值	200～300 kΩ	万用表
可控硅驱动波形	见图 6-3	示波器
人工线实际电压	≤4000 V	
阴极电压	≤48000 V	
钛泵电压	3500 V	
温度显示	0～50 ℃	终端
磁场线圈插座之间的阻值	8～10 Ω	万用表
门开关故障形式	闭合报故障(1)	
其余故障形式	断开报故障(0)	

2. 关键点测试波形

（1）发射机输出脉冲宽度（图 6-1）

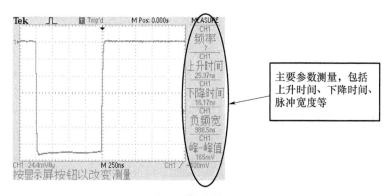

图 6-1　发射机输出脉冲包络图

（2）IGBT 驱动波形（充电触发）（图 6-2）

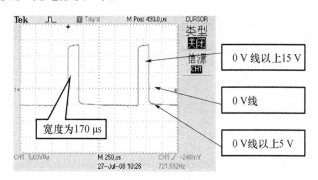

图 6-2　IGBT 驱动波形（充电触发）

（3）可控硅驱动波形（放电触发）（图 6-3）

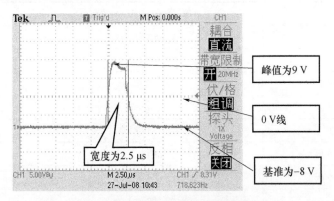

图 6-3　可控硅驱动波形（放电触发）

（4）速调管收集电流波形（使用磁环测试，加激励信号）（图 6-4）

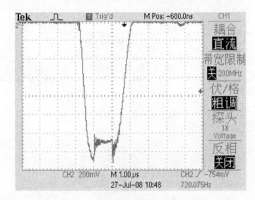

图 6-4　速调管收集电流波形

6.1.3　故障诊断、分析、处理

1. 可控硅风机故障

（1）原因

从调制脉冲器结构指示图 6-5，可以判断故障的可能原因。

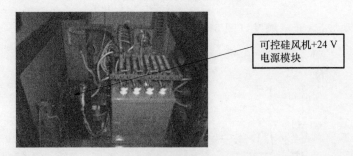

图 6-5　可控硅风机电源示意图

① 可能风机本身损坏。

② 可能风机供电支路 24 V 电源损坏。

(2)故障诊断、分析处理

① 发射机加冷却,观察调制器中可控硅散热轴流风机转动正常,排除可控硅风机损坏可能。

② 使用万用表测量调制器线性电源直流＋24 V 无输出。

③ 判断线性电源被烧坏,更换线性电源后,故障排除,雷达工作正常。

2. 可控硅击穿故障

(1)原因

调制器 6 个可控硅中可能存在可控硅被击穿或阻值下降的情况,测试如图 6-6 所示。

(2)故障诊断、分析处理

① 切断发射机电源。

② 将万用表选到 kΩ 档,分别测量可控硅相邻两个散热片之间的正向和反向阻值,正常值应该在 200~300 kΩ。

③ 实际测量结果为最后一个可控硅阻值为 100 Ω,基本被击穿,更换可控硅后,故障排除,雷达工作正常(若出现≤200 kΩ 的情况,则该可控硅可能被击穿或性能下降,需要进行更换)。

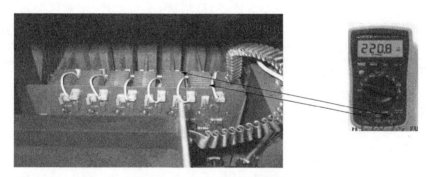

图 6-6　可控硅阻值测量图

3. 可控硅触发信号没有

(1)原因

① 只有 1 路或 2 路触发没有,可能是触发信号到可控硅接线虚焊。

② 如果 6 路触发都没有,可能触发信号分配器故障,或者触发信号驱动电路故障。

(2)故障诊断、分析处理

① 发射机高压电源断开(一定要断开),加载低压电源,示波器不要接地,示波器的外夹(接地)接散热器,探头接触发信号线头。正确情况下波形如图 6-7 所示,如果某一路没有波形,则检查触发波形接入点是否有虚焊,如果 6 路触发信号均没有,进行下一步。

② 检查图 6-5 的线性电源 60 V 电源,使用万用表检查,如果没有输出 60 V 电源,则线性电源模块损坏;如果 60 V 电源正常,则进行下一步。

③ 检查屏蔽盒驱动电路,有可能驱动电路的输出触发线头虚焊,也有可能驱动烧坏,检查确认。

4. 回扫电源故障

(1)原因

高压电源故障,不能为调制器提供稳定的直流 500 V 电源。

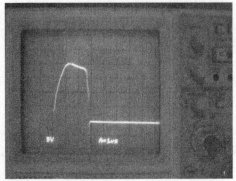

图 6-7　可控硅触发波形测量

(2)故障诊断、分析处理

① 切断雷达发射机电源,断开高压电源回扫变压器所有的连接电缆,使用万用表或摇表测量变压器初级与次级之间的阻值为 MΩ 量级,正常,排除回扫变压器损坏的可能。

② 将回扫变压器电缆连接好,将雷达发射机开到低压状态,使用示波器测量高压电源中两个 IGBT 驱动波形,示波器探头夹子(地)加白线,钩子钩蓝线,正确波形为 0 V 线以上 15 V,0 V 线以下 5 V,1 μs 时脉冲宽度为 180 μs,2 μs 时脉冲宽度为 240 μs。测量结果没有该驱动波形,应检查充电触发信号是否正常或 IGBT 模块是否损坏(注意:此时示波器严禁接地!)。

③ 更换 IGBT 后,故障排除,雷达工作正常。测试示意图如图 6-8 所示。

图 6-8　回扫电源 IGBT 测试图

5. 反峰故障(硅堆击穿,脉冲变压器打火)

(1)原因

雷达反峰电路的作用在于消除 PFN 放电后出现的负压。出现此故障的主要原因是当人工线(PFN)呈现负压、整流导通时,从电阻两端输出反峰报警信号。

(2)故障诊断、分析处理

① 将雷达发射机断电,将调制器中整流硅堆拆下,使用摇表测试该整流硅堆的正向导通和反向的阻值为 2 MΩ,正常值 MΩ 量级。判断充电硅堆正常,排除硅堆损坏的可能(如果测的硅堆阻值不在正常范围内,则更换硅堆)。

② 在雷达加高压时,在雷达机房发射机柜 II 旁边仔细听脉冲变压器中存在打火现象,同时观察打火时反峰电流突然变大,报反峰故障,雷达高压自动去掉。判断脉冲变压器中存在打

火现象。

③ 更换脉冲变压器后,故障排除,雷达工作正常。硅堆测试示意图如图 6-9 所示。

6. KLY 温度异常(电源相序不对,110 ℃温度继电器坏)

(1)原因

在雷达速调管收集极装有一个温度继电器,该继电器正常时为常闭状态,当雷达速调管收集极的温度超过 110 ℃时,该继电器断开,雷达发射机报 KLY 温度异常故障,发射机高压自动去掉。

图 6-9　硅堆示意图

(2)故障诊断、分析处理

① 检查速调管散热风机转动是否正常,不存在刮叶片现象,电机运转正常;如果电机不转,判断电机烧坏,更换电机或整个风机。

② 检查风机转动方向是否正常。将雷达加上冷却,然后关冷却,从雷达速调管散热风机出风处观察叶片转动方向。正常时应该是叶片向外鼓风,风量非常大,弱反转,风机风量较小,达不到散热要求。经过观察,叶片转动方向正常;如果反转,则可调整电机供电电源任意两项之间的相序。例如:原来自左至右为 A/B/C,可调整为 B/A/C。

③ 雷达发射机断电,使用万用表测温度继电器两个焊接点之间为常开状态;正常时为常闭状态,即通路,判断该温度继电器损坏。

④ 更换温度继电器后,故障排除,雷达工作正常。

7. 冷却开关脱扣(散热风机短路)

(1)原因

在发射机柜 I 最上边配电分机中有一个控制冷却电源的空气开关和一个辅助节点,当该空气开关断开时,其辅助节点也随之断开,雷达发射机报冷却开关脱扣故障,高压自动断开,该故障出现应该是雷达冷却系统存在短路现象。

(2)故障诊断、分析处理

① 用手感觉雷达磁场线包和速调管散热电机表面温度,正常(如果电机烧坏,表面应该会很烫)。

② 进一步判断雷达磁场线包和速调管散热电机是否烧坏。将冷却风机空开闭合,断开雷达磁场线包和速调管散热风机电源,该电源电缆连接在发射机机柜 I 配电分机靠近发射机柜 II 的侧面,打开雷达冷却,故障现象仍然存在(如果不再报故障,则可判断磁场线包和速调管散热风机中有一个损坏,更换风机备件)。

③ 逐个断开雷达机柜顶部的风扇电源插头,判断出现短路的机柜顶部风扇位置。

④ 采用排除法,逐个判断该机柜顶部 4 个风扇中损坏的风扇。

⑤ 更换风扇后,故障排除,雷达工作正常。

8. 磁场电源故障

(1)原因

① 磁场电源本身损坏,无电流输出。

② 磁场电源的负载为断路状态。

(2)故障诊断、分析处理

① 将雷达发射机断电,使用三用表测量磁场线包插座之间的阻值。磁场 I 的 1 脚与 2 脚之间,阻值为 8.5 Ω,磁场 II 的 3 脚与 4 脚之间,阻值为 8.5 Ω(正常应该为 8~9 Ω),磁场线包正常(如果所测阻值较大,为线包中存在断路现象,更换磁场线包)。

② 将磁场线包上的插头连接好,将磁场电源后边连接 XS03 的电缆断开,使用三用表测量电缆插头中 1 脚与 2 脚之间的阻值为 8.5 Ω(正常应该为 8~9 Ω),电缆正常(如果所测阻值较大,可判断为电缆存在虚焊现象,更换电缆或检查电缆插头处的焊接)。

③ 将两个磁场电源位置对调,发现先前无输出的那个电源仍然无输出,判断该磁场电源损坏。

④ 更换磁场电源后,故障排除,雷达工作正常。

9. 灯丝电源故障

(1)原因

① 灯丝电源本身损坏,无电流输出。

② 灯丝电源的负载为断路状态。

(2)故障诊断、分析处理

① 将雷达发射机断电,使用三用表测量脉冲变压器侧面 3 号端子与 4 号端子之间(上面两个)的阻值为 3.1 Ω(正常应该为 2~4 Ω),速调管连接良好(如果所测阻值较大,则可判断速调管与脉冲变压器直接没有接触良好。需将速调管取出,调整脉冲变压器中触点的高度)。

② 将灯丝电源后边连接 XS03 的电缆断开,使用三用表测量电缆插头中 3 脚与 4 脚之间的阻值 3.1 Ω(正常应该为 2~4 Ω),电缆正常(如果所测阻值较大,可判断为电缆存在虚焊现象,更换电缆或检查电缆插头处的焊接)。

③ 判断灯丝电源损坏,更换灯丝电源后,故障排除,雷达工作正常。

10. 雷达无回波

(1)原因

发射机没有处于正常工作状态。

(2)故障诊断、分析处理

① 将雷达设置在 1 μs,单频 900 Hz 状态,保证雷达不在标定状态下(雷达在标定状态下会将激励信号封掉,雷达激励无输出)。

② 使用示波器和检波器对接收机输出激励信号进行包络检波,脉冲宽度为 1.0 μs,接收机输出激励信号正常。

③ 雷达加高压,总流、管体均正常,峰值功率显示为 0 kW。

④ 使用示波器和检波器测试发射机固态放大器输出信号的脉冲包络,检测不到信号输出。判断固态放大器坏或送到固态放大器时序不对(正常时为一个标准矩形方波,宽度为 1±0.1 μs)。

⑤ 通过调整发射机监控分机中接口板中的可调电位器 RP2(靠插件的右面)来调整激励信号和固态放大器调制脉冲之间的时序关系,缓慢调整电位器,在示波器上始终看不到激励信号,判断为固态功放损坏。

⑥ 更换固态功放后,故障排除,雷达工作正常。

11. 速调管使用寿命判断

(1)原因

CC 雷达速调管为大功率真空器件,正常使用寿命为≥5000 h(加高压时间),当速调管使用时间超过 5000 h 后,应当密切关注雷达与速调管相关的各项参数,如总流、管体、峰值功率、调制脉冲大小。

(2)故障排除过程

① 观察雷达在 1 μs 单频 900 Hz 状态下的总流值与更换该速调管时的总流值的差异,如果变化较大,可判断该速调管指标恶化。

② 观察雷达峰值功率有没有逐渐地降低,如果逐渐地降低,可判断该速调管指标恶化。

③ 使用磁环观察调制脉冲的大小,正常值应为≥14 A,如果小于 14 A,可判断该速调管指标恶化,达到更换标准。

④ 更换速调管。

6.2　接收分系统

6.2.1　故障类型

1. 射频(RF)接收机故障

(1)低噪声放大器增益下降

弱信号接收能力下降,灵敏度降低,动态范围变小,下拐点变大。表明低噪声放大器性能下降,需要更换。

(2)噪声电平下降

混频器性能下降,中频 60 MHz 输出信号的信噪比变小,导致噪声电平变小。需要更换混频器。

2. 数字中频接收机故障

终端没有回波,可能数字中频数字采样电路故障或数字下变频正交处理故障。

3. 频率源故障

(1)报频率源失锁故障,频率源失锁,锁定灯不亮,表明 VCO 和锁相环路故障。

(2)不报故障,但屏幕速度场花屏,可能综合频标或 C 频标故障。

4. 激励源故障

(1)激励信号和测试信号均没有输出或输出激励频谱异常,有可能激励源 RF 调制器或 IF 调制器损坏。

(2)激励信号和测试信号输出信号频率正常,但幅度下降很多,可能激励源的中频调制放大器或 RF 调制放大器故障。

(3)激励输出 1 μs 或 2 μs 调制脉宽变窄了,可能激励源 IF 中频调制或 RF 射频调制方波嵌套时序不太正常,需要调整。

(4)测试信号没有输出,可能 DDS 信号源故障。

5. 标定分机故障

标定特性曲线异常,可能标定分机中大动态程控衰减器故障。

6. 接收机电源故障

(1)接收机电源输出±5 V、±9 V、±12 V、±15 V、±24 V 电源异常。

（2）接收机电源保险丝额定功率值不符合要求。

6.2.2 关键点测试波形及参数

1. 主要参数

接收系统主要测试参数如表 6-2 所示。

表 6-2 接收系统主要测试参数表

项目		正常范围 1 μs 单频 900 Hz 状态	备注
频率源分机			
一本振(4970 MHz) 激励中心频率为 5430 MHz	前端	≥9.0 dBm	频谱仪
	激励	≥−2.0 dBm	频谱仪
	测试	≥−2.0 dBm	频谱仪
二本振(400 MHz)	前端	≥7.0 dBm	频谱仪
	激励	≥−2.0 dBm	频谱仪
	测试	≥0.0 dBm	频谱仪
DDS 时钟(240 MHz)		≥10.0 dBm	频谱仪
参考源(100 MHz)		≥−10.0 dBm	频谱仪
相干源(50 MHz)		≥−5.0 dBm	频谱仪
18 MHz(至中频数字接收机)		≥12.0 dBm	频谱仪
		≥4.0 V	示波器
16 MHz(至信号处理/监控分机)		≥12.0 dBm	频谱仪
		≥4.0 V	示波器
激励源分机			
射频激励(至发射机)		≥27 dBm	频谱仪
DDS 标定信号峰值		−10～−20 dBm	终端
标定/BITE 分机			
RF 检测信号(011)激励		≥500 mV	示波器
RF 检测信号(101)DDS		≥500 mV	示波器
RF 检测信号(100)一本振		≥500 mV	示波器

2. 关键点测试波形

（1）频率源 16 MHz 信号（送信号处理系统时序板）

使用频谱仪测试频率源输出至信号处理时序板 16 MHz 的波形如图 6-10 所示。

（2）频率源 18 MHz 信号（送数字中频数字采样）

使用频谱仪测试频率源输出至数字中频 18 MHz 信号如图 6-11 所示。

（3）频率源一本振信号（送接收前端，RF 接收）

使用频谱仪测试频率源输出至接收机前端频谱图如图 6-12 所示。

（4）频率源二本振信号（送接收前端，RF 接收）

使用频谱仪测试频率源输出至接收机前端频谱图如图 6-13 所示。

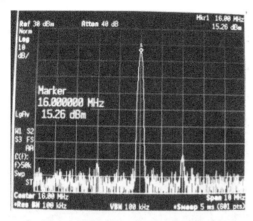

图 6-10　频率源 16 MHz 信号频谱

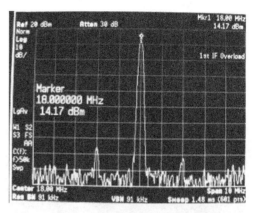

图 6-11　频率源 18 MHz 信号频谱

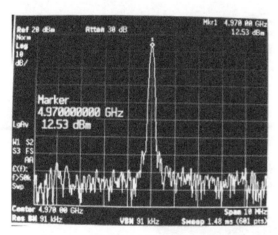

图 6-12　频率源一本振信号频谱（前端）

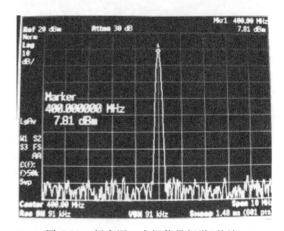

图 6-13　频率源二本振信号频谱（前端）

（5）频率源 DDS（240 MHz）时钟信号（送激励源）

使用频谱仪测试频率源输出至激励源 DDS 240 MHz 信号图如图 6-14 所示。

（6）频率源参考源（100 MHz）信号（送标定/BITE）

频率源输出参考源信号频谱图如图 6-15 所示。

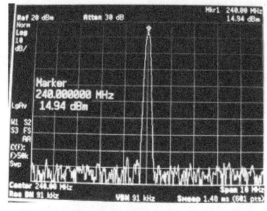

图 6-14　频率源送激励源 DDS 时钟信号频谱

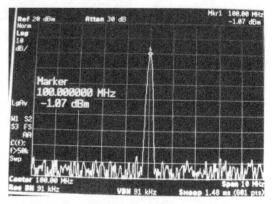

图 6-15　频率源参考源（100 MHz）信号

(7)频率源相干源(50 MHz)信号(送标定/BITE)

频率源输出相干信号 50 MHz 频谱如图 6-16 所示。

(8)激励源输出激励信号频谱(5430 MHz)

激励源输出的频谱图如图 6-17 所示(串接了 23 dB 的衰减器)

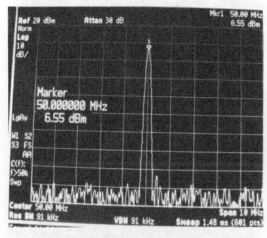

图 6-16   频率源相干源(50 MHz)信号   图 6-17   激励源输出激励信号(固态放大器)

(9)激励源输出激励信号信噪比

频谱仪分析带宽设置为 10 Hz,测试激励源输出频谱图如图 6-18 所示。

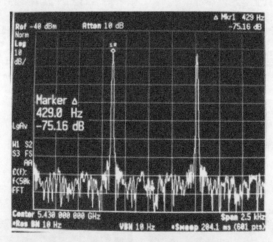

图 6-18   激励源输出激励信号信噪比

6.2.3   故障诊断、分析、处理

接收机故障主要测试工具频谱仪、示波器、万用表。注意仪表电源插座与雷达接地同地,测试模块时防静电,否则容易烧模块。

1. 噪声电平偏低

(1)原因

噪声电平是反映接收机前端工作状态的一个重要指标,$1\ \mu s$ 正常范围为 6~9 dB。由于一本振功率降低会造成前端混放的工作状态改变,造成接收机噪声电平和噪声系数的改变,从而影响接收机的灵敏度,降低雷达的探测范围。

(2)故障诊断、分析处理

① 断开射频接收分机和中频接收分机(接收通道)之间的中频电缆,在终端上观察噪声电平为 3 dB(正常值为 3 dB 左右),正常。判断中频数字接收机工作正常,如果异常,则认为中频数字接收机故障,用备件更换。

② 用频谱仪测试频率源至接收前端的一本振频率及输出功率。例如,本次测得输出功率为 -20.0 dBm(正常值≥9 dBm),可以看出功率明显降低,判断一本振有故障。

③ 打开接收机频率源,使用频谱仪测试雷达 100 MHz 晶振输出,例如,本次测得其功率为 12 dBm(正常值为≥10 dBm),判断晶振工作正常(如果输出功率较小,更换晶振备件)。

④ 使用频谱仪测试雷达 C 波段频标输入功率,例如,本次测得功率为 12 dBm(正常值≥9 dBm),判断频标综合中 100 MHz 功分电路正常(如果测试功率较小,则检查频标综合中 100 MHz 功分电路或更换频标综合模块)。

⑤ 使用频谱仪测试雷达 C 波段频标输出信号功率,例如,本次测得其功率为 -20 dBm(正常值≥9 dBm),判断 C 波段频标故障,早期雷达为自制件,后期雷达为外购件,现在均可用外购件代替。

⑥ 更换 C 波段频标后,故障排除,雷达工作正常。

⑦ 如果检测到一本振至接收前端的输出功率正常(≥9 dBm),二本振输出功率也正常(≥7 dBm),可基本判断为接收前端混频器出现故障。打开混放器盖子,用三用表测量各放大器工作电压(4.6~5.0 V),如果发现异常则更换该放大器。当然,如果有接收混频器备件也可以直接更换备件。

2. 噪声电平跳变

(1)原因

如果频率源 16 MHz(正常值≥12 dBm)偏低,不能驱动信号处理正常工作,噪声电平可能不停跳变;中频通道选择开关(正常模式/晴空模式)出现问题也可能导致噪声电平跳变的情况。

(2)故障诊断、分析处理

① 检查雷达机房温度,空调正常开启,雷达发射机显示温度为 30 ℃,正常;正常保持雷达发射机显示温度在 10~40 ℃。

② 使用示波器测试雷达接收机频率源的 16 MHz 信号输出波形,例如,本次测得的峰峰值为 6.0 V(正常≥4.0 V),接收机 16 MHz 信号正常,如果异常,检查频率源频标综合中 16 MHz 产生电路,也可直接更换频标综合模块。

③ 使用频谱仪测试雷达接收机频率源的 16 MHz 信号输出功率,例如,本次测得的功率为 15.26 dBm(正常≥12.0 dBm)接收机 16 MHz 信号正常。

④ 通过上述检查、测试,可基本判断故障出现在中频通道选择开关上。

⑤ 更换中频通道选择模块后,故障排除,雷达工作正常。

3. 特性曲线异常 1

(1)原因

由于 DDS 功率降低造成输入接收前端实际功率与软件记录的功率差异非常大,大功率时达不到要求,造成曲线顶部上不去,达不到最大值,如图 6-19 所示。

（2）故障诊断、分析处理

① 在终端上观察接收机噪声电平（正常值 6～9 dB），标定噪声系数（正常值≤4.0 dB）均正常，判断接收机前端正常。

② 检查接收机电源的保险丝，均正常（如果有损坏，则进行更换）。

③ 将接收机设置到强度定标状态，选中功率最大值进行标定。此时使用频谱仪测量标定/BITE 分机的"标定出"（XS03）输出功率，例如，本次测得的功率为－20 dBm，异常（正常≥0 dBm）。注意：以下所有步骤

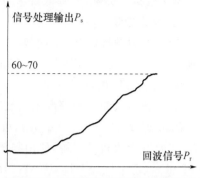

图 6-19　DDS 异常时特性曲线示意图

需保持雷达接收机处于强度标定状态，如果此点测试结果达到要求，可判断为场放耦合端损坏，更换场放备件。

④ 使用频谱仪测量标定/BITE 分机的"限幅出"（XS06）输出功率，例如，本次测得的功率为－20 dBm，异常（正常≥5 dBm）。如果此测试点功率正常，则可判断为标定/BITE 分机数控衰减器损坏或给数控衰减器供电的电源稳压器 1 坏或监控分机发到接收机的衰减码不对。打开标定/BITE 分机，使用三用表测量数控衰减器的供电电源（＋5 V，－5 V），如果异常，更换电源稳压器 1 模块。若电源正常，更换数控衰减器，如果此后仍然不正常，可判断为监控分机发到接收机的衰减码不对，更换数据接口板。

⑤ 使用频谱仪测量激励源分机的"信号出"（XS13）输出功率，例如，本次测得的功率为－25 dBm，异常（正常≥－10 dBm）。如果此测试点功率正常，则可判断为标定/BITE 分机中限幅放大器或给限幅放大器供电的电源稳压器 1 坏。使用三用表测量限幅放大器的供电电源（＋12 V），如果异常，更换电源稳压器 1 模块。若电源正常，判断限幅放大器坏，更换限幅放大器备件。

⑥ 打开接收机激励源分机，使用频谱仪测试射频放大器（CXADD-5.4）DDS 测试信号的（J1 端）输出功率，例如，本次测得的功率为－24 dBm（正常≥－5 dBm），异常。如果此测试点功率正常，判断调制开关或隔离器坏，更换调制开关或隔离器备件。使用频谱仪测试射频放大器输入信号的功率为－35 dBm，异常（正常≥－20 dBm）。如果正常，更换射频放大器模块。

⑦ 测量射频放大器的供电电压为＋12 V（正常＋12 V），雷达激励源中电源稳压器 2 正常，如果异常，更换电源稳压器 2 模块。

⑧ 观察雷达开高压时功率正常，使用雷达出场曲线时，回波正常，判断雷达激励源上变频其正常。

⑨ 测试雷达频率源输出到激励源的 60 MHz 信号输出功率，例如，本次测得的功率为12.0 dBm（正常为≥10 dBm），判断雷达频率源正常，如果异常，检查频率源 60 MHz 信号产生电路或直接更换频标综合模块。注意：如果是 7CP（含）以后的雷达，则需要测试频率源输出到激励源的 240 MHz 信号输出功率，正常为≥10 dBm，如果异常，检查频率源 240 MHz 信号产生电路或直接更换频标综合模块。

⑩ 通过上述检查，判断为 DDS 信号源模块或中频调制器坏。

⑪ 更换 DDS 信号源模块后，故障排除，雷达工作正常。

4. 特性曲线异常 2

（1）原因

图 6-20 为数控衰减器损坏后的特性曲线，图中的现象为数控衰减器对其中一个衰减码不

响应或信号处理送到接收机的衰减码错误,造成曲线异常。

(2)故障诊断、分析处理

① 在终端上观察接收机噪声电平(正常值为 6～9 dB),标定噪声系数(正常值为≤4.0 dB)均正常,判断接收机前端正常。

② 使用示波器测量监控分机发的衰减码。在终端强度定标分别选择衰减不同的功率(步进为 2),最大值为不衰减,每降低 2 dBm,即衰减 2 dB。将接收机标定/BITE 分机上 RF 衰减控制电缆(XS02)取下,对照整机电缆连接表进行测量,衰减码正常。判断信号处理正常。如果衰减码异常,直接在信号处理/监控分机上对衰减码进行测试,如果正常,可判断该根控制电缆接头中存在虚焊现象,更换电缆会对电缆重新焊接;如果异常,则更换数据接口板。

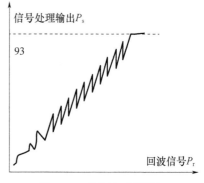

图 6-20　数控衰减器损坏后特性曲线示意图

③ 经过以上那个测试,判断数控衰减器坏。

④ 更换数控衰减器后,故障排除,雷达工作正常。

5. 速度场回波区域全是噪声点,强度场正常

(1)原因

① 多普勒天气雷达的测速是通过计算回波的频率与发射出去的频率差异来实现的。当雷达发射出去的频率存在不稳定的现象,那么接收机和信号处理就不能计算出探测目标的径向速度,表现出来就是速度场回波区域均为噪声点的现场。

② 此种现象主要是由于雷达一本振失锁或频率源 60 MHz(7CP 以后为 240 MHz)或送锁相环参考频率 100 MHz 功率降低造成,即雷达一本振信号频率不稳或中频 DDS 信号频率不稳造成雷达激励频率不稳造成的。

(2)故障诊断、分析处理

① 在终端上观察雷达强度回波以及噪声电平,特性曲线正常,判断接收前端工作正常。

② 雷达加高压,将信号处理设置到 1 μs,单频 900 Hz,接收机设置到相噪模式,使用 BFFT(单库 FFT 处理方式)。将信号处理库号设置到第 5 个库左右(也可在前 10 个库内寻找到信号最大的库),在终端界面观察雷达信号与噪声的比值为 15 dB(正常时信噪比(差值)应该≥65 dB),异常。

③ 在雷达机房查看接收机频率源前面板的锁定灯熄灭。判断锁相环一本振失锁(正常工作时,该指示灯常亮)。

④ 打开频率源,测试锁相环和 VCO 的电源(+12 V)正常,判断为雷达锁相环模块故障(如果电源电压不对,更换频率源中的电源稳压器 2)。

⑤ 将一本振(至激励源)接至频谱仪上,打开锁相环盖板,调节电位器 PR2(靠外边,左边的那个),同时观察频谱仪上一本振波形,直到达到正常状态(功率≥−2.0 dBm)(若没有频谱仪的情况下,需同时更换锁相环和 VCO 模块)。

⑥ 使用频谱仪测试雷达激励信号输出的信噪比为 75.16 dB(1 μs,单频 900 Hz 状态;频谱仪中心频率设置到雷达工作频率),SPAN(显示带宽)设置到 2.5 kHz,BW(分析带宽)设置到 10 Hz,SWEEP(扫描速度)设置到 800 ms 左右)。

⑦ 故障排除,雷达工作正常。

⑧ 如果锁定灯不亮,但是使用频谱仪测试一本振处于失锁状态,则可判断为 VCO 模块坏,同时更换锁相环和 VCO 模块。

⑨ 如果锁定灯亮,但是使用频谱仪测试一本振也处于锁定状态,再使用频谱仪测试雷达激励信号的信噪比非常差或根本测试不出来。再使用频谱仪测雷达频率源 240 MHz 输出功率(正常≥12 dBm),若异常则需更换频标综合模块或检修 240 MHz 产生电路,常见为电路中放大器损坏。

6. 报基准源、二本振、相干源故障

(1)原因

① 雷达接收机基准源、二本振、相干源故障是接收机标定/BITE 分机中功率检测模块进行检测的,是通过比较电平来进行判断的,正常工作时,比较电平小于雷达信号的功率,当雷达基准源、二本振、相干源中有小于其比较电平的,那么该信号就会报故障。

② 如果雷达同时报出接收机所有的故障,那么可以初步判断为接收机 100 MHz 晶振或频标综合有问题。

(2)故障诊断、分析处理

① 打开频率源,首先测试晶振的＋24 V 电源正常。如果异常,将接收机电源分机中＋24 V 电源模块的负载去除,使用万用表测量该电源模块的输出电压,如果无输出,判断该电源模块损坏,更换备件。如果输出正常,测试频率源中电源稳压器 2 的输入和输出电压。如果输入正常,输出异常,判断电源稳压器 2 坏,更换备件。如果输入异常,那就需要查找从接收电源模块到电源稳压器 2 中的电缆焊接有无虚焊现象。

② 使用频谱仪测试 100 MHz 晶振的输出功率,例如,本次测得的功率为－20 dBm(正常≥10 dBm),明显小于正常数值,判断晶振损坏(如果晶振输出功率正常,则检查频标综合中 100 MHz 功分电路或直接更换频标综合模块)。

③ 更换晶振后,故障排除,雷达工作正常。

7. 噪声系数异常

(1)原因

① 噪声源电源损坏,造成噪声源不工作。

② 噪声源本身损坏,造成不能放出噪声信号。

③ 接收前端混放噪声系数较大,造成接收通道本身噪声系数较高。

(2)故障诊断、分析处理

① 检查标定结果,如果加电与不加电状态下终端显示噪声功率一样,都为 31.50 dB,可判断接收机没有接收到噪声源输出信号。

② 将噪声源电源接至示波器上,在雷达终端发噪声系数标定指令,在示波器上没有发现有＋24 V 电源加上的过程,判断为接收机激励源 DDS 时序控制模块中＋24 V 继电器损坏,该继电器更换困难,需专业人员进行更换,直接更换 DDS 时序控制模块后正常(如果＋24 V 正常,则先检查馈线与接收通道之间的电缆连接,如果雷达回波正常,则馈线与接收通道之间的电缆连接应该没有问题,即可判断为噪声源损坏,更换备件)。

③ 如果标定结果中的加电功率与不加电功率为存在一定的差值,且计算结果≥4.0 dB,可将固态同轴噪声源直接接到接收通道的回波口,进行噪声标定,分别记录加电和不加电的功率以及噪声源在该频率下的超噪比,使用公式计算出噪声系数,如果仍然≥4.0 dB,可更换接收前端中的混放模块。

8. 发射功率正常,终端无回波

(1)原因

雷达输出功率正常,说明发射机正常,接收机激励源正常;应该是馈线、信号处理或 RF 接收或数字中频,频率源出现故障。

(2)故障排除过程

① 检查接收机噪声电平异常,为 0 dB(正常值为 6～9 dB),明显异常。

② 将信号处理设置为自检状态,正常,则判断信号处理正常。

③ 使用频谱仪测试接收机频率源送出的 18 MHz 信号(18 MHz 信号为中频数字接收机采样时钟),测得功率为 14.17 dBm(正常≥12.0 dBm),18 MHz 信号正常,如果异常,检查频率源频标综合中 18 MHz 产生电路,或直接更换频标综合模块。

④ 断开射频接收分机和中频接收分机(接收通道)之间的中频电缆,在终端上观察噪声电平为 0 dB,正常值为 3 dB 左右,异常。判断中频数字接收机故障。

⑤ 更换中频数字接收机后,故障排除,雷达工作正常。

9. 雷达加高压后,无输出功率,终端无回波

(1)原因

雷达高压无输出功率,可能是接收机激励源无激励输出或发射机工作不正常。

(2)故障排除过程

① 检查雷达是否在标定状态下。重新设置信号处理和接收机状态后,雷达仍然无功率输出(雷达在标定状态下会将激励信号封掉,雷达激励无输出)。

② 检查雷达噪声系数、特性曲线正常。

③ 用示波器对接收机激励信号进行脉冲包络检波,无信号输出。

④ 使用频谱仪测试接收机激励信号的输出功率,为 -21.5 dBm(正常≥27.0 dBm),功率太低,基本没有输出;激励源有问题。

⑤ 打开激励源分机,测试激励源中功率放大器的输出信号的功率为 -20 dBm(正常≥27.0 dBm,测试时频谱仪需加衰减器),异常(如果正常,电缆损坏,更换激励输出电缆)。

⑥ 测试中功率放大器输入的功率为 -21 dBm(正常≥2.0 dBm),异常(如果正常,电缆或分机上的 SMA 型转接头损坏,更换电缆或转接头)。

⑦ 测试射频放大器的输出端的功率为 -20 dBm(正常≥2.0 dBm),异常(如果此测试点功率正常,判断调制开关或隔离器坏,更换调制开关或隔离器备件)。

⑧ 测试射频放大器的输入端的功率为 -15 dBm(正常≥-20 dBm),正常(如果异常,更换 DDS 信号源模块或中频调制器模块)。

⑨ 判断射频放大器损坏。

⑩ 更换射频放大器后,故障排除,雷达工作正常。

10. 频率源锁定灯不亮,回波区速度、谱宽随机出现花屏现象

(1)原因

① 频率源长期工作频率稳定度变差,频率发生偏移或输出功率偏低。

② 频率源内线缆芯线或接插件接触不良,导致随机出现上述现象。

③ 频率源某信号输出有短路现象。

(2)故障诊断、分析处理

① 用频谱仪检查一本振频率,发现频谱异常。

② 打开频率源,分别检查 C、P 频标,发现 P 频标无输出,是由于电路中一螺钉垫片将 P 频标信号对地短路。

③ 检查或更换频率源中对信号衰减大的线缆,确保频率源频率及输出功率在正常工作状态。

6.3 伺服分系统

6.3.1 故障类型

1. 电机故障

断开电机电源,转动天线,电机声音异常。

2. 减速箱故障

断开电机电源,卸下电机,转动天线,减速箱声音异常。

3. 汇流环故障

(1)碳刷接触不好,报通信故障。

(2)汇流环侧面或顶部接线柱虚焊,报通信故障。

(3)高扫正常,但一切换到平扫后报通信故障,汇流环内部环不太稳定,需要更换。

4. RD 板故障

角度转换故障。

5. 旋转变压器故障

天线冲顶,但不报故障。

6. 俯仰扇形齿轮故障

低仰角(0.5°~2°)仰角角度跳变,不报故障。

7. 伺服驱动器故障

没有输出 U、V、W 电压。

8. 伺服电源故障

报电源故障,更换电源模块。

9. 伺服机柜后端送天线方位、仰角信号线虚焊,报故障。

6.3.2 关键点测试波形及参数

1. 主要参数

表 6-3 为伺服系统汇流环输入输出接线表,图 6-21 和图 6-22 为汇流环示意图。

表 6-3　伺服系统汇流环输入输出接线表

信号名称	转台转接板插座(俯仰信号)	转台转接板插座(电机电源)	汇流环外壳上接线柱	汇流环	汇流环上部接线柱	俯仰电机信号	俯仰电机电源	俯仰旋转变压器
GND	1							
GND		2						

续表

信号名称	转台转接板插座(俯仰信号)	转台转接板插座(电机电源)	汇流环外壳上接线柱	汇流环	汇流环上部接线柱	俯仰电机信号	俯仰电机电源	俯仰旋转变压器
FY-A	3		9″	9	9′	1		
FY-/A	4		10″	10	10′	2		
FY-B	5		11″	11	11′	3		
FY-/B	6		12″	12	12′	4		
	7							D3/D4
FY-Z	8		13″	13	13′	5		
FY-/Z	9		14″	14	14′	6		
FY-RX	10		15″	15	15′	11		
FY-/RX	11		16″	16	16′	12		
+5 V	12		17″	17	17′	13		
0	13		18″	18	18′	14		
+5 V	20		17″	17	17′	13		
0	21		18″	18	18′	14		
UXWKG	22		19″	19	19′			
DXWKG	23		20″	20	20′			
60 V/400 Hz	24		21″	21	21′			D1
AGND	25		22″	22	22′			D2/Z2/Z4
SINQ	26		23″	23	23′			Z1
COSQ	27		24″	24	24′			Z3
	28		25″	25	25′			
	29		26″	26	26′			
AGND	31							
AGND	32							
FY-U		5	1″	1	1′		1	
			2″	2	2′			
FY-V		6	3″	3	3′		2	
			4″	4	4′			
FY-W		7	5″	5	5′		3	
			6″	6	6′			
FY-E		8	7″	7	7′		4	
			8″	8	8′			

汇流环说明:汇流环第 1 导电环在最上面,向下依次为第 2,3,4,…,25,26 环,该汇流环共 26 环,实际使用 20 环,剩余 6 环为备份环。汇流环外壳上接线柱旁边有丝印表明是第几环。汇流环上部接线柱对应的环数为顺时针观察,由 SMA 式插座过渡到螺钉式的接线柱时,螺钉式接线柱为第 1 环,顺时针方向依次为第 2,3,4,…,25,26 环。

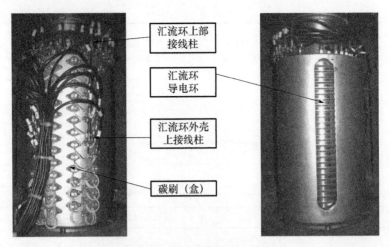

图 6-21 汇流环侧面示意图

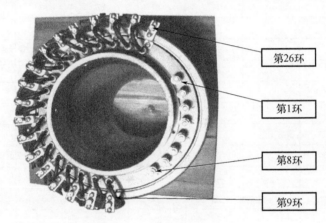

图 6-22 汇流环顶面示意图

2. 关键点测试波形

伺服分系统关键点波形主要是通过 RD 板进行天线转动角度码测试,表 6-4 为 RD 板 25 芯接线头输出的当前伺服角度信号,使用示波器可以测试伺服一些波形参数,如图 6-23 所示。

表 6-4　RD 板 25 芯接线头输出的当前伺服角度信号

XP2-1	TEST2,数字地
XP2-5	TEST9,R/D 变换数据串行同步脉冲输出,至信号处理系统
XP2-17	TEST10,14 位 R/D 变换数据串行输出,至信号处理系统
XP2-7	TEST8,60 V 400 Hz 激励电源测试点,本板产生并使用
XP2-8	TEST6,旋转变压器输出信号 $\sin\theta$,来自天线座
XP2-9	TEST5,旋转变压器输出信号 $\cos\theta$,来自天线座
XP2-13	TEST1,+15 V 电源,来自伺服系统电源电路
XP2-23	TEST4,−15 V 电源,来自伺服系统电源电路
XP2-24	TEST3,+15 V 电源,来自伺服系统电源电路

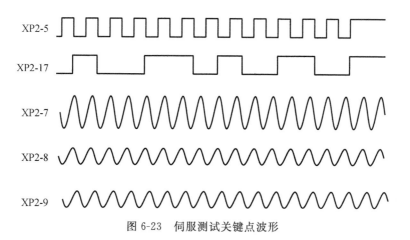

图 6-23　伺服测试关键点波形

6.3.3　故障诊断、分析、处理

1. 俯仰电源故障 21♯ 故障——汇流环(9～18 环)

（1）原因

21♯ 故障为驱动器与电机之间的通信异常,可能是由于汇流环上碳刷接触不好或汇流环上电缆插头接触不良造成的。该故障主要检查通过汇流环 9～20 环的信号哪一路存在断路现象。

（2）故障诊断、分析处理

① 打开伺服分机本地显示面板,观察俯仰驱动器上的故障号为 21♯ 故障。

② 雷达整机断电,打开天线转台盖板,取下天线转台转接板上的俯仰信号、方位信号和电机电源电缆,取出伺服系统图册。

③ 根据图册,使用万用表检查转台转接板俯仰信号、电机电源插座与俯仰电机之间线路是否为通路状态,经检查发现 FY-RX 信号电缆(转台转接板俯仰信号插座第 10 脚和俯仰电机信号线插头第 10 脚)不通,存在断路现象,其余所有信号均正常,判断该信号存在故障现象。经过查图册,发现此信号经过汇流环第 15 环。

④ 根据图册,使用万用表检查汇流环第 15 导电环(汇流环 15)与转台转接板俯仰信号插座第 10 脚之间为断路状态,此段信号连接存在问题。

⑤ 使用万用表检查汇流环第 15 导电环(汇流环 15)与俯仰电机信号线插头第 10 脚之间为通路状态,经过第 d 步和第 e 步的检查,判断故障是由于汇流环第 15 导电环和转台转接板俯仰信号插座第 10 脚之间存在问题(如果第 d 步正常,第 e 步为断路,则判断汇流环 15 导电环损坏或汇流环上部接线座上连接的 SMA 型插头电缆插芯缩短;将该信号更换到备份环上或将该 SMA 型电缆插头重新焊接)。

⑥ 将汇流环第 15 环对应的外壳上的接线柱上的 SMA 行接头电缆取下,观察该电缆插头中间的插芯有缩短现象,当电缆接上后,该插芯不能与插座之间有效接触,造成信号中断,电机工作异常。将该电缆插头重新焊接后,故障排除。如果电缆插头中间的插芯没有缩短现象,可能是碳刷接触不良或转台转接板俯仰信号插座第 10 脚上的电缆虚焊,可通过调整碳刷位置或更换新的碳刷(盒)、重新焊接电缆。

2. 俯仰电源故障 16♯故障——汇流环(1、3、5、7、21~24 环)

(1)原因

① 16♯故障为驱动器过载保护故障。

② 可能是俯仰电机损坏,造成阻力偏大。

③ 可能是旋转变压器损坏,造成伺服角度判断错误,误判断天线冲顶或到下限位。

④ 可能是由于汇流环上碳刷接触不好或汇流环上电缆插头接触不良造成的。该故障主要检查通过汇流环 1、3、5、7、21~24 环的信号哪一路存在断路现象。

(2)故障诊断、分析处理

① 打开伺服分机本地显示面板,观察俯仰驱动器上的故障号为 16♯故障。

② 雷达整机断电,取出伺服系统图册,打开天线转台盖板,取下天线转台转接板上的俯仰信号、方位信号和电机电源电缆。

③ 用手推动天线上下转动,听俯仰转台处无异常响声,电机应该工作正常;如果有异常响声,可将电机拆下,再转动天线,如果异常响声仍有,可判断为俯仰减速机损坏,如果异常响声消失,再用手转动电机,如果感到很涩,应该是电机损坏,更换俯仰电机。

④ 更换俯仰旋转变压器,故障现象依然存在,故旋转变压器正常。

⑤ 根据图册,使用万用表检查转台转接板俯仰信号与俯仰旋转变压器之间线路是否为通路状态,经检查发现 FY COSQ 信号电缆(转台转接板俯仰信号插座第 27 脚和俯仰旋转变压器 Z3 脚)不通,存在断路现象,其余所有信号均正常,判断该信号存在故障现象。查图册,发现此信号经过汇流环第 24 环。

⑥ 使用万用表检查俯仰旋转变压器 Z3 脚和汇流环第 24 导电环之间为通路,正常;如果为断路,可判断汇流环 24 导电环损坏或汇流环上部接线座上连接的 SMA 型插头电缆插芯缩短;将该信号更换到备份环上或将该 SMA 型电缆插头重新焊接。

⑦ 使用万用表检查转台转接板俯仰信号插座第 27 脚和汇流环第 24 导电环之间为断路,判断此段电缆存在问题。

⑧ 检查发现转台转接板俯仰信号插座第 27 脚电缆存在虚焊现象,重新焊接后,使用万用表检查转台转接板俯仰信号插座第 27 脚和汇流环第 24 导电环之间仍为断路。

⑨ 再检查发现与汇流环第 24 导电环对应的外壳接线座上连接的 SMA 型插头电缆插芯缩短,重新焊接电缆插头后,故障排除,雷达工作正常。

3. 天线方位或仰角定位不准——R/D 板、减速机间隙

(1)原因

① R/D 板上 A/D 转换模块损坏。

② 天线方位或俯仰减速机前面的小齿轮与大齿轮之间的间隙增大。

(2)故障诊断、分析处理

① 用示波器测量 R/D 板上的 25 芯插座测试口中的第 17 孔,该测试口为 R/D 板上的 A/D 转换模块的数据串行输出,正常,R/D 板正常;如果发现输出不稳定,在天线不转动的情况也频繁跳动,则更换 R/D 备件。

② 在天线不转动的情况下,人工轻推天线,发现在水平方向左右晃动较小,在垂直角度上下晃动较大,可能是由于俯仰减速机前面的小齿轮与扇形齿轮之间的间隙较大造成的。

③ 调整间隙,更换小齿轮后,故障排除,雷达工作正常。

4. 转台转动时噪声大(电机,减速机故障)

(1)原因

方位(俯仰)电机或减速机损坏。

(2)故障诊断、分析处理

① 雷达整机断电,打开天线转台盖板,取下天线转台转接板上的俯仰信号、方位信号和电机电源电缆。

② 用手推动天线做平扫转动,转台内部噪声较大,用手摸方位电机底部有较多的油渗出,用手推动天线做上下转动,转台内部噪声较小,判断方位电机或减速机损坏,俯仰方位电机或减速机正常;反之,判断俯仰电机或减速机损坏,方位电机及减速机正常。

③ 可将方位电机拆下,再转动天线,异常响声仍然存在,可判断为方位减速机损坏,将拆下的电机用手转动,感觉非常轻松且无异常响声,可判断为方位电机工作正常。

④ 更换方位减速机后,噪声消除,故障排除,雷达工作正常。

5. 显示方位角度乱跳——旋转变压器、R/D 板

(1)原因

方位旋转变压器损坏或 R/D 板损坏。

(2)故障诊断、分析处理

① 将方位与俯仰 R/D 板对换。注意:将板子上的拨键开关 1、2 的位置,结果仍然是方位角度乱跳,仰角正常,判断 R/D 板工作正常;如果更换后方位显示正常,仰角乱跳,则可判断为R/D 板损坏,更换备件。

② 用示波器测量方位或者俯仰 R/D 板测试口 8 和 9,输出为非正常的正(余)弦波,更换方位旋转变压器后,故障排除,雷达工作正常。注意:更换旋转变压器前,需注意将接线关系记下,便于更换后电缆的焊接。

6. 伺服控制板不能启动

(1)原因

伺服控制板上 PC104 模块坏。

(2)故障诊断、分析处理

① 伺服开机后,注意伺服控制不能启动,本地方位和仰角无显示。

② 更换伺服控制板后,故障排除,雷达工作正常。

7. 伺服本地方位显示,但终端显示器上无方位或仰角数据

(1)原因

R/D 板未输入串行数据或串行时钟。

(2)故障诊断、分析处理

① 伺服开机后,本地方位和仰角显示正常,终端方位异常,仰角正常,判断信号处理 MD-SP 板工作正常。

② 将方位与俯仰 R/D 板对换。注意:将板子上的拨键开关 1、2 的位置,结果方位本地和终端显示均正常,仰角本地显示正常,终端异常。判断为原方位 R/D 板损坏。

③ 更换原方位 R/D 板备件后,故障排除,雷达工作正常。

8. 天线不能做 PPI 扫描,报方位 R/D 板故障

(1)原因

R/D 板故障。

（2）故障排除过程

① 伺服开机后，发现方位 R/D 板报故障。

② 更换原方位 R/D 板备件后，故障排除，雷达工作正常。

9. 打开伺服俯仰电源开关整机电源开关跳闸

（1）故障原因

① 俯仰驱动电机供电线缆短路。

② 长期使用，堆积碳粉造成汇流环 U、V、W 相互或与地之间短路。

③ 汇流环固定螺钉松动，造成俯仰电源的 U、V、W 其中一路与地短路。

（2）故障处理

① 清洗汇流环，主要清洗汇流环的 6、7、8 环，清洗后用万用表检查 5、6、7、8 环之间的阻值，仍存在短路现象，应进行下一步 2）项检查。

② 切断伺服总电源，断开伺服控制电机电源线缆 XS02 和天线转台转接板 XS03 电机供电线缆与插座的连接，用万用表检查驱动电机供电线缆的 5、6、7、8 脚之间的阻值，是否存在短路现象，若有，线缆接头虚焊，处理虚焊现象；若无，进行下一步 3）项检查。

③ 重点检查汇流环与主轴间固定螺钉松动，搭接到汇流环上接线柱 U、V、W 接线端子造成短路。

10. 报 22♯俯仰电源故障

（1）故障原因

① 冬季温度过低，雷达正常开机运转发生的热量，在夜间雷达关机后使得汇流环结霜。次日开机运行一段时间后，雷达产生的热量使霜冻融化，形成的水汽使汇流环间短路。

② 天线转台与主机室间的波导孔封闭不严，主机室热量传导到汇流环处，冷热对流形成霜。

（2）故障诊断、分析处理

① 封闭天线转台与主机室间的波导孔。

② 在汇流环周围适当处放干燥剂。

③ 在汇流环适当处安装恒温设备以保持导电环和碳刷的干燥。该故障在北方地区容易发生，所以，在设备安装结束后，要注意主机室与天线转台间波导孔的填塞，一般用发泡浆将其堵死，防止主机室与天线转台间冷、热空气的交换而产生水汽，使汇流环短路或生锈。

11. 天线转动时产生较强声音，方位电机发热并有油滴渗出

（1）故障原因

① 减速箱漏油，造成轴承发热，摩擦力增大产生较强声音。

② 电机损坏，产生较强声音。

（2）故障诊断、分析处理

① 关闭伺服电源，断开天线转台转接板电机供电线缆与 XS03 插座的连接，人工推动天线，阻力较大且声音异常，检查方位电机底部有大量的油滴。

② 拆卸方位电机，人工转动天线，阻力仍然较大且声音异常，判断减速箱损坏，更换减速箱。

③ 拆卸方位电机后，人工转动天线，天线转动自如且声音正常，判断为方位电机损坏，更换方位电机。工作中发现，由于减速箱漏油，会导致减速箱、方位电机同时损坏。

6.4　信号处理分系统

6.4.1　故障分类

信号处理分系统由数据接口板、MDSP 板、时序板 3 块电路组成,故障类型分数据接口板、MDSP 板、时序板 3 类故障。

6.4.2　故障诊断、分析、处理

1. 雷达加高压后,信号处理不报故障,终端显示无回波

(1)原因

可能是由于信号处理插件工作异常造成。

(2)故障排除过程

① 经过检查,雷达发射机和接收机均正常。

② 将信号处理设置到自检状态,信号处理参数设置成 1 μs,单频 900 Hz,不加滤波器状态,控制天线在仰角 0°做 PPI 扫描,在终端上观察回波区域显示不正常;如果正常则可能是数据接口故障,更换数据接口板。

③ 检查 MDSP 板的 DSP1~DSP4 指示灯不能轮流闪烁,判断 MDSP 板损坏。

④ 更换 MDSP 板后,故障排除,雷达工作正常。

2. 只报接口板故障(接口板)

(1)原因

数据接口板损坏。

(2)故障排除过程

① 将雷达高压关闭。

② 将综合分机重新启动,故障依然存在,判断数据接口板损坏。

③ 更换数据接口板后,故障排除,雷达工作正常。

3. 只报 MDSP 故障

(1)原因

MDSP 板损坏。

(2)故障排除过程

① 将雷达高压关闭。

② 将综合分机重新启动,故障依然存在,判断 MDSP 板损坏。

③ 更换 MDSP 板后,故障排除,雷达工作正常。

4. 只报时序板故障

(1)原因

可能是雷达重复频率超出正常范围。

(2)故障排除过程

① 将雷达高压关闭。

② 将综合分机重新启动,故障依然存在,判断时序板损坏。

③ 更换时序板后,故障排除,雷达工作正常。

5. 三块板子有两块或三块同时报故障

(1)原因

几块板子同时损坏的概率很小,很可能是 16 MHz 时钟出了问题或时序板故障。

(2)故障排除过程

① 将雷达高压关闭。

② 将综合分机重新启动,故障依然存在。

③ 检查数据接口板的 DSP 指示灯亮,MDSP 板的 DSP1~DSP4 指示灯不能轮流闪烁。

④ 使用频谱仪测量接收机送到信号处理的 16 MHz 信号。功率为 15.26 dBm(正常≥12.0 dBm),16 MHz 信号正常(有条件的用户进行测试)。

⑤ 将时序板设置到内时钟工作(将拨键开关的 2 拨到相反的位置),开启综合分机,故障现象依旧;判断可能是时序板损坏。

⑥ 更换时序板后,故障排除,雷达工作正常。

6. 雷达 PPP 处理正常,FFT 处理不正常

(1)原因

MDSP 板上储存器故障。

(2)故障排除过程

① 雷达信号处理方式设置为 PPP 方式时,工作正常;当设置成单库 FFT 或全程 FFT 助理方式时,雷达信号处理没有响应。

② 更换 MDSP 板后,故障排除,雷达工作正常。

7. 雷达加高压后,回波强度正常,无速度和谱宽

(1)原因

MDSP 板上计算速度和谱宽的芯片损坏或程序加载时出错。

(2)故障排除过程

① 将雷达高压关闭,对信号处理进行复位,故障现象仍然存在。

② 将雷达高压关闭,将综合分机重新启动,故障依然存在。

③ 将雷达高压关闭,将信号处理设置到自检状态,参数设置成 1 μs,单频 900 Hz,不加滤波器状态,控制天线在仰角 0°做 PPI 扫描,在终端上观察回波区域强度显示正常,速度、谱宽无显示;判断 MDSP 板上计算速度和谱宽的芯片损坏。

④ 更换 MDSP 板后,故障排除,雷达工作正常。

6.5 监控分系统

1. 发射系统多个检测部位报警

(1)故障现象

① 终端显示发射系统可控硅、反峰、真空度、磁场、管流、回扫电源等多个检测部位报警,终端控制无法开机;通过本控可以加"冷却""低压"。

② 雷达开机报真空度故障,无法加高压,主机室发射复位后故障消失。但是终端显示无回波,在观测区的外围有彩虹圈,终端检测区部分参数值异常。

(2)原因

监控主板上串口通信模块 PCM-3610 无法正常工作。

(3)故障诊断、分析处理

① 更换监控主板上串口通信模块 PCM-3610。

② 更换监控主板。

2. 终端不能控制伺服系统

(1)原因

① 终端与监控主板通信串口故障,监控没有收到终端的控制指令。

② 监控主板与伺服系统通信的串口故障。

(2)故障诊断、分析处理

① 通过终端向所有系统发送控制指令,所有分系统均不能控制,判断通信出现故障,检查网线或监控主板损坏。

② 通过终端向所有系统发送控制指令,接收、发射、信号处理等分系统能正常控制,说明雷达通信系统正常。

③ 使用示波器测试雷达伺服数据电缆插头中第 9 脚 SIO 入(+)监控发、伺服收,在终端上发送伺服控制指令,若能测到该信号,判断伺服控制板损坏,更换伺服控制板。

④ 示波器未测试到监控串口发出的控制信号;在伺服数据插座上能测到控制信号,判断电缆中存在虚焊现象,重新焊接电缆;若测不到该控制信号;判断监控主板损坏,更换监控主板。

第7章 CINRAD/CC 天气雷达
典型故障案例分析

2002—2012 年新疆完成建设运行 12 部天气雷达,从 2008 年开始在厂家技术指导下,天气雷达日常维护、巡检、重大疑难处理工作全部由新疆气象局装备保障中心承担。经过十几年保障工作,新疆气象技术装备保障中心积累了丰富的维护维修保障经验和各种故障处理案例。本章从雷达发射、接收、伺服等方面典型故障案例进行分析。

7.1 发射机功率下降原因分析

7.1.1 新一代 C 波段天气雷达发射机设计特点分析

新一代天气雷达发射机属于多级主振放大式,从功能来看主要由主振振荡器和射频放大链组成。新一代天气雷达发射机主振振荡器主要由接收机部分的 DDS 源、激励中频调制、两次上变频、RF 激励调制、RF 激励放大、固态 RF 激励放大等组成。射频放大链主要由速调管、固态调制器、聚焦磁场、冷却、钛泵电源等组成,图 7-1 是新一代天气雷达发射机射频信号生成框图,包括时域波形图和一些数值。通过图 7-1 可以看出,在时序控制下主振振荡器部分主要完成规定脉冲宽度、重频与高频载波的调制过程最后形成脉冲调制波,并且经过放大作为射频放大链的射频输入信号。射频放大链主要在时序控制(基准脉冲、充电脉冲、放电脉冲)下经高压电源、固态调制器输出一个电压很高的脉冲波形(脉宽可以嵌套射频输入信号)加载到射频放大链速调管的阴极,作为速调管的阴极电压。速调管是天气雷达发射机的关键部件,速调管的增益大小决定整个发射机的功率。将发射机主振振荡器的输出射频信号输入到速调管的输入腔形成射频电场,该射频电场对阴极射线的电子束进行速度调制来获得能量,该能量就是对主振振荡器的射频信号的放大再通过速调管输出腔输出到馈线系统。

7.1.2 新一代天气雷达发射机主要技术参数

新一代天气雷达发射机的主要技术有工作频率、输出功率、脉冲波形、发射信号的稳定性和频谱纯度等重要参数。新一代天气雷达 C 波段全相干脉冲多普勒天气雷达,工作频率 5300~5500 MHz。

新一代天气雷达 3830 属于脉冲多普勒雷达,其输出功率分别用峰值功率和平均功率来表示,峰值功率是指脉冲器件射频振荡的平均功率(单位时间内能量),并不是射频振荡的最大瞬时功率;平均功率是指脉冲重复周期内输出的平均值。若发射脉冲串的脉宽为 τ,脉冲重复周期 T,脉冲重复频率为 F,工作占空比 $D = \tau/T$,则脉冲功率与平均功率确定的关系 $\bar{P} = \hat{P} \times D = \hat{P} \times \tau \times F$,新一代天气雷达的脉冲功率≥250 kW。

新一代天气雷达 3830 脉冲波形属于简单等周期矩形脉冲串,脉宽为 1 μs 和 2 μs,在实际发射信号一般都不是理想矩形脉冲,所以发射机脉冲参数主要有脉冲幅度、脉冲宽度、上升沿、下降沿和脉冲顶部波动。

发射信号的稳定性是指射频信号的振幅、频率(或相位)、脉冲重复频率和脉宽的稳定性,任何参数的不稳定性都会影响雷达主要性能指标实现。由图 7-1 可知,新一代天气雷达的激励信号是经过中频调制、两次上变频和射频调制最后形成射频激励波形,再经过固态和速调管进行放大输出到波导馈线系统上。在激励脉冲调制过程中可能存在寄生调制信号,则载波附近会产生寄生输出。在射频激励信号放大过程中可能存在非线性放大,可能影响发射机射频激励输入和射频输出的频谱纯度和频谱密度。

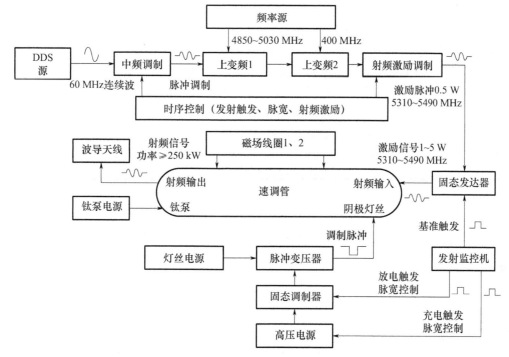

图 7-1　发射机射频信号生成框图

7.1.3　发射机功率下降的几种原因分析

在实际工作中,脉冲雷达发射机保障任务占了很大比例,尤其是更换速调管的前后,需要注意观察发射机的功率变化。通过对发射机功率的测量,发现发射机功率下降了几千瓦到几十千瓦,此时如何确定发射机功率下降的真正的原因,并及时调整发射机相关器件来提高发射机功率实际保障工作显得很重要。下面就影响发射机功率的因素及调整方法逐项分析如下:

1. 速调管阴极发射电子能力下降

速调管的电子枪由阴极、灯丝、聚束极和阳极组成,灯丝通电后发出热量,使阴极温度升高而产生热发射现象,发射出大量电子。要想使灯丝发出热量必须在灯丝上加载电压,新一代天气雷达 3830 雷达的速调管的灯丝电源为直流电源,直流灯丝电源的电流为 6.5～7 A。当速调管长期使用,尤其快要接近使用寿命时,速调管阴极发射电子的能力明显下降,此时可以通过适当调整灯丝电流,可以增加发射机功率,但必须缓慢调节灯丝电流,直到速调管总流不再增加。当发射机功率有明显下降,此时应该调节灯丝电流,调节后速调管总流和功率都没有变化时,并且用示波器和磁环监测速调管的收集极的电流值已经小于 13 A,此时应该考虑更换速调管。

2. 速调管管体电流增加

正常情况下速调管管体电流应该小于速调管总流的10%,当速调管管体电流超过速调管总流的10%时表明速调管的磁场线圈发生了散焦现象。当磁场线圈发生散焦现象时速调管阴极发射的电子在经过腔体后发生偏转到达速调管管体形成管体电流,此时速调管阴极发射的电子束参加能量交换的电子数量减少,发射机的输出功率自然降低。此时应该分别调整两路磁场电流的大小,使其小于速调管总流的10%,磁场电流调整范围7~9 A。

3. 高压闭环电流调整不当

高压闭环电流是直接控制开关控制组件 IGBT 的导通时间,间接用来控制回扫变压器的初级绕组的电流,高压闭环电流是预置在发射机高压控保板上,通过实时采样回扫变压器初级绕组的电流与其进行比较的过程来控制开关控制组件(2 个 IGBT)截止。高压充电控制电路如图 7-2 所示,当高压闭环电流变小则开关控制组件导通时间减小,相应回扫变压器初级绕组充电时间减小,则回扫变压器初级绕组电流减小。回扫变压器初级绕组电流的大小直接影响人工线(PFN)充电电容的电压值,工线(PFN)充电电容的电压值直接决定脉冲变压器的次级绕组输出也即速调管的阴极电压,当速调管的阴极电压下降时,自然发射机的输出功率肯定会下降。

由此可见,高压闭环电流值的大小会引起发射机功率的变化。在实际保障工作中,可以通过调节高压闭环电流来提高发射机功率,在操作中必须缓慢进行,但最好不要调节到最大值。

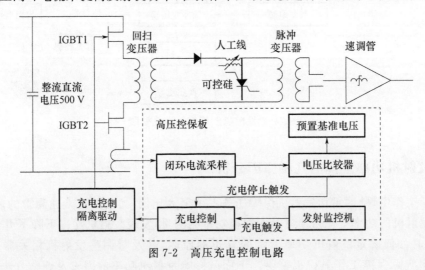

图 7-2　高压充电控制电路

4. 发射监控分机接口板触发调整不当

新一代天气雷达的速调管采用的是阴极脉冲调制,调制脉宽略宽于射频激励(从固态放大器输出)脉宽,射频激励应该处在调制脉冲的顶部进行放大,如果两个嵌套不当,不仅会影响射频输出的频谱和检波包络,还会使发射机功率有所下降。在发射机监控分机内除了一台可编程控制器(PLC)外,另外配置一块接口板和一块控制指示面板。在接口板上有基准触发和发射触发两个控制调节器。在实际使用过程中通过调整基准触发和发射触发之间的延迟时间,可以保证正常输出发射机功率。图 7-3 是双通道示波器显示的波形,其中幅度最长的波形 1 是通过速调管收集极和磁环输出的波形,幅度比较短的波形 2 是通过波导定向耦合器检波输出的波形,如果两个波形嵌套不当,则波形 2 偏离波形 1,此时应该调整发射触发旋钮,使其与波形 1 嵌套适当。如果波形 2 的宽度小于当前设置的脉冲宽度,则应该调整基准触发按钮,使其与当前设置的脉冲宽度一致,并保证发射机功率正常输出。图 7-4 是速调管放大性能示意图。

5. 高压充电停止信号不稳定

高压充电停止信号是通过高压控保电路产生的用来控制充电开关控制组件 IGBT,使其处于截止状态停止对回扫变压器初级绕组充电。当该信号不稳定时将会导致发射机输出功率的波动。2008 年 11 月 18 日,新疆喀什天气雷达站就出现发射机输出功率不稳定,没有任何故障报警提示。

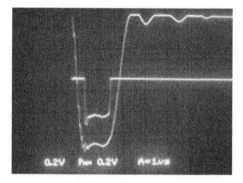

图 7-3　速调管收集极和耦合器检波输出波形

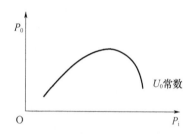

图 7-4　速调管放大性能示意图

6. 输出功率对输入激励功率关系

经过对发射机各项环节进行检查,确定是高压闭环电流比较器工作不稳定导致的功率不稳。以下结合图 7-2 来分析原因,当采集到回扫变压器高压电流后,与高压控保板电路中预置电流进行比较,如果比较器(实际电路 LM311A)工作不太稳定,导致充电停止脉冲触发时间不稳,由此对回扫变压器的充电时间发生跳变,由图 7-2 可知脉冲变压器的调制脉冲幅度也在发生变化,加载在速调管阴极电压不稳定,最终导致速调管增益不稳定。

7. 速调管射频输入激励功率调整不当

速调管属于线性电子注真空微波功率器件,在注电压、注电流工作正常情况下,当射频激励信号输入到输入腔后,在输入腔的间隙处形成射频电场,该射频电场对电子注中电子进行速度调制。处于减速场的电子将自身能量交给射频场,使得射频信号得以放大,并经输出腔耦合输出,剩余的电子到达收集极后产生热量。

如果电子注电压(阴极调制脉冲电压 U_0)保持不变,改变输入射频激励信号功率,输出功率的变化如图 7-4 所示,图中 U_0 为电子注电压,P_0 为速调管输出功率,P_i 为速调管射频激励信号功率。在 P_i 不太大的范围内近似线性放大,当 P_i 上升到一定程度后进入饱和区,此时 P_0 受 P_i 的影响较小,P_i 过分增大也会出现电子注过群聚而输出功率下降。正常情况下,应该选择在饱和区工作比较合适,这里不仅效率高,输出功率大,而且可以减小输入信号寄生调幅的影响。由以上理论知道,新一代天气雷达 3830 雷达的速调管的射频激励信号通过系统前级固态放大器输出,而且输出功率在 1~5 W 方位内连续可调。在实际保障工作中,通过调节固态放大器输出,同时观察发射机输出功率,使得速调管输出功率达到最大并保持不变。

8. 频率源输出频率发生变化

速调管的设计尺寸与输入射频信号的频率是相关的,新一代天气雷达的速调管工作在高段管 5400～5500 MHz,工作带宽 100 MHz,当输入射频信号的频率发生了改变后不在工作频段,射频电场对电子注中电子进行速度调制时,处于减速场的电子能量降低,自然交给射频场的能量也减小,使得射频信号放大能力降低,速调管输出功率降低。2009 年 12 月 3 日,新疆石河子天气雷达站,原本激励源输出信号频率为 5430 MHz,但由于频率源输出键码失效,使得输出的激励信号频率变为 5200 MHz,显然工作频率已经超出了工作带宽,从而导致发射机功率下降了 100 多千瓦。更换频率源输出键码后,发射机功率恢复正常。在一定频率范围之内,速调管对射频信号的功率能够放大,当超出带宽范围,速调管输出功率会下降。

7.1.4　总结

利用脉冲多普勒雷达原理、电子线路基础理论知识、新一代天气雷达发射机组成原理结构框图分析了发射机的结构特点及主要技术指标,并结合自己在实际雷达保障工作经验对雷达发射机功率下降原因进行了分析,得出如下结论:

① 发射机功率是雷达重要技术指标,新一代天气雷达的输出功率直接影响雷达的威力和抗干扰能力,也直接影响雷达的探测能力;

② 新一代天气雷达是多普勒全相参雷达,发射机功率不仅取决于发射机本身,还与接收系统的频率源、激励源、时序控制有密切关系;

③ 在没有任何故障报警信息提示的情况下,正确分析发射机功率下降的原因,排除雷达隐患故障,合理调整发射机相关的部件,保证发射机输出功率稳定是雷达日常保障工作重要手段,对雷达的使用效率、探测能力、保障时效的提高均起着不可低估的作用。

7.2　接收分系统频率源故障案例分析

频率源作为新一代天气雷达核心单元组件,C 波段天气雷达频率源是全相参天气雷达的关键部件,为天气雷达发射、接收系统提供高稳定性、高纯频谱信号,当频率源输出波形参数发生异常将导致天气雷达发射功率大幅度下降或发射频谱异常,接收系统射频通道、数字中频、激励调制工作异常,雷达回波反射率、径向速度以及速度谱宽异常。在所有雷达故障中,频率源故障出现的次数多、影响大,是雷达维护的重中之重。新疆地区从 2002 年至 2012 年陆续布点建设 12 部不同批次 C 波段全相参天气雷达,按照雷达生命周期"U"字形规律来说,从 2013 年开始前期建设的雷达的生命周期逐渐进入"U"字形后期上升期,从近三四年雷达出现故障统计数据来看,雷达接收系统频率源出现概率呈现较高趋势。以下选取 2 个频率源故障案例进行诊断、分析处理。

7.2.1　频率源故障诊断、测试分析方法

1. 依据故障现象进行远程诊断、分析

依据故障现象进行远程诊断和分析是雷达各分系统故障诊断、维修保障的重要方法和手

段,特别是重大疑难故障,省级雷达保障人员对雷达故障现象的诊断、分析判断能力比较关键,不仅对现场故障维修处理人员具有重要指导意义,而且对雷达保障时效的提高具有重要意义。根据多年雷达保障实践经验,频率源出现故障或关键模块技术指标下降后,可能出现故障现象诊断、分析和判断的方法如下。

(1)现象 1:无故障报警信息,发射功率下降幅度较大,回波较弱,速度花屏,噪声电平略有下降

① 远程视频→二本振输出正常(观察二本振检测功率指示灯正常)→50 MHz 基准相参信号正常(观察基准相参信号指示灯正常)→检测分机 100 MHz 指示灯正常→频率源相位锁定灯正常。

② 远程读取参数→发射机收集极电流(双重频和单重频)参数正常→发射机正常→读取终端 RF 激励功率异常(较小)→读取终端一本振功率异常(较小)。

分析:通过远程诊断系统获得数据和频率源信号流程图,进行分析判定,锁相环输入 100 MHz 正常→判定锁相环和 VCO 压控振荡器工作正常→判定晶振输出 100 MHz 正常→终端显示一本振检测功率异常(较小)→一本振输出异常。判断可能出现故障模块:频标综合输出 100 MHz→FD4500 倍频器输出 4500 MHz→混频(与 VCO 变频后 350 MHz～530 MHz)输出一本振 4850 MHz～5030 MHz。

(2)现象 2:报故障频率源锁定灯灭,回波较弱,速度花屏,噪声电平正常

① 远程视频→二本振输出正常(观察二本振检测功率指示灯正常)→50 MHz 基准相参信号正常(观察基准相参信号指示灯正常)→检测分机 100 MHz 指示灯正常→频率源锁定灯灭→锁相环与 VCO 振荡器相位失所。

② 远程读取参数→读取终端 RF 激励功率异常(较小)→读取终端一本振功率异常(较小)

分析:通过远程诊断系统获得数据和频率源信号流程图,进行诊断、分析,存在两种可能。

第一种:锁相环输入 100 MHz 异常(或频标综合输出 50 MHz 至 VCO 异常)→锁相环指示灯异常→判定锁相环和 VCO 压控振荡器工作异常→终端显示一本振检测功率异常(较小)→一本振输出异常。判断可能出现故障模块:锁相环路与 VCO 压控振荡器相位失所,频标综合输出 100 MHz 和 50 MHz 异常,频标综合输出 100 MHz 至工分器异常。

第二种:锁相环输入 100 MHz 正常和频标综合输出 50 MHz 正常(至 VCO)→锁相环指示灯异常→判定锁相环和 VCO 压控振荡器工作异常→终端显示一本振检测功率异常(较小)→一本振输出异常。判断可能出现故障模块:锁相环路与 VCO 压控振荡器相位失所工作异常。

(3)现象 3:报二本振故障信息,回波较弱,速度花屏,噪声电平下降明显

① 远程视频→50 MHz 基准相参信号正常(观察基准相参信号指示灯正常)→检测分机 100 MHz 指示灯正常→频率源锁定灯正常→二本振输出异常(观察二本振检测功率指示灯灭)。

② 远程读取参数→读取终端 RF 激励功率正常→读取终端一本振功率正常

分析:通过远程诊断系统获得数据和频率源信号流程图,进行分析判定,可能出现故障模块:频标综合输出 400 MHz 信号异常。

(4)现象 4:报基准相干信号故障信息,回波较弱,速度花屏,噪声电平下降 0 dB

① 远程视频→50 MHz 基准相参信号异常(观察基准相参信号指示灯灭)→频率源锁定灯异常(观察频率源锁定灯灭)→检测分机 100 MHz 指示灯正常→二本振输出正常(观察二本振

检测功率指示灯正常)。

② 远程读取参数→读取终端 RF 激励功率异常→读取终端一本振功率异常。

分析:通过远程诊断系统获得数据和频率源信号流程图,进行分析判定,可能出现故障模块:频标综合输出 50 MHz 异常(至 VCO 变频综合)→锁相环路与 VCO 变频综合工作异常→频率源锁定灯异常;频标综合输出 50 MHz 异常(至数字中频采样信号)→数字中频工作异常→开机终端噪声电平下降 0 dB。最终频标综合输出 50 MHz 信号异常。

(5)现象 5:无故障报警信息,开机后,噪声电平跳变,终端操作无法控制雷达

分析:依据频率源信号流程图,直接可以判定频标综合输出至监控分机的时序板的 16 MHz 信号异常。

(6)现象 6:无故障报警信息,回波正常,速度正常,相位噪声标定不好,极限改善因子降低明显

依据频率源信号流程图,直接可以判定晶振 100 MHz 信号一次谐波的信噪比增加或者晶振的相位噪声增大导致。

2. 依据频率源模块组件工作特性进行故障诊断、分析

通过远程故障诊断、分析,再结合频率源模块组件的信号特性进一步进行精准诊断和分析。

(1)频标综合输出 100 MHz 信号异常→一本振异常(频率源锁定灯灭)→回波弱、速度花屏→噪声电平偏低→速度标定异常→噪声系数标定不好。

(2)频标综合输出 400 MHz 信号异常→终端报二本振故障信息→回波弱、速度花屏→噪声电平偏低→噪声系数标定不好。

(3)频标综合输出 50 MHz 相干信号异常→终端报相干信号故障信息→"标定/BITE"上"相干源"指示灯灭→频率源上"锁定"灯灭→回波弱。

(4)频标综合输出 50 MHz 数字中频采样信号异常→噪声电平下降 0 dB→回波和速度图异常。

(5)频标综合输出 16 MHz 信号异常→噪声电平跳变→监控系统时序控制板无时序输出(至发射、接收)→终端不能操作控制。

(6)频标综合输出 240 MHz 信号异常→回波弱、速度花屏→强度标定异常(DDS 信号源异常)→发射功率下降。

频率源是 C 波段天气雷达的核心部件,结构组成比较复杂,为了快速、有效处理频率源故障,必须熟悉频率源各模块信号流程和频谱仪使用方法,在此基础上,从故障现象入手,采用远程诊断、分析方法,并参考频率源模块组件输出信号异常产生故障特征现象,结合现场对关键测试点的波形、中心频率和功率值的测试、分析和判断,确定模块输出信号是否正常,依次缩小故障范围,最终通过更换备件解决故障,恢复雷达正常运行。

7.2.2 典型故障案例分析

通过统计分析近几年 C 波段天气雷达维修保障记录数据,发现接收系统频率源一本振信号出现故障次数最多。按照频率源信号流程图,结合远程诊断技术和频率源模块组件工作特性以及现场诊断、测试和分析经验总结,归纳了近几年所有频率源故障处理案例,按照输入输出诊断、测试顺序,完成频率源故障诊断、测试、分析流程图如图 7-5 所示。

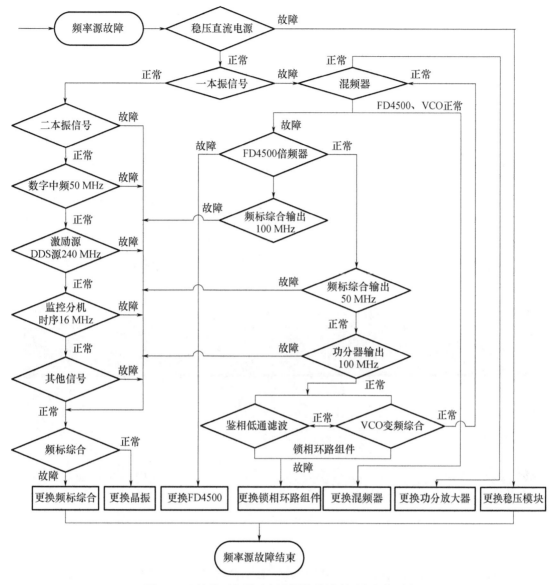

图 7-5　C 波段天气雷达频率源故障诊断、测试流程图

1. 故障案例分析 1

（1）故障现象描述

计算机终端无报警信息，频率源锁相灯正常，"标定/BITE"分机二本振、基准源信号、相参信号指示灯正常，发射机功率显示 4 kW 异常（正常≥250 kW），回波强度较弱，速度花屏异常。

（2）故障诊断、测试、判定方法

1）远程诊断分析

远程视频→频率源锁相灯正常→标定/BITE 分机二本振、基准源信号、相参信号指示灯正常。远程终端获取参数→RF 激励检测功率下降（异常）→一本振检测功率下降（异常）。通过远程诊断分析基本可以确定激励源输出信号异常和频率源输出一本振信号异常，同时发射功率下降非常明显，所以在诊断、检查频率源之前，必须对激励源输出激励信号进行测试、分析。

2) 现场诊断、测试、分析判定

根据远程诊断、分析结果,该雷达故障不仅与频率源输出信号有关,也不排除与激励源调制信号有关,现场采用手持频谱仪进行逐一排查。

① 发射输入激励信号

a. 激励高频 RF 调制信号。该雷达载波频率工作在 C 波段的高频段,其中激励源输出信号为 5470 MHz,正常输出激励信号 27 dBm,使用频谱仪接入激励源输出端测量结果如图 7-6 (左)所示,不仅中心频率偏移了 155 MHz,而且功率为 −15.7 dBm。但从频谱图分析,激励源高频 RF 调制正常。可能在一本振和二本振两次上变频时,中心频率可能发生了偏移,但也不排除中频 IF 调制时中频频率也有可能发生偏移,需要进一步诊断、分析激励源中频 IF 调制频谱。

b. 激励中频 IF 调制信号。该雷达的激励源中频 IF 频率为 60 MHz,测量结果如图 7-6(右)所示,中心频率和功率值均正常,中频 IF 调制频谱图正常。

通过对激励源中频 IF 和高频 RF 调制输出信号排查,可以判断激励源工作正常,下一步需要对频率源进行诊断、测试、分析。

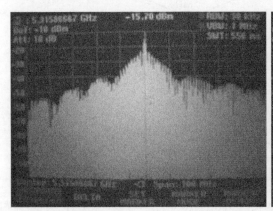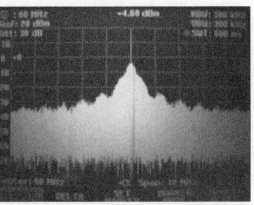

图 7-6 激励源高频 RF 输出频谱中心频率偏移了 155 MHz(左)、激励源中频 IF 输出频谱正常(右)

② 一本振信号

一本振正常工作频率 5010 MHz,功率≥10 dBm,测量结果如图 7-7(左)所示,中心频率为 4856 MHz,功率值 10.28 dBm,显然中心频率偏离了 350 MHz,表明一本振信号异常。

③ VCO 输出信号

VCO 输出正常频率为 510 MHz,功率≥0 dBm,但实际测量没有任何信号输出,说明 VCO 变频综合工作异常。

④ VCO 输入信号

VCO 输入正常频率为 350 MHz(7C 批次雷达需要将 50 MHz 经 P 频标转换为 350 MHz,10C 批次直接输入 50 MHz),功率≥0 dBm,实际测量结果如图 7-7(右)所示,说明 VCO 输入信号正常。但频率源锁相环路是由鉴相器、低通滤波器和 VCO 压控振荡器组件的一个组件,鉴相器输入的 100 MHz 信号异常将会导致 VCO 输出信号的异常,下一步检查频标综合输出到鉴相器的 100 MHz 信号。

⑤ 鉴相器输入 100 MHz 信号

该信号正常功率≥0 dBm,实际测量结果如图 7-8(左)所示,频率和功率均正常。

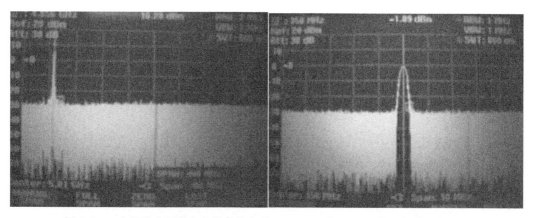

图 7-7　一本振输出频谱中心频率偏离了 350 MHz(左)、VCO 输出频谱正常(右)

⑥ FD4500 倍频器输出信号

从频率源流程图可知,一本振输出异常,除了和 VCO 输出到混频器的信号有关,与 FD4500 倍频器输出的信号 4500 MHz 有关,实际测量结果如图 7-8(右)所示,频率为 4500 MHz,功率为 2.73 dBm。表明 FD4500 倍频器输出信号正常。

通过以上诊断、测试、分析,可以判定 VCO 变频综合工作异常,从而导致一本振信号异常。需要更换 VCO 变频综合模块。

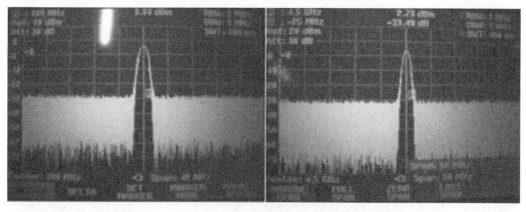

图 7-8　鉴相器输入 100 MHz 正常(左)、FD4500 倍频器输出 4500 MHz 正常(右)

(3)更换故障模块

故障判定后,需要更换 VCO 故障模块,由于鉴相器、低通滤波器和 VCO 压控振荡器组成的是一个组件,其中环路增益和 VCO 的控制灵敏度两个参数是成套配置的,所以更换 VCO 变频综合,也必须更换锁相环路,两个组件必须一起更换,否则将影响锁相环路相位跟踪性能。

更换锁相环路和 VCO 两个模块后,测量一本振输出信号如图 7-9(左)所示,中心频率 5010 MHz,功率为 10.15 dBm,测量激励源输出信号如图 7-9(右)所示。再观察发射机功率 270 kW,回波和速度图均正常。

2. 故障案例分析 2

(1)故障现象描述

无任何故障信息,发射机功率正常,回波和速度图均正常,但发射机频谱异常,输入极

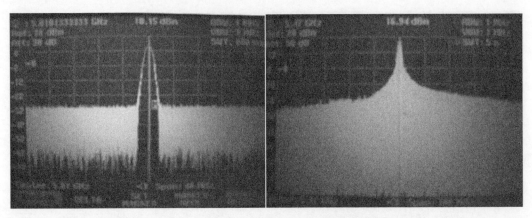

图 7-9　更换 VCO 变频综合后输出一本振正常(左)、激励源输出 RF 频谱正常(右)

限改善因子(实测 48 dB,正常≥55 dB)下降明显,相位噪声标定不好,这是隐性故障,难于发现和诊断。

(2)故障诊断、测试、分析判定

由于没有任何故障信息,且一本振、二本振、基准源信号、相参信号功率均正常,检测分机激励功率也正常,远程诊断和分析无法得出结论,只能现场进行排查。

① 激励源输出 RF 激励频谱信号分析

由于频率源为雷达发射系统和接收系统提供一本振和二本振信号,当频率源工作异常时,直接反映在激励源输出频谱异常或接收通道输出中频 60 MHz 信号异常,从激励源 RF 输出频谱图 7-10(左)上,发现距离激励 RF 信号频偏±16 MHz 位置上分别存在功率为－4 dBm 信号,这是一个功率很大的双边带信号,直接影响发射信号的相位噪声。需要进一步排查频率源的一本振、二本振信号。

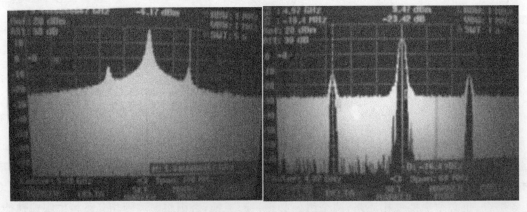

图 7-10　激励源输出频谱异常(左)、频率源输出一本振异常(右)

② 一本振信号

正常情况下该雷达的一本振频率为 4970 MHz,功率≥10 dBm,本次测量一本振波形如图 7-10(右)所示,发现在距离中心频率 4970 MHz±16 MHz 位置上分别存在功率为－16.4 dBm 信号,这是一个功率很强的双边带信号,该信号的存在将影响雷达激励输出频谱。除了排查一本振信号外,还需要进一步排查二本振信号,可能二本振也存在双边带信号。

③ 二本振信号

二本振信号频率为 400 MHz,功率≥10 dBm,本次测量二本振信号波形如图 7-11(左)所示,同样发现在距离中心频率 400 MHz 左边带 16 MHz 位置上存在功率为−23 dBm 信号,右边带 16 MHz 位置上存在功率为−28 dBm 信号。

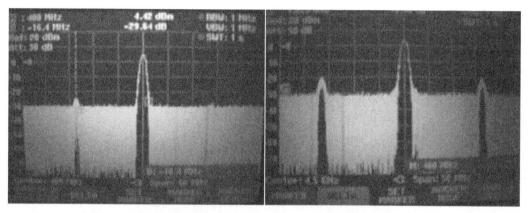

图 7-11　频率源一本振输出频谱异常(左)、FD4500 输出频谱异常(右)

④ FD4500 倍频器输出信号

通过测量 FD4500 倍频器输出的 4500 MHz 信号如图 7-11(右)所示,同样发现在 FD4500 倍频器输出信号中心频率 4500 MHz±16 MHz 位置上分别存在−19 dBm 信号。

⑤ 频标综合输出 100 MHz 信号

通过对以上本小节"1)~4)"步骤诊断、测试和分析,初步确定频标综合输出 100 MHz 信号异常导致一本振、二本振、激励信号的正常输出。本次测量频标综合输出 100 MHz 的信号如图 7-12(左)所示,从频谱图上可以很明显看到,在中心频率 100±16 MHz 位置上存在功率为−27 dBm 信号,正常情况不应该存在这个信号。从频标综合输出的 100 MHz 信号异常情况来分析,存在晶体振荡器工作异常的可能,还需进一步排查晶体振荡器输出 100 MHz 信号。

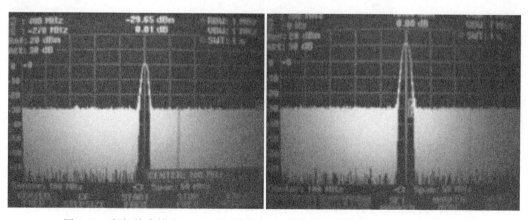

图 7-12　频标综合输出 100 MHz 异常(左)、晶体振荡器输出 100 MHz 异常(右)

⑥ 晶体振荡器 100 MHz 信号

本次测量晶体振荡器输出 100 MHz 信号如图 7-12(右)所示,100 MHz 信号输出基本正常,100±16 MHz 位置上没有出现边带信号,频谱图很难判断晶体振荡器输出 100 MHz 存在异常,还有可能晶体振荡器和频标综合的稳压电源存在异常。

⑦ 频率源稳压电源检查

通过对以上本小节"①~⑥"步骤诊断、测试和分析,有可能频标综合和晶体振荡器直流供电不稳定,从而导致输出信号异常。使用万用表测量电源稳压器 2 输出各种电压,分别测量端子 X1~X6,分别为±24 V、±12 V、±9 V,输入电压测量正常。再分别测量 X7~X16 端子,测量值为+24 V、+15 V、-15 V、+12 V、-12 V、+5 V、+5 V、-5 V 等,输出电压正常,说明频率源稳压电源工作正常。

通过对以上本小节"①~⑦"步骤诊断、测试和分析,判定频标综合工作异常导致输出100 MHz,需要更换频标综合模块。

(3)更换故障模块

① 更换频标综合模块

依据以上故障诊断、分析、判断,出现故障的模块应该是频标综合模块,更换频标综合后,接收系统重新加电后,再进行测试、检查一本振、二本振和频标综合输出的 100 MHz 信号波形参数与图一样,说明故障的出现不是频标综合模块,而是为频标综合提供基准信号的晶体振荡器输出的 100 MHz 出现问题。需要更换晶体振荡器,才能彻底排除频率源系统故障。

② 更换晶体振荡器模块

更换晶体振荡器后,接收系统重新加电,再测试、检查一本振、二本振和频标综合输出的100 MHz 正常,FD4500 输出信号波形参数如图 7-13(左)所示,频谱正常。再测量激励源输出激励信号如图 7-13(右)所示,频谱正常。

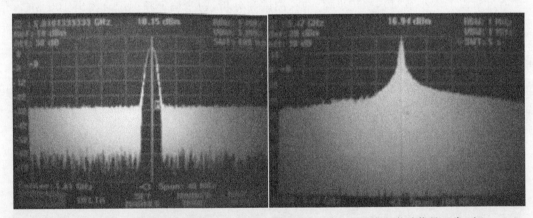

图 7-13　更换晶体振荡器后 FD4500 输出频谱正常(左)、激励源输出激励信号正常(右)

(4)故障原因进一步分析

针对频率源出现这类故障,按照正常的方法很难确定故障产生的模块,究其原因有以下几点:

① 本次故障处理使用时手持频谱仪,分析带宽分辨率最大为 2 MHz。由于频谱仪分析带宽分辨率太小,对晶体振荡器输出的 100±16 MHz 位置上边带微弱信号难以识别。

② 晶体振荡器输出至频标综合的 100 MHz 基准信号,经过频标综合分频、倍频、放大等处理后,对中心频率放大后,对 100±16 MHz 位置上边带信号也进行了放大处理,所以在频标综合模块中 100±16 MHz 位置上边带信号信噪比增大。

7.2.3　总结与讨论

（1）快速、准确地诊断、分析并排除频率源故障，需要远程和现场相结合的诊断、分析方法，同时要熟悉频率源的结构、信号和关键测试波形参数、频谱仪等仪表的使用方法，按照模块信号输入、输出的排查顺序，测量和分析中心频率、功率幅度两个参数来判定模块的工作是否正常。

（2）锁相环路和 VCO 出现故障的另外一种诊断和判断方法也可以参考使用。频率源一本振信号的输出采用相位跟踪技术，锁相环路组件鉴相器输入的 100 MHz 信号和 VCO 反馈频率经过鉴相后输出的是电压信号，再经过低通环路滤波器后，正常情况下该电压是直流 2.1 V 左右，依次也可以直接判断锁相环路组件是否正常。

（3）诊断和检查故障时，要注意 SMA 接头弯头部分是否存在针头断开现象，该现象的存在也将导致频率源故障。在恢复频率源模块时，需要注意检查 SMA 信号接头要拧紧，否则会出现信号功率泄漏现象，也同样会导致频率源故障。

（4）在频率源处理时，尽量使用分析带宽分辨率较高的频谱仪，在分析和测试一本振和晶体振荡器输出信号的相位噪声时，可以更容易发现频谱边带的噪声信号。

7.3　接收分系统激励源故障案例分析

依据激励源组成原理及信号流程图、时序控制时序关系图和关键点测试波形及参数，激励源出现故障或关键模块技术指标下降后，可能出现故障现象诊断、分析和判断的方法如下。

7.3.1　激励源故障诊断、测试分析方法

1. 现象 1：激励源射频（RF）（激励）输出频谱正常，功率较低（正常≥27 dBm）

激励源射频（RF）输出频谱正常，说明频率源送来的中频（60 MHz）、二本振（400 MHz）及一本振（4970 MHz）均正常，输出功率较低，可能射频调制放大器或时序关系出现问题。

（1）射频调制及放大诊断、分析

频谱仪测试激励射频（RF）调制放大器输入的信号功率→正常（功率≥0 dBm）→激励 RF 调制放大器（放大增益 30 dB）存在异常→更换激励 RF 调制放大器→激励射频（RF）输出正常。

（2）时序嵌套关系诊断、分析

示波器双通道测试封脉冲、中频调制脉冲、射频调制脉冲→测试脉冲（通道 1）、中频调制脉冲（通道 2）→测试封脉冲（通道 1）、射频调制脉冲（通道 2）→测试中频调制脉冲（通道 1）、射频调制脉冲（通道 2）→时序嵌套关系异常→调整时序模块电位控制器（看图纸进行调整）→时序嵌套关系正常；时序嵌套关系异常→调整激励时序模块电位控制器（看图纸进行调整）→时序嵌套关系异常→更换激励时序模块→时序嵌套关系正常；时序嵌套关系异常→调整激励时序模块电位控制器（看图纸进行调整）→时序嵌套关系异常→更换激励时序模块→时序嵌套关系异常→更换信号处理时序板→时序嵌套关系正常。

如果出现激励源射频（RF）测试标定输出频谱正常，功率较低（正常≥0 dBm）故障现象，诊断、分析方法同现象 1 的诊断、分析。

2. 现象 2：激励源射频(RF)输出频谱异常

（1）射频(RF)调制、中频调制诊断、分析

频谱仪测试频率源一本振、二本振正常→更换射频调制器→激励源射频(RF)输出频谱正常；更换射频调制器→激励源射频(RF)输出频谱异常→频谱仪测试频率源输出 60 MHz 正常→更换中频调制器。

（2）调制脉冲诊断、分析

① 中频调制脉冲开关检查

示波器单通道测试中频调制脉冲开关→终端设置正常观测方式→示波器输出低电平（−5 V）→终端操作标定测试方式→示波器输出高电平（＋5 V）→中频调制脉冲开关工作正常；中频调制脉冲开关工作异常→更换终端控制板→中频调制脉冲开关工作正常；更换终端控制板→中频调制脉冲开关工作异常→更换激励源时序控制模块→中频调制脉冲开关正常。

② 中频(IF)调制脉冲检查

a. 激励工作状态（终端设置正常观测方式）→示波器测试中频调制脉冲→终端设置为窄脉宽（1 μs）→示波器输出高电平（＋5 V，脉宽 1.5 μs）→中频调制脉冲正常；终端设置为宽脉宽（2 μs）→示波器输出高电平（＋5 V，脉宽 3 μs）→中频调制脉冲正常；中频调制脉冲异常→更换信号处理时序板→中频调制脉冲正常；中频调制脉冲异常→更换信号处理时序板→中频调制脉冲异常→更换激励源时序控制模块→中频调制脉冲正常。

b. 测试标定工作状态（终端设置标定方式）→示波器测试中频调制脉冲→示波器输出高电平（＋5 V，脉宽 8 μs）→中频调制脉冲正常；中频调制脉冲异常→更换信号处理时序板→中频调制脉冲正常；中频调制脉冲异常→更换信号处理时序板→中频调制脉冲异常→更换激励源时序控制模块→中频调制脉冲正常。

③ 射频(RF)调制脉冲检查

a. 激励工作状态（终端设置正常观测方式）→示波器测试射频调制脉冲→终端设置为窄脉宽（1 μs）→示波器输出高电平（＋5 V，脉宽 1 μs）→射频调制脉冲正常；终端设置为宽脉宽（2 μs）→示波器输出高电平（＋5 V，脉宽 2 μs）→射频调制脉冲正常；射频调制脉冲异常→更换终端控制板→射频调制脉冲正常；射频调制脉冲异常→更换终端控制板→射频调制脉冲异常→更换激励源时序控制模块→射频调制脉冲正常。

b. 测试标定工作状态（终端设置标定方式）→示波器测试射频调制脉冲→示波器输出高电平（＋5 V，脉宽 8 μs）→射频调制脉冲正常；射频调制脉冲异常→更换终端控制板→射频调制脉冲正常；射频调制脉冲异常→更换终端控制板→射频调制脉冲异常→更换激励源时序控制模块→射频调制脉冲正常。

（3）时序嵌套关系检查

时序嵌套关系的检查方法与本节 1(2)"时序嵌套关系诊断、分析"方法相同。

7.3.2　故障案例分析

依据新一代 C 波段天气雷达维修保障记录数据，发现接收系统激励源出现故障次数只有二次。按照激励源信号流程图，结合激励源模块组件工作特性以及诊断、测试和分析经验总结，归纳了激励源故障处理案例，按照输入输出诊断、测试顺序，完成激励源故障诊断、测试、分析流程图如图 7-14 所示。

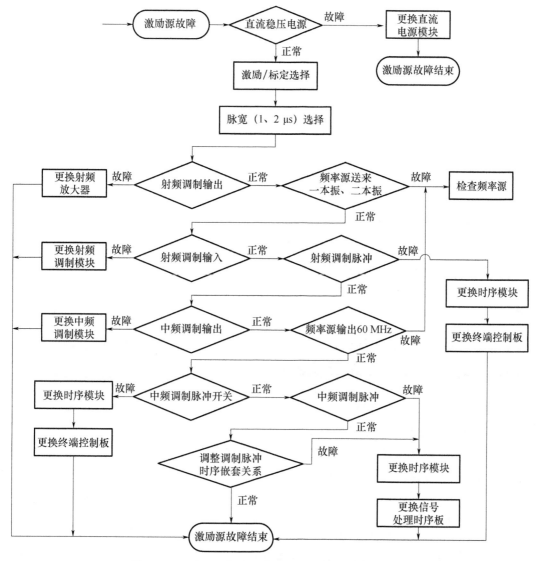

图 7-14　C 波段天气雷达激励源故障诊断、测试流程图

1. 故障现象描述

无故障报警信息,发射机输出功率大幅度下降(实际 120 kW,正常≥250 kW),回波强度很弱,径向速度和谱宽图正常。

2. 故障诊断、测试、分析判定方法

由于无任何报警信息,只是发射功率大幅度下降,初步诊断、分析认为,故障产生的原因不仅与发射系统有关,可能与接收系统的频率源、激励源以及终端监控和信号处理的时序有关。依据激励源工作原理及时序嵌套关系图,按照输入输出顺序,针对故障现象进行如下诊断、测试和分析判定。

(1)发射机速调管放大增益

由于终端显示发射机功率较小,直接原因可能是速调管收集极电流降低造成的。使用示波器和磁环测量速调管收集极电流,显示为 14 A,表明发射机工作正常。从速调管收集波形底部几乎看不到激励波形跳动,由此判断激励源输出 RF 信号异常。

（2）激励源输出 RF 激励调制信号（激励调制射频放大器输出信号）

使用频谱仪测试激励源输出激励信号，频谱仪显示激励输出信号频谱波形正常，但功率为 -1.5 dBm，而正常 $\geqslant 27$ dBm。造成故障原因可能是频率源送来的一本振、二本振信号功率异常，在进行激励上变频射频调制后，输出的激励射频调制信号功率也会异常，因此，需要检查测试频率送来的一本振、二本振信号。

（3）激励源上变频一本振、二本振信号

使用频谱仪分别频率源送至激励源的一本振和二本振信号，测试结果显示，一本振频率 4970 MHz，功率 11.8 dBm，表明一本振信号正常；测试结果显示，二本振频率 400 MHz，功率 7.8 dBm，表明二本振信号正常。造成故障的原因可能是激励射频放大器工作异常。

（4）激励源调制 RF 输入信号（激励调制射频放大器输入信号）

使用频谱仪测试激励调制 RF 输入（输入至射频放大器）信号，测试结果显示为频率 5430 MHz，功率 1.3 dBm（正常 $\geqslant 0$ dBm），表明激励调制经过上变频一本振、二本振两次调制后激励射频调制信号正常，由此表明激励射频放大器故障，需要更换激励射频放大器。但为了精准诊断、分析，还需要做进一步诊断、测试和分析。

（5）激励射频 RF 调制脉冲信号（激励和测试标定）

在终端界面上选择正常扫描方式，且选择窄脉冲（1 μs）方式，使用示波器测试激励射频调制脉冲信号，测试结果显示，方波脉宽 1 μs，高电平 $+5$ V，表明激励射频调制脉冲信号正常；在终端界面上选择正常扫描方式，且选择宽脉冲（2 μs）方式，使用示波器测试激励射频调制脉冲信号，测试结果显示，方波脉宽 2 μs，高电平 $+5$ V，表明激励射频调制脉冲信号正常；在终端界面上选择标定方式，使用示波器测试激励射频调制脉冲信号，测试结果显示，方波脉宽 8 μs，高电平 $+5$ V。以上测试结果表明激励射频 RF 调制脉冲信号正常。

（6）激励源 IF 中频调制输出信号（激励和测试标定）

在终端界面上选择正常扫描方式，且选择窄脉冲（1 μs）方式，使用频谱仪测试激励源 IF 中频调制输出信号，测试结果频率 60 MHz，功率 0.9 dBm（正常 $\geqslant 0$ dBm），频谱和功率均正常；在终端界面上选择正常扫描方式，且选择宽脉冲（2 μs）方式，使用频谱仪测试激励源 IF 中频调制输出信号，测试结果频率 60 MHz，功率 0 dBm（正常 $\geqslant 0$ dBm），频谱和功率均正常。以上测试结果表明激励源 IF 中频调制输出信号正常，同时也表明频率源送来的 60 MHz 信号正常。

（7）激励 IF 中频调制开关信号

在终端界面上选择正常扫描方式，使用示波器测试激励中频调制开关信号，测试结果低电平 0 V；在终端界面上选择标定方式，使用示波器测试激励中频调制开关信号，测试结果高电平 5 V。测试结果表明激励中频调制开关信号正常。

（8）激励 IF 中频调制脉冲信号（激励和测试标定）

在终端界面上选择正常扫描方式，且选择窄脉冲（1 μs）方式，使用示波器测试激励中频调制脉冲信号，测试结果显示方波脉宽 1.5 μs，高电平 $+5$ V，表明激励中频调制脉冲信号正常；在终端界面上选择正常扫描方式，且选择宽脉冲（2 μs）方式，使用示波器测试激励中频调制脉冲信号，测试结果显示方波脉宽 3 μs，高电平 $+5$ V，表明激励中频调制脉冲信号正常；在终端界面上选择标定方式，使用示波器测试激励中频调制脉冲信号，测试结果显示方波脉宽 8 μs，高电平 $+5$ V，表明激励中频调制脉冲信号正常。

（9）激励源时序嵌套关系

使用示波器测试激励源时序嵌套关系，测试方法与 7.3.1 的 1（2）"时序嵌套关系诊断、分析"方法相同。测试结果正常。

通过本小节"(1)～(4)"步骤的诊断、测试，基本可以判定激励源射频激励放大器工作异常，需要更换该器件，但为了确保射频、中频调制脉冲信号和时序嵌套关系正常，也进行了"(5)～(9)"各项检查。

3. 更换射频放大器模块

(1)更换激励源射频放大器。

(2)在终端界面上选择正常扫描方式，使用频谱仪测试激励源输出信号，测试结果频率 5430 MHz，功率 27.8 dBm，频谱正常，表明激励源工作正常。

(3)在终端界面上选择正常扫描方式，打开高压，使用功率计接入发射波导定向耦合器输出端，测试结果功率计输出功率 261 kW，表明雷达工作正常，激励源单元故障排除。进入体扫模式，雷达回波强度、径向速度和谱宽图均正常。

7.3.3　总结

(1)快速、准确地诊断、分析并排除激励源故障，需要熟悉激励源的结构、信号和关键测试波形参数、频谱仪等仪表的使用方法，按照模块信号输入、输出的排查顺序，测量和分析中心频率、功率幅度、时序脉冲宽度、时序脉冲电平幅度和时序嵌套关系 5 个方面参数来判定模块的工作是否正常。

(2)诊断、测试和调整激励源时序控制脉冲波形时，需要与终端软件操作相互配合，注意正常扫描和标定测试两个工作状态的选择，脉宽的选择(窄脉宽 1 μs、宽脉冲 2 μs)。

(3)处理激励源故障时，使用示波器双通道进行测试、检查和调整，一旦时序嵌套关系错位将会影响激励射频和激励测试标定信号的输出功率。

(4)使用归纳总结的这套激励源故障诊断、分析和处理方法，通过多次故障案例诊断、分析和处理，证明该方法快速有效，可以快速、准确地找到故障的关键问题，为雷达故障处理提供一些可以借鉴的经验。

参考资料

安徽四创电子股份有限公司,2006.CINRAD/CC雷达培训教材(技术说明书)[G].合肥:安徽四创电子股份有限公司.

柴秀梅,2011.气象雷达技术论文集(2005—2010)[M].北京:气象出版社.

何炳文,高玉春,施吉生,钟涛,邬建祥,2008.常德多普勒天气雷达一次综合故障的诊断与维修[J].气象科技,36(5):653-657.

李希文,赵建,2008.电子测量技术[M].西安:西安电子科技大学出版社.

梁华,高玉春,柴秀梅,刘永强,2013.新一代天气雷达CINRAD/CC接收系统典型故障分析与处理[J].气象科技,41(5):832-836.

潘新民,2009.新一代天气雷达(CINRAD/SB)技术特点和维护、维修方法[M].北京:气象出版社.

潘新民,2017.新一代天气雷达故障诊断技术与方法[M].北京:气象出版社.

潘新民,柴秀梅,崔柄俭,徐俊领,黄跃青,王全周,2011.CINRAD/SB雷达接收机技术特点及故障诊断方法[J].气象科技,39(3):320-325.

邵楠,2018.新一代天气雷达定标技术规范[M].北京:气象出版社.

吴少峰,胡东明,胡胜,黎德波,程元慧,2009.一次CINRAD/SA雷达发射机功率偏低故障的分析及处理[J].气象,35(10):108-112.

吴顺君,梅晓春,等,2008.雷达信号处理和数据处理技术[M].北京:电子工业出版社.

杨传凤,柴秀梅,张海燕,黄秀韶,涂爱琴,刘朝晖,袁希强,2012.CINRAD/SA雷达数字中频改造技术难题及解决方法[J].气象科技,40(1):5-8.

叶勇,刘颖,张维,2013.一次CINRAD/CC雷达接收机频率源故障诊断[J].气象科技,41(1):32-36.

张明友,汪学刚,2006.雷达系统[M].2版.北京:电子工业出版社.

张涛,王民栋,解莉燕,董洋,2010.用频谱仪检修CINRAD/CC雷达接收系统故障[J].气象科技,38(3):336-339.

郑新,李文辉,潘厚忠,2006.雷达发射机技术[M].北京:电子工业出版社.

Bringi V N,Chandrasekar V,2010.偏振多普勒天气雷达原理和应用[M].李忱,张越,译.北京:气象出版社.

Merrill I Skolnik,2006.雷达系统导论[M].3版.左群声,徐国良,马林,王德纯,等,译.北京:电子工业出版社.

附录　CINRAD/CC 天气雷达故障诊断、分析处理相关成果

新一代天气雷达 CINRAD/CC 回波强度自动标校技术分析①

黄　晓¹，柴秀梅²，黄兴玉³

（1. 新疆维吾尔自治区气象局，乌鲁木齐830002；2. 中国气象局大气探测技术中心，北京100081；3. 安徽四创电子股份有限公司，合肥230088）

摘　要　天气雷达观测的目标是云、雨、冰雹等降水气象粒子，其探测精度的提高需要在雷达系统中采取科学合理的标校措施。雷达回波强度标定或标校，就是要根据当时雷达系统的工作特性对探测的回波信号强度再进行相应的校正。回波强度标定技术直接关系到定量测量的准确度，雷达回波强度定标是新一代天气雷达组网定量测量的基础，是提高天气雷达的探测精度的重要手段。本文对新一代多普勒天气雷达（CINRAD/CC）自动标校的技术原理做了详细的分析，对其在自动标校中采用的DDS技术以及标校技术的实施方法做了具体的介绍，给出了系统自动标校的实际检验结果，并指出了目前新一代天气雷达（CINRAD/CC）定标中存在的问题。

关键词　脉冲多普勒天气雷达、自动标校、探测精度、DDS信号源

引　言

我国新一代天气雷达发展规划（2001—2015）明确指出，新一代天气雷达应该是一个能够定量估算回波强度、径向速度和谱宽等信息的全相干系统，定量测量大范围降水是新一代天气雷达系统的主要功能之一。对台风、暴雨、飑线、冰雹、龙卷等灾害性天气的有效监测和预警是新一代天气雷达系统的重要任务，天气雷达的应用为短时气象预报提供了最直接、最可靠的依据。

新一代天气雷达系统（CINRAD/CC）作为一个测量系统对降水天气进行定量测量，系统

---

① 本文发表在《现代雷达》第35卷3期，2007年6月。

作者简介：黄晓，男，1964年生，学士，高级工程师，新疆维吾尔自治区气象局技术装备中心副主任，主要从事气象雷达的技术保障、管理和产品应用。

设有稳定的测试信号源、发射功率监测装置等,以实现系统对探测的回波强度自动进行准确定标,从而提高对气象回波强度进行精确估测。

新一代多普勒天气雷达必须保证有足够的探测精度,且系统性能要稳定可靠、检测和维修方便,但雷达的探测结果往往会因外界环境和系统本身特性的改变而引起变化,因此就要求雷达系统本身能对主要工作参数进行自动检测和对探测结果进行必要的修正,这个过程就是雷达系统的自动标校。机内自动标校不需要另外的信号源、频谱仪、功率计等昂贵仪器,省时省力,且也利于雷达故障的及时发现和方便维修。

CINRAD/CC 雷达对回波强度自动标校是通过对雷达发射功率和系统接收特性进行在线检测,并依据实际检测结果对降水回波强度的测量值进行自动校正,从而避免了因发射功率和系统接收特性这两个主要因素的变化对降水强度估值的影响。

1 降水回波强度测量原理和分析

在气象学中,常用反射率因子 Z(也用 dBZ 表示,$\mathrm{dBZ}=10\lg Z$)来反映降水的强度。气象回波强度一般用反射率因子表示,单位为 $\mathrm{mm}^6/\mathrm{m}^3$。反射率因子 Z 是一个只由降水物自身特性决定的物理量,它和降水强度之间存在着直接的关系。

由雷达气象方程,在不考虑大气对电磁波的衰减和充塞系数影响的情况下,雷达天线接收到的回波功率近似为:

$$P_r = \frac{\pi^3}{1024\ln2} \times \frac{P_t G^2 \theta \phi C\tau}{\lambda^2} \times \left| \frac{m^2-1}{m^2+2} \right|^2 \times \frac{Z}{R^2} \tag{1}$$

即
$$Z = C_0 P_r R^2 \tag{2}$$

式中,C_0 常称为雷达常数

即
$$C_0 = \frac{1024\ln2}{\pi^3} \times \frac{\lambda^2}{P_t G^2 \theta \phi c\tau} \times \left| \frac{m^2-1}{m^2+2} \right|^{-2} \tag{3}$$

式中,P_t:雷达天线发射脉冲功率;G:天线增益;θ:天线水平方向波束宽度;ϕ:天线垂直方向波束宽度;c:电磁波传输速度(3×10^8 m/s);τ:发射脉冲宽度;λ:雷达工作波长;m:复折射指数;R:回波距离;Z:反射率因子。

由(2)式可知,只要知道雷达接收到的回波信号功率 P_r,就可以根据该回波所对应目标距离 R 求出其反射率因子 Z。

对于特定的雷达系统,通常认为,G、θ、φ、τ、λ 是几乎不变的,m 是复折射指数,对于 C 波段天气雷达,在探测一般降水时,可取 $|(m^2-1)/(m^2+2)|^2=0.93$。P_t 相对来说,稳定性较差,需要在线检测,并以实际检测结果代入(3)式计算雷达常数 C_0,这就是通常说的"发射功率标定"。

雷达天线接收到的回波信号功率 P_r 非常微弱,无法直接测量,但只要经接收分系统放大后送至信号处理分系统做强度处理,就可以输出与 P_r 直接相关的信号强度 P_s。也就是说,雷达信号处理分系统输出的信号强度 P_s 与接收到的射频回波信号功率 P_r 有着确定的对应关系,如图 1 所示。

这样,只要知道信号处理器输出的信号强度 P_s,就可以利用图 1 中所示的 P_s 与 P_r 之间的对应关系推算出回波信号功率 P_r,进而利用(2)式计算出降水目标的反射率因子(dBZ)。

对于特定的雷达系统,P_s 与 P_r 之间的特性曲性是确定的,并可以利用高精度信号源作为模拟回波信号将雷达系统的 P_s 与 P_r 之间的对应关系实际测量出来。但是雷达在长时间工作中,特性曲线会随接收机噪声系数、通道增益等参数的变化而变化,因此,特性曲线不能认为

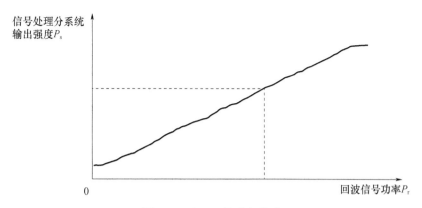

图 1　P_s 与 P_r 的对应关系

是固定不变的,应该做经常性的实际测量。这就是通常说的"系统接收特性标定"。

　　通过以上分析可以看出,影响天气雷达对回波强度的探测精度主要有两个因素,即发射功率的变化和系统接收特性的变化,只要及时、准确地检测发射功率和系统的接收特性,回波强度的探测精度就有保障。

　　CINRAD/CC 雷达回波强度的自动标校技术主要就是通过对雷达发射功率和系统接收特性进行在线检测(标定),并依据实际检测结果对雷达回波数据进行必要的修正,从而避免了因发射功率和系统接收特性的变化对降水强度估值的影响。

　　需要说明的是,这里的发射功率(P_t)是指雷达天线的发射功率。回波信号功率(P_r)是指雷达天线接收到的回波功率。因此,在实际计算中还要考虑到天线喇叭口到接收机输入端之间的馈线损耗以及发射机速调管输出口到天线喇叭口之间的馈线损耗,另外,还要考虑接收机匹配滤波器损耗、大气对电磁波的衰减和天线罩的双程损耗等。

2　自动标校原理和内容

　　天气雷达对回波强度的自动标定主要有两点,即发射机输出功率的测试和标定、系统接收特性的测试和标定。

2.1　发射机输出功率的测试与标定

　　由(3)式可见,雷达发射机输出功率 P_t 的不稳定性将直接影响反射率因子 Z 的测量精度。一般说来,随着工作环境及系统工作状态的变化,雷达发射功率 P_t 往往会偏离标称值,因此,有必要对 P_t 进行经常性的在线测量,然后根据 P_t 的实际测量值来计算雷达常数 C_0,以保证降水强度的测量准确性。

　　在新一代天气雷达系统(CINRAD/CC)中采用脉冲小功率计可实时进行发射功率 P_t 的在线测量。图 2 是新一代天气雷达(CINRAD/CC)所采用的测量方法。该方法采用的是机内高精度脉冲峰值小功率计,抗干扰能力强,测量精度高。

图 2　发射功率测量框图

如图 2 所示,将速调管(KLY)输出功率经定向耦合器耦合出毫瓦(mW)量级的射频信号送至峰值小功率计,从而对发射机的输出功率进行实时测量,测量结果送至监控分系统,并进一步传送给终端计算机,终端系统在生成气象产品时,可根据发射功率(峰值功率)的实际大小,计算雷达常数 C_0,进而对探测的回波强度进行准确的计算,同时在终端显示器上,还可实时显示出雷达发射功率的实际测量值(峰值功率)。

峰值功率计同时还对雷达馈线的反射功率进行检测,并将检测结果送往终端系统,由终端微机计算并显示出馈线的驻波系数,这也强化了系统的 BIT 功能。

2.2 系统接收特性标定

如前所述,雷达信号处理器输出的信号强度 P_s 与接收到的射频回波信号功率 P_r 有着确定的对应关系,该对应关系反映了雷达系统的接收特性。这样,只要知道信号处理器输出的信号强度 P_s,就可以利用系统接收特性曲线推算出回波信号功率 P_r,进而利用(2)式计算出降水目标的反射率因子(dBZ)。

雷达在长时间工作中,接收特性会有一定范围的波动,需要进行经常性的检测(标定),标定过程就是采用标准的测试信号源(标定信号源)注入接收机的射频前端,如图 3 所示,控制标定信号源的功率 P_r 在全动态范围内变化,并实时采集信号处理器输出的信号强度 P_s。

终端系统根据各种标定信号源功率 P_r 及所对应的信号处理器输出强度 P_s 值,在终端显示器上显示出 P_s 与 P_r 之间的关系曲线,以反映雷达系统的接收特性。

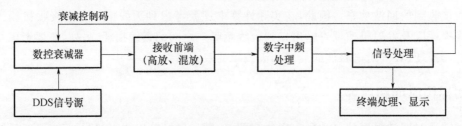

图 3　系统接收特性标定

标定信号源。在 CINRAD/CC 雷达的标校设计中利用直接数字式频率合成技术(DDS)可以很方便地产生雷达标定所需的测试信号源(以下简称为"DDS 信号源")。DDS 信号源功率稳定、控制灵活、转换速度快。利用此技术可以在中频采用数字合成方式得到一系列高稳定的并可具有不同多普勒频率的标准信号。DDS 信号源的功率变化是通过一个高稳定的射频数控衰减器控制来实现的。

DDS 信号源主要技术指标:

最大功率　　　　　　　　　　　－15 dBm(典型值)

数控衰减器　　　　　　　　　　衰减范围 0～126 dB

　　　　　　　　　　　　　　　控制步进 2 dB

　　　　　　　　　　　　　　　衰减精度≤0.5 dB(典型值)

标定过程。在标定过程中,雷达信号处理器依次向数控衰减器发送不同的衰减码,同时,信号处理器向终端系统输送 DDS 信号衰减码及相应的输出强度(P_s)。终端系统根据各种标定信号源功率 P_r(由衰减码推算出)及所对应的信号处理器输出强度 P_s 值,在终端显示

器上做出 P_s 与 P_r 之间关系的特性曲线,如图 4 所示(实测曲线)。图中的拟合直线是用最小二乘法对实测曲线进行拟合而得。

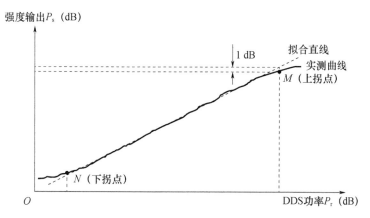

图 4　系统接收特性标定曲线

图 4 中,1 dB 压缩点 M、N 分别称为动态特性曲线的"上拐点"(又称"饱和点")和"下拐点",上拐点 M 和下拐点 N 所对应的输入信号功率值的差值为系统的接收动态范围。新一代天气雷达要求系统的动态范围不小于 85 dB,拟合直线的斜率为 1 ± 0.015,线性拟合均方根误差≤0.5 dB。

雷达出厂前,已对系统接收特性做了精心检测,并保存于终端系统,称为"出厂曲线"。在业务使用中,雷达系统在每完成一个体积扫描后,均自动进行一次接收特性检测,如果检测结果属正常范围,则当前的检测结果可用于系统的接收特性标定曲线。

如果接收特性检测结果超出正常范围,终端系统将给出"系统接收特性异常"提示,同时终端处理系统自动将"出厂曲线"暂作为当前的接收特性标定曲线。

3　自动标校性能实际检查

3.1　发射功率自动标校功能的检查

在允许范围内通过调整 CINRAD/CC 雷达发射机输出功率,将雷达发射微波脉冲经衰减并通过射频延迟线延迟后注入接收机前端,在终端显示器上观测该信号在固定距离上(由延迟线延迟时间决定)所对应的回波强度值(dBZ),并记录发射功率监测值,调整发射功率,检查发射功率变化后回波强度的变化情况。表 1 是一组实际检验数据记录。

表 1　发射机功率标校记录表

序号	发射机输出功率(kW)	回波强度(dBZ)
1	215.6	18.6
2	141.0	18.5
3	301.6	19.0
4	243.1	18.8

从检验结果可看出:当发射峰值功率在 141.0～301.6 kW 范围内变化,即变化范围最大为 2.14 dB 时,具有自动标校功能系统反映的回波强度值的变化范围仅在 ±0.3 dB 内。

3.2 接收特性自动标校功能的检查

用外接信号源将信号注入接收前端,在终端显示器上观测并记录 20 km 和 50 km 处的回波强度(dBZ),然后在接收通道中串接一个 3~5 dB 的固定衰减器(相当降低接收通道增益),模拟系统接收特性变化,用固定衰减器接入前后的回波强度估算值(dBZ)的差异情况来检验系统自动标校功能。表 2 是一组实际检验数据记录。

表 2　机外信号源标校特性曲线记录表

输入信号　　　　　　　距离(km) 　　反射率(dBZ)	20	50
−35(dBm)　接收通道为正常状态	63.1	71.5
−35(dBm)　通道中串接 5 dB 衰减器	62.8	71.3
−35(dBm)　差值(dB)	0.3	0.2
−55(dBm)　接收通道为正常状态	42.9	51.2
−55(dBm)　通道中串接 5 dB 衰减器	42.6	51.0
−55(dBm)　差值(dB)	0.3	0.2
−75(dBm)　接收通道为正常状态	23.3	31.6
−75(dBm)　通道中串接 5 dB 衰减器	22.9	31.2
−75(dBm)　差值(dB)	0.4	0.4

从检查结果可看出,对于从 −35~−75 dBm 范围内的输入信号,当接收系统的通道增益"下降"5 dB 后,具有自动标校功能的雷达系统输出的回波强度变化均未超过 0.4 dB。

综合以上两项实际检查,可以看出在雷达运行中发射功率和接收机增益出现变化时,采用自动标校后雷达回波强度估算值的偏差可控制在 0.3~0.4 dB 内,满足对回波强度定量测量的精度要求。

4　标校中存在的问题

因机内功率监测稳定性相对较差,机内功率监测必须定期用机外功率测量进行定标;定标参数中收发支路馈线损耗在现场安装过程中,没有实际测量,只是通过分段估算相加,其参数的准确度会受到影响;标定设备本身存在的不稳定性、定标方法的合理性等都对系统的自动标校精度有直接的影响;定标参数测量点的选择问题、系统误差的来源和定标精度不同、雷达型号不同、雷达硬件设备差别较大等都会造成不同雷达定标精度有差别。另外,对于小信号区,接收机输出起伏较大,因此,即使通过标校后,雷达系统对弱信号的探测精度仍难以保证。

5　小结

根据以上的分析和讨论,应该说气象雷达的自动标定是非常重要的,尤其是对于组网雷达,由于更加重视其探测结果的一致性,因此,自动标定功能更是必不可少的。目前,国内外新一代的多普勒天气雷达一般都具有自动标定功能。

天气雷达从定性到定量,从模拟信号显示到数字信号显示,从单纯的回波强度观测到多要素观测,每前进一步,都需要有与它相适应的定标方法和定标技术。因此,随着天气雷达技术的发展,不断地开展天气雷达定标方法研究是非常必要的。

气象雷达的准确标定是相当困难的,测试信号的精度、是否采用最优化的标定或处理方式等对标定效果都有较大的影响,如何对气象雷达进行全面的准确标定,还需要做进一步的研究;由于标定设备本身也存在不稳定性,例如,DDS 信号源功率变化,数控衰减器衰减量的不稳定性等,因此,对这些参数必须定期用标准测试仪器进行计量,以保证系统的标定精度。

参考资料

[1] 张培昌,杜秉玉,戴铁丕.雷达气象学[M].北京:气象出版社,2001.

[2] 张沛源,周海光,梁海河,胡绍萍.数字化天气雷达定标中应注意的一些问题[J].气象,2001,27(6):27-32.

[3] 王志武,庚新林,李开奇.713C 天气雷达的回波强度定标[J].现代雷达,2004,26(2):27-30.

[4] 潘新民,汤志亚.天气雷达接收功率标定的检验方法探讨[J].气象,2002,28(4):34-37.

CINRAD/CC 天气雷达伺服系统故障诊断方法①

安克武,黄　晓,贾木辛,张平文,阎友民

（新疆气象技术装备保障中心,乌鲁木齐 830011）

摘　要　伺服系统主要负责接收雷达终端发送操作指令,经过处理后产生驱动信号去控制天线做扫描运动,同时还要接收天线旋转变压器送来的角度信息,经过量化后送信号处理系统。如果伺服系统不能接收终端发送来的天线做扫描运动的指令,或者不能产生正确的驱动信号,都将造成雷达天线停止扫描。如果雷达天线扫描可以进行,但天线转动的方位俯仰角度数据不能正确地送到信号处理系统,最终造成终端扫描图出现条状或环形状,或者存储过程中缺少某一扫描层。利用伺服系统信号流程及结构原理和关键点波形及参数,结合两个故障案例,对伺服系统故障的成因进行分析,给出伺服系统故障诊断和排障方法,并结合历次伺服系统出现的故障,对伺服系统故障进行了归类,意旨在积累经验达到快速排除伺服系统故障的目的。

关键词　伺服故障　诊断　排除　归类

引　言

新疆 CINRAD/CC 天气雷达的建设从 2000 年开始,先后有 7 部雷达投入业务使用,使用过程中发现伺服系统出现的故障频次仅次于发射机。通过这几年雷达保障工作,对雷达伺服故障分析、诊断、排除积累一定的经验和方法[1-3]。本文从伺服系统组成结构出发,结合伺服系统信号流程及工作过程和关键点波形及参数,通过伺服系统主机柜中伺服驱动器、伺服控制板、RD 板与天线转台中插座、汇流环输入输出、方位俯仰旋转变压器、电机相互之间物理连接关系,参考了周红根等[4]关于 CINRAD/SA 天气雷达伺服系统特殊故障分析、杨传凤等[5]关于 CINRAD/SA 雷达天伺系统疑难故障原因剖析及潘新民等[6]关于 CINRAD/SB 雷达伺服上电故障诊断分析等文章,从不同角度提出解决伺服系统故障的处理思路和列举不同故障的处理方法,分别对 2009 年 11 月 5 日克拉玛依和 2010 年 7 月 15 日阿克苏天气雷达伺服系统故障的成因进行了分析,给出了伺服系统故障诊断及排除的方法,并结合历次其他雷达站出现的伺服系统故障,对伺服系统可能出现的故障进行了归类,目的在于对于伺服系统出现类似的故障可以快速排除,提高天气雷达保障能力。

1　伺服系统信号流程

CINRAD/CC 天气雷达伺服系统按照物理连接可以分为两个部分,主机柜中伺服控制板、方位俯仰驱动器、方位俯仰 R/D 变换板、本地控制键盘及显示面板、电源等组成;天线座

---

①　本文发表在《气象科技》第 40 卷第 6 期,2012 年 12 月。

作者简介:安克武(1965—),男,硕士,高级工程师,从事雷达技术应用及保障工作。

中方位俯仰旋转变压器、汇流环、方位俯仰电机、减速箱和齿轮,图 1 为伺服系统信号流程图。

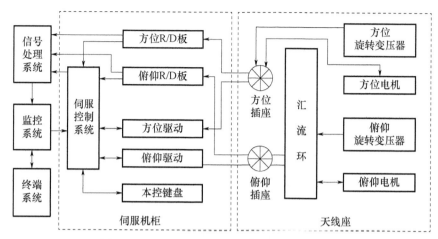

图 1　CINRAD/CC 天气雷达伺服系统信号流程

(1)伺服控制板信号流程。伺服控制板是伺服系统的核心控制电路,输入信号来自监控分系统和本地键盘送来的天线控制指令、R/D 变换板送来的天线方位和仰角角度码。这些输入信号经过软件的运算和处理后,输出变频脉冲信号经过伺服驱动器控制天线的旋转速度,输出转向控制信号经过伺服驱动器控制天线的转向。

(2)RD 变换板信号流程。输入信号包括来自方位俯仰旋转变压器产生的确定天线方位仰角正弦和余弦信号。输出信号包括送到方位俯仰旋转变压器 60 V/400 Hz 交流电压、天线方位仰角位置变为 14 位二进制数字信号后以串行方式送到信号处理、R/D 同步时钟送到信号处理、送往伺服驱动器的决定天线转动速度的变频驱动脉冲信号、送往伺服驱动器的决定天线转动方向的控制信号。

(3)驱动器信号流程。输入信号包括来自伺服控制板的天线定位位置指令和控制方式指令、R/D 变换板天线转向转速指令、电机码盘送来的天线当前转向转速状态信号。输出信号有伺服驱动器将输入信号经过内部运算处理后最终产生驱动天线转动的驱动信号送往驱动天线扫描的方位俯仰电机。

(4)汇流环信号流程。汇流环是连接俯仰伺服驱动与俯仰电机及俯仰 R/D 变换板与俯仰旋转变压器连接机械器件,其中汇流环固定线柱与俯仰伺服驱动和俯仰 R/D 变换板相连,转动线柱与俯仰电机和俯仰旋转变压器相连。

(5)电机信号流程。输入信号包括驱动器送来的驱动天线转动转速、转向驱动信号和码盘工作电压信号。输出信号码盘输出伺服驱动器的当前天线转向转速状态信号。

(6)旋转变压器。输入信号来自 R/D 变换板的 60 V/400 Hz 交流电压。输出信号确定天线方位仰角正弦和余弦信号送到 R/D 变换板。

2　伺服系统关键点波形和参数

根据伺服系统的信号流程可以确定伺服系统关键点波形、参数以及相互之间的连接关系。这也是诊断和排除伺服系统故障的依据。

(1)R/D 变换板和旋转变压器。R/D 变换板上有一个 25 芯的插头,其中 XP2-5 为 R/D

变换数据串行同步时钟脉冲输出至信号处理系统,XP2-17 为 14 位 R/D 变换数据串行输出至信号处理系统,XP2-7 为 60 V 400 Hz 激励电源测试点输出至旋转变压器,XP2-8 为天线座中旋转变压器输出信号 $\sin\theta$,XP2-9 为天线座中旋转变压器输出信号 $\cos\theta$。通过示波器可以测试以上几种波形,在测试过程中要匀速转动天线。图 2 是各种波形。

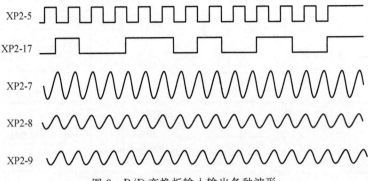

图 2　R/D 变换板输入输出各种波形

(2)伺服控制板。伺服控制板上有一个 25 芯的插头,其中 XP2-7 是送至监控系统发来 232 电平信号,XP2-19 是监控系统送来的指令 232 电平信号,XP2-1 是将伺服控制板输出的 TTL 电平信号,XP2-14 是监控系统发来 232 电平信号转换成 TTL 电平。使用示波器可以测试这些信号。

(3)驱动器和电机。驱动器的输入输出信号比较多,一方面可以通过驱动器数码管显示的故障代码可以判断响应故障,输出到电机的 U、V、W 三相电压,对于 CINRAD/CC 雷达三相电压值应该 200~240 V。电机的工作电压输入 A、B、C 与驱动器输出的 U、V、W 一一对应,否则将导致电机振动,电机码盘的工作电压+5 V(信号线 13 脚)。

(4)汇流环。CINRAD/CC 雷达汇流环共有 26 接线柱,其中汇流环外壳接线柱(固定)与伺服的驱动器、R/D 变换板相连,汇流顶部接线柱(转动)与俯仰电机和俯仰旋转变压器相连。其中对应关系如表 1 所示。

表 1　汇流环连接关系

信号名称	转台插座（俯仰信号）	转台插座（电机电源）	汇流环外壳上接柱（固定）	汇流环	汇流环顶部接线柱（转动）	俯仰电机信号	俯仰电机电源	俯仰旋转变压器
GND	1							
GND	2							
FY-A	3		9″	9	9′	1		
FY-/A	4		10″	10	10′	2		
FY-B	5		11″	11	11′	3		
FY-/B	6		12″	12	12′	4		
	7							D3/D4
FY-Z	8		13″	13	13′	5		
FY-/Z	9		14″	14	14′	6		
FY-RX	10		15″	15	15′	11		

信号名称	转台插座（俯仰信号）	转台插座（电机电源）	汇流环外壳上接柱（固定）	汇流环	汇流环顶部接线柱（转动）	俯仰电机信号	俯仰电机电源	俯仰旋转变压器
FY-/RX	11		16″	16	16′	12		
+5 V	12		17″	17	17′	13		
0	13		18″	18	18′	14		
+5 V	20		17″	17	17′	13		
0	21		18″	18	18′	14		
UXWKG	22		19″	19	19′			
DXWKG	23		20″	20	20′			
60 V/400 Hz	24		21″	21	21′			D1
AGND	25		22″	22	22′			D2/Z2/Z4
SINQ	26		23″	23	23′			Z1
COSQ	27		24″	24	24′			Z3
	28		25″	25	25′			
	29		26″	26	26′			
AGND	31							
AGND	32							
FY-U		5	1″	1	1′		1	
			2″	2	2′			
FY-V		6	3″	3	3′		2	
			4″	4	4′			
FY-W		7	5″	5	5′		3	
			6″	6	6′			
FY-E		8	7″	7	7′		4	
			8″	8	8′			

3　伺服系统故障分类及分析方法

3.1　仪表准备

伺服系统出现故障准备示波器、万用表和电阻摇表。

3.2　分类、分析方法

（1）汇流环故障。汇流环用来将天线转台中俯仰电机和旋转变压器与伺服机柜中驱动器和俯仰 R/D 变换板相连接特殊器件。当汇流环与碳刷接触不良或汇流环外壳接线柱 SMA 脱落或者汇流环顶部接线柱 SMA 脱落都将出现伺服故障现象。一般情况下，汇流环出现故障，在伺服驱动器的数码管上显示 Err 故障代码号。①Err-21，当出现这个故障代码时，表明电机与驱动器通信出现故障，可能原因是汇流环外壳接线柱或者其顶部接线柱松动脱落，也可能环与碳刷接触不好,通过查看表 1 可以确定检查汇流环 9～18 环。检查外壳接线柱和顶部接线柱是否存在松动或者脱落,使用万用表的电阻挡检查 9～18 号外壳接线柱和顶部接线柱的连通情况,如果连通存在问题,则检查 9～18 的碳刷是否存在松动。②Err-16,当出现这个故障代码时,表明驱动器出现过载现象,可能电机损坏造成阻力过大,也有可能旋转变压器损坏,造成伺服角度判断错误,误判断天线冲顶或到下限位,可能汇流环 1、3、5、7、21～24 环外壳接线柱或者其顶部接线柱松动脱落,可能汇流环与碳刷接触不好,检查办法同①。

(2)天线转台方位俯仰信号插座接头虚焊故障。通过查看表 1 可以确定当转台方位俯仰信号插座接头 3～13、20、21 存在虚焊情况时,也出现汇流环故障①Err-21,检查办法使用万用表。

(3)电机故障。电机损坏后造成阻力偏大,出现驱动过载现象。当电机码盘损坏,当前天线的转向和转速不能传送到驱动器,造成驱动不能与电机通信。当电机损坏后,在伺服驱动器的数码管上显示 Err 故障代码号。①Err-21,当出现这个故障代码时,首先通过检查汇流环的 9～18 环连通情况,其次检查天线转台插座接头 3～13、20、21 是否存在虚焊。如果都没有问题应该是电机码盘出现故障,更换电机码盘或将电机整体更换。②Err-16,当出现这个故障代码时,首先检查汇流环 1、3、5、7、21～24 连通情况,如果没有问题则电机损坏。

(4)R/D 变换板故障。R/D 变换板产生故障后存在几种故障现象:①直接报 R/ 故障,这类故障直接导致天线停止扫描,检查办法是拆卸 R/D 变换板,可以闻到一股烧煳的味道,通常是 DC/AC 变换器烧坏。②伺服本地显示角度信息,但终端不显示。如果在终端上方位和仰角角度均不显示,可能 MDSP 工作异常,否则要么是 R/D 变换板串行数据没有输出,要么是 R/D 变换板串行时钟没有输出。使用示波器分别检查 R/D 变换板测试口 XP2-5 和 XP2-17 脚。③终端显示角度信息不稳定,特别是当天线处于停止状态,角度信息乱跳。检查办法是将方位与俯仰 R/D 变换板互换,互换后角度信息不再乱跳,表明 R/D 变换板损坏。如果互换后角度信息仍然乱跳,使用万用表测试 R/D 变换板测试口 XP2-8 和 XP2-9 脚,正常情况下输出为正(余)弦波(注意,在测试保持天线匀速转动),不正常表明旋转变压器故障。

(5)旋转变压器故障。①旋转变压器损坏后送到 R/D 变换板的 $\sin\theta$ 和 $\cos\theta$ 信号输出不稳定,导致显示角度信息乱跳。使用万用表测试 R/D 变换板测试口 XP2-8 和 XP2-9 脚,正常情况下输出为正(余)弦波。②旋转变压器损坏造成伺服角度判断错误,误判断天线冲顶或到下限位,出现驱动过载现象。出现这种故障在驱动器上报 Err16 故障。

(6)电机或减速箱磨损。这种故障不至于使天线停止扫描,但转台内部噪声较大,通过听、看、摸来判断故障部位。一是用手推动转动先天比较吃力,比正常情况用力很重。二是用手推动天线转动时,天线转台发出异响。

(7)俯仰减速机与扇形齿轮之间间隙变大。这种故障不至于使天线停止扫描,减速机与扇形齿轮之间间隙变大,当天线抬升仰角时存在齿轮打滑现象,一般情况下在仰角 $1.5°～7°$ 时显示仰角角度跳变。首先排除 R/D 变换板和旋转变压器不存在故障,然后使用长约 20 cm 常用焊锡丝一根放置到俯仰减速机与扇形齿轮之间,均匀推动天线上下运动,取出焊锡丝观察被齿轮压过的痕迹,发现痕迹不是很均匀,表明齿轮存在间隙。

(8)伺服控制板故障。伺服控制板故障后伺服控制不能正常启动,本地方位和仰角不显示。

4 伺服系统故障案例分析

4.1 故障案例 1

4.1.1 故障现象

(1)2009 年 11 月 2 日开始,克拉玛依市天气雷达在雷达终端上选择体扫模式后,当仰角抬升至 1.5°时,终端显示仰角跳变,当仰角抬升到 7°后终端仰角显示正常。也就是说,在进行体扫时仰角在 1.5°~7°存在跳变现象,而且回波强度图出现圆环。通过观察天线上升下降运动,发现天线在上升过程存在打滑现象。

(2)没有故障报警指示。

4.1.2 故障判断依据及分析

(1)首先判断俯仰 R/D 变换板工作是否正常。将俯仰和方位 R/D 变换板对换,在终端选择体扫,终端显示方位角度正常,仰角角度仍然跳变,表明俯仰 R/D 变换板工作正常。

(2)判断俯仰旋转变压器工作是否正常。使用示波器测试俯仰 R/D 变换板测试口 XP2-8 和 XP2-9 脚,示波器输出为正(余)弦波正常(注意,要用手匀速上下推动天线),表明俯仰旋转变压器工作正常。

(3)准备一根长约 20 cm 焊锡丝放置到俯仰减速机与扇形齿轮之间,用手匀速推动天线上下运动,取出焊锡丝后发现被齿轮压过的痕迹很不均匀,而且在终端选择体扫后,天线做上下运动时的确存在打滑现象。

(4)通过故障现象和以上的分析,可以确定天线俯仰减速箱与扇形齿轮间隙过大。

4.1.3 故障排除

解决办法是缩小俯仰扇形齿轮与减速机齿轮之间咬合间隙,因为俯仰扇形齿轮中心轴固定在俯仰舱体内,其固定位置不能变动,而俯仰减速箱是通过底部的 4 个螺丝和 1 个销子固定在俯仰舱体底部,4 个螺丝的位置有一定挪动余地。拆卸俯仰减速箱底座的 4 个螺丝,取出固定销子,使用一个长 10 cm、宽 5 cm、上部厚度 1 cm、下部厚度 3 cm 的 T 型铁块,将 T 型铁块从最小坡度沿着俯仰减速箱与俯仰转台外壳之间的缝隙用榔头慢慢打入,注意边打边用 20 cm 焊锡丝放置到俯仰减速机与扇形齿轮之间,用手匀速推动天线上下运动,取出焊锡丝观察压过的痕迹,当痕迹基本均匀后,停止击打 T 型铁块(注意,减速箱与扇形齿轮之间间隙不要太大也不要太小,要凭经验感觉比较适中就可以。太大仍然打滑,太小容易将扇形齿崩掉)。重新固定俯仰减速箱底座的 4 个螺丝,用 9 mm 的钻头沿着俯仰减速箱底座销子的眼孔打入,注意销子直径 10 cm,为了把减速箱稳固到转台底盘,开始用钻头直径小于销子直径约 1 mm,当销子进入比较困难时,可以用直径为 5 cm 的圆锉慢慢锉钻孔,直到销子完全打入而且比较紧为止。整个工作基本完成,在终端选择体扫模式,观察仰角的变化,通过调整俯仰减速箱销子固定位置,仰角 1.5°~7°来回摆动现象消除。

4.2 故障案例 2

4.2.1 故障现象

(1)2010 年 7 月 15 日,俯仰驱动器出现 Err-16 代码故障,汇流环 1 环出现打火现象,并且

1 环被电流烧出一个小豁口。

(2)7 月 19 日,俯仰驱动器 Err-21 号故障。

(3)7 月 22 日,体扫结束后仰角回到 1.5°后开始下一个体扫,仰角不能回到初始位置 0.5°,在以后体扫的过程中终端扫描线消失,并且没有任何故障报警提示信息。

4.2.2 故障判断依据及分析

(1)对于故障现象(1),根据俯仰驱动器故障代码,初步判断为俯仰驱动器出现过载现象,造成这种现象可能是俯仰电机损坏;或者旋转变压器损坏后造成伺服角度判断错误,误判断天线冲顶或到下限位;或者汇流环 1、3、5、7、21~24 环外壳接线柱或者其顶部接线柱松动脱落,可能汇流环与碳刷接触不好。首先检查汇流环接线柱及碳刷接触情况,①注意观察汇流环外壳侧面固定的 1、3、5、7、21~24 接线柱是否存在脱落松动现象,检查侧面环上 1、3、5、7、21~24 环的碳刷与环之间间隙是否太大,排除以上现象后使用万用表的电阻挡测量汇流环外壳侧面固定的 1、3、5、7、21~24 接线柱与对应环的导通情况良好。②注意观察汇流环顶部与环内柱一起转动的 1、3、5、7、21~24 接线柱是否存在脱落松动现象,排除这种现象后使用万用表的电阻挡测量汇流环顶部与环内柱一起转动的 1、3、5、7、21~24 接线柱与对应环的导通情况良好。③如果碳刷质量不好,转动过程中堆积的碳粉太多有可能导致汇流环 1、3 环存在一定电阻,使用手摇电阻表测量汇流环 1、3、5、7 环对地电阻,发现 1、3 环对地存在最大约 200 MΩ 的电阻,也就是存在对地短路现象,5、7 环对地始终处于开路状态。通过故障现象 (1)分析,可以确定由于汇流环碳刷质量问题,使得堆积碳粉太多,另外碳刷磨损太快,使得碳刷与汇流环接触不好,造成汇流环 1、3 环对地存在短路情况,因此没有进一步对电机和旋转变压器进行检查。

(2)对于故障现象(2)是雷达恢复正常 4 天后又出现的故障,根据俯仰驱动器故障代码初步判断,可能是汇流环的 9~18 环连通情况不好,或者天线转台俯仰插座接头 3~13、20、21 是否存在虚焊,也有可能电机码盘出现故障。①观察天线转台俯仰信号插座接头 3~13、20、21 接线柱没有虚焊情况。②使用万用表测量汇流环侧面与顶部对应的 9~18 接线柱导通情况,发现 13、14 接线柱与对应的 13、14 环存在开路现象。③用手来回推动汇流环存在左右摇摆的现象,再用万用表测量汇流环 13、14 顶部接线柱与对应的 13、14 环导通情况,发现导通良好。其实,此前就怀疑汇流环存在质量问题,由此可以确定汇流环存在故障。因此,没有进一步对俯仰电机进行检查。

(3)对于故障现象(3)是雷达恢复正常 3 天后又出现的故障,该故障没有任何报警,但俯仰扫描不正常。结合故障现象(1)(2)的故障排除过程,初步判断可能俯仰电机或俯仰 R/D 变换板或俯仰伺服驱动器或俯仰旋转变压器都有可能存在故障。①对换方位和俯仰 R/D 板,发现故障仍然存在,表明俯仰 R/D 工作正常。②对换方位和俯仰驱动器,发现故障仍然存在,表明俯仰驱动器工作也正常。③使用示波器测试俯仰 R/D 变换板测试口 XP2-8 和 XP2-9 脚,显示输出为正(余)弦波,表明俯仰旋转变压器工作正常。④使用万用表的交流挡测量俯仰天线转台电源插座 U、V、W 三相电压,显示正常。⑤使用万用表的直流挡测量汇流环 17 环,显示 5 V 电压,表明电机码盘工作电压正常。⑥根据故障现象,体扫结束后仰角不能复位,很有可能由于电机码盘的故障不能将当前的仰角信息通过俯仰驱动器正确地传送到伺服控制系统。通过以上分析判断,最有可能存在故障的是俯仰电机。

4.2.3 故障排除

(1)对于故障现象(1)解决办法是清除汇流环内的碳粉,更换 1、3 环的碳刷,为了保险起见还是将汇流环侧面固定接线柱和顶部接线柱的 1、3 接头分别改接到备用接线柱 6、8 接线柱,俯仰驱动器故障代码消失,雷达恢复正常。

(2)对于故障现象(1)解决的办法就是直接更换汇流环,更换汇流环后故障解除。

(3)对于故障现象(3),直接更换俯仰电机后故障解除。

5　结语

通过这几年对 CINRAD/CC 保障经验可以发现,天气雷达伺服系统故障出现的概率仅次于发射机,为了更好地保障天气雷达,快速解决伺服系统出现的问题和故障,必须注意以下几点:

(1)熟悉伺服系统的信号流程,而且对 R/D 变换板、伺服控制板、伺服的驱动器、汇流环、旋转变压器、电机等各自的功能有比较多的了解。

(2)在(1)基础上,能够熟悉 R/D 变换板、旋转变压器、伺服的驱动器、汇流环、伺服控制板等关键波形和测试参数。

(3)熟悉驱动器故障代码的具体含义,另外对汇流环连接关系(表 1)熟悉。

只要做到以上 3 点,利用示波器、万用表、摇表基本上可以检查判断伺服系统故障点,并能依据故障点的现象很快会排除伺服系统故障。

参考文献

[1] 安徽四创电子股份有限公司 . CINRAD/CC 雷达技术说明书[G]. 合肥:安徽四创电子股份有限公司,2006.

[2] 潘新民 . 新一代天气雷达技术特点和维护、维修方法[M]. 北京:气象出版社,2009:200-229.

[3] 松下 A 系列伺服电机手册 v1.0 版,88-100.

[4] 周红根,周向军,祁欣,等 . CINRAD/SA 天气雷达伺服系统特殊故障分析[J]. 气象,2007,33(2):99-101.

[5] 杨传凤,袁希强,景东侠,等 . CINRAD/SA 雷达天伺系统疑难故障原因剖析[J]. 气象科技,2009,37(4):441-443.

[6] 潘新民,柴秀梅,崔炳俭,等 . CINRAD/SB 雷达伺服上电故障诊断分析[J]. 气象科技,2011,39(2):213-215.

CINRAD/CC 频率源稳定度对雷达回波的影响[①]

阎友民[1],王存亮[2],黄 晓[1],刘 涛[1]

(1 新疆维吾尔自治区气象技术装备保障中心,乌鲁木齐830002;
2 新疆石河子气象局,石河子832000)

摘 要 频率源稳定度是多普勒雷达的一项重要指标,如果雷达频率源本身存在频率起伏和相位起伏,就无法获得精确的强度和速度场信息。简要介绍了 CINRAD/CC 频率源的合成方式及主要信号流程,同时回顾频率源稳定度的表征方法及其联系。研究频率源短、长期稳定度的影响因素,利用雷达维修平台模拟再现故障,讨论了改进频率源稳定度的措施,从而实现现场快速判断、维修的目的。通过时域、频域并结合实际例证分析总结出在新一代雷达中,频率源的相位噪声(稳定度)是影响雷达回波强度和速度测量的主要因素。这些技术和方法在 CINRAD/CC 频率源维修维护工作中具有一定的借鉴作用。

关键词 频率源;稳定度;雷达回波;强度影响

引 言

新疆是拥有新一代天气雷达数量最多的自治区,雷达运行中出现回波异常的现象也同样频繁,在技术保障过程中发现,大多回波异常现象都与频率源相关。蔡宏等[1]、叶勇等[2]对 CINRAD/CC 雷达接收机频率源故障的分析,柴秀梅[3]主编的《新一代气雷达故障诊断与处理》一书中都对频率源故障做了描述,可见频率源的故障是频发、易发故障。多普勒测速是利用频移获得速度信息,如果雷达频率源本身就存在着频率起伏或相位起伏(或者说频率起伏和相位噪声),这种起伏或噪声就会与信号的频率或相位信息相混,大大降低雷达系统的性能。因此,频率源频率稳定与否成为雷达正常运行的关键,也是衡量新一代雷达的一项重要指标,其重要性就显得尤为突出。以往国内外广泛采用的是标准方差法,近十几年来研究发现,用标准方差来表征频率稳定度不是很合适,取而代之的是阿仑方差。目前随着雷达系统中信号源指标的日益提高,信号源生产厂家都具备相噪测试系统。但对于省级保障部门来说,由于测试仪表和测试手段的限制,尤其是雷达现场往往无法对信号源相位噪声进行真实测量,也就不能快速判断频率源故障部位。为提高维修的时效性,有必要研究频率源不同部位出现问题时回波强度和速度所对应的异常现象,研究短、长期稳定度的区别与联系,问题产生的原因以及所要采取的措施,以保证频率源稳定运行。我们在雷达现场主要对发射机输入端的极限改善因子进行分析,创新点是在实验室利用雷达维修测试平台,用信号源设置相应频偏或降低晶振电压方法,模拟再现故障,用频谱仪对其频谱、极限改善因子和噪声等进行分析,将其分析

① 本文发表在《气象科技》第43卷第3期,2015年6月。
作者简介:阎友民,1954年生,高级工程师,研究方向是电子工程及其应用。

经验用于未来频率源故障的快速判断,以期提高雷达维修的时效性。这一成果在雷达保障工作中得到应用,提高了雷达的探测质量,并取得了良好的经济效益。

1　频率源主要信号的合成方式

全相参雷达频率源中的频率合成器,可以用直接合成或间接合成的方法来实现。CINRAD/CC 雷达频率源采用高稳定度的 100 MHz 晶振信号作为基准源。晶体振荡器产生高稳定、高纯频谱的 100 MHz 信号送往频标综合器,采用直接合成方式经过倍频、分频和滤波选频等综合处理,直接合成包括二本振信号(400 MHz)、中频激励与 DDS 时钟信号(60 MHz)、BITE 检测信号(100 MHz)、中频基准相参(50 MHz)、基准时钟信号(16 MHz)、P 波段频标切换基准信号(400 MHz、50 MHz 和 200 MHz)、锁相环基准信号(100 MHz),如图 1 框图所示[4]。

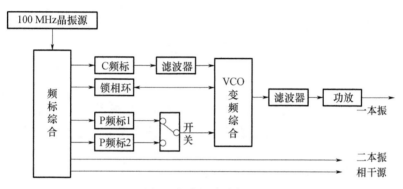

图 1　频率源合成框图

2　频率源稳定度的表征及指标测量

2.1　频率源稳定度的表征

稳定度主要指频率源本振频率的稳定度,直接影响着雷达系统目标改善因子(在强杂波下雷达辨认有用凹波的能力),频率源的频率稳定度又分为长期频率稳定度和短期频率稳定度。

2.1.1　频率源长期稳定度的表征

长期频率稳定度就是频率源在长时间范围内或者在一定的温度、湿度、电源电压等变化的范围内相对频率变化量,产生于振荡源器件的老化、性能变化、使用环境条件的改变等而导致的频率慢变化。研究的目的是找出影响频率源频率漂移的原因,减小或消除频率不稳定的因素。长期频率稳定度一般有两种表示方法:一种是最大偏差,另一种是均方根偏差[5]。

最大偏差:

$$\frac{\Delta f}{f_0} = \frac{\max(\Delta f)}{f_0} \tag{1}$$

均方根偏差:

$$\frac{\Delta f}{f_0} = \lim_{n \to \infty} \sqrt{\frac{1}{n} \sum_{i=1}^{n} \left[\left(\frac{\Delta f}{f_0} \right)_i - \left(\overline{\frac{\Delta f}{f_0}} \right) \right]^2} \tag{2}$$

式中

$$\overline{\frac{\Delta f}{f_0}} = \lim_{n \to \infty} \frac{1}{n} \sum_{i=1}^{n} \left(\frac{\Delta f}{f_0}\right)_i$$

2.1.2 频率源短期稳定度的表征

与长期稳定度相比,在较小的时间间隔内考察频率源的稳定程度,短期频率稳定度由锁相环决定。短期频率稳定度有时域和频域两种表示,时域主要是从频率的稳定性去研究,而频域主要研究的是频谱的纯度,二者研究的是同一事物,是相辅相成、密切相关的,可以相互转化。

(1)时域表示法。时域多用阿仑方差表示,为了精确地估计 $\sigma_y^2(\tau)$,往往要求连续无间隙地抽取 M 个有限数据,由这些数据平均值就可得到普遍采用的短期频率稳定度标准测量的阿仑方差。标准阿仑方差公式为:

$$\sigma_y^2(M, \tau) = \frac{1}{2(M-1)} \sum_{k=1}^{M-1} (\overline{y}k + 1 + \overline{y}k)^2 \tag{3}$$

阿仑方差只是描述该随机过程的一个特征量,而且受测量系统带宽的限制,对同一频率源不同带宽所测得的阿仑方差是不同的,这样就不能很好地反映频率源真实的频率稳定度。为了直观和便于测量,频率源的稳定度多采用功率谱密度进行表征[5]。

(2)频域表示法。频率短期稳定度即相位噪声是频率域的概念,是对信号时序变化的另一种测量方式,其结果在频率域内显示。它可以看成是各种类型的随机噪声信号对相位的调制作用,如果没有相位噪声,那么信号的整个功率都应集中在频率 $f = f_0$ 处,功率谱是一条以 f_0 为中心的直线。但这种频率源是不存在的,实际频率源总是存在不稳定性,从信号的频谱特性来看,相位噪声的出现将信号的一部分功率扩展到相邻的频率中去,不再是一根纯净的谱线,实际的谱线产生了一定的边带,在离中心频率一定合理距离的偏移频率处,边带功率滚降到 $1/f_0$。f_m 是该频率偏离中心频率的差值,如图 2 所示。

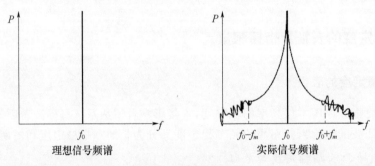

理想信号频谱　　　　　　　　实际信号频谱

图 2 本振信号频谱

为便于对频率源输出信号的观察,最直观、简便的方法是采用频谱仪测量信号频谱,测量时频谱仪的噪声底部要远低于被测信号的噪声电平,且动态范围和选择性足以分辨被测信号的相位噪声。通常把在一个相位调制边带偏离载波频率 f_m Hz 处 1 Hz 带宽内信号功率 P_{SSB} 与信号总功率 P_S 之比称为"相位噪声",是评价频率源频谱纯度的重要指标,用 $L(f_m)$ 表示。其表达式为:

$$L(f_m) = \frac{P_{SSB}}{P_S} \tag{4}$$

式中,P_{SSB} 表示一个相位调制边带某一频偏 f_m 处 1 Hz 带宽内的功率谱密度;P_S 是载波功率,如图 3 所示。

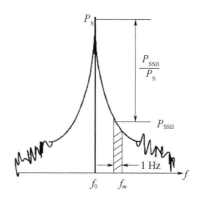

图 3　相位噪声示意图

2.2　频率源稳定度与雷达改善因子的关系

频率源稳定度与雷达极限改善因子的关系是一个复杂的理论推导过程,直接引用雷达极限改善因子与相位起伏谱密度之间的关系式为:

$$I = \frac{\kappa}{16\int_0^\infty S_{\Delta\Phi}(f_m)\sin^2(\pi\tau f_m)\sin^2(\pi T f_m)\mathrm{d}f_m} \tag{5}$$

在 $S_{\Delta f}(f_m) = f_m^2 S_{\Delta\Phi}(f_m) = 2f_m^2 L(f_m)$ 中,表示相位噪声对载频的调制频率,$L(f_m)$ 为相位噪声(dBc/Hz),τ 为发射脉冲到回波脉冲之间的时间(s),T 为发射脉冲周期(s)。由此公式看出,当 τ、T 一定的情况下,雷达的改善因子与频率源的相位噪声直接相关[5]。

2.3　影响雷达频率稳定度的因素及改善措施

2.3.1　影响雷达频率稳定度的因素

影响频率源长期稳定度的因素较复杂,一般是由频率源内部器件和外部因素共同造成的。内部因素是晶体材料存在杂质、填隙原子和晶格空位等自身的缺陷在使用过程中随着时间的推移而重新分布以及器件的老化等,使谐振器弹性系数发生变化,引起频率的漂移。外部因素是由于驱动功率会对频率的长期稳定度造成影响,驱动功率越高,引起频率漂移的程度就越大。外部环境温度及周围冲击振动的影响,都是造成频率源不稳定的因素。

影响频率源短期稳定度的因素主要来自电噪声,根据噪声形成机理的不同,随机噪声包括热噪声、散弹噪声和闪烁噪声。

2.3.2　提高和改善频率稳定度的措施

频率源中振荡器材料的选取和良好制作工艺,是保证频率源稳定的基本保证,频率源主要器件像热敏电阻、变容二极管等敏感器件,其自身的参数稳定性非常重要,要精心挑选和必要的老化处理。频率源的正确使用也是保证其性能的重要因素,要根据产品要求的环境条件(特别是环境温度)、供电电源、输出功率等要求正确使用,以保证频率源系统的低相位噪声。

2.4　频率源稳定度指标测量

通过以上讨论可知,频率源的频率稳定度分为长期频率稳定度和短期频率稳定度,测试方法如下。

2.4.1 频率源短期稳定度的测试

频率源短期稳定有时域和频域联合表征方法,所以其测量方法也分为时域测量和频域测量。

(1)短期频率稳定度的时域测试。

短期频率稳定度的时域测量方法,有直接计数法、频率误差倍乘法、零拍法、外差法等,目前用短期频率稳定度分析仪(或称稳定度测试仪)也可进行时域测量。由于条件限制,时域测量方法在省局保障部门很少使用,有条件的可做尝试,这里不做重点讨论。

(2)短期频率稳定度的频域测试。

短期频率稳定度频谱仪测试方法:频域测试是目前应用最广泛的测量频率源的短期频率稳定度的方法,其测试方法有鉴相器法、鉴频器法以及频谱仪直接测量方法。随着相位噪声测试仪的出现和频谱分析仪性能的不断提高,频率源短期稳定度的频域测量现在一般都采用频谱分析仪或相位噪声测试仪直接测试。用频谱仪直接测试短期频率稳定度的测试过程如图4所示。

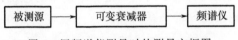

图 4　用频谱仪测量时的测量方框图

所测得的单边带相位噪声谱密度为

$$L(f_m)=N-S+C-10\lg B_n \tag{6}$$

式中,N 为偏离载频 f_m 的噪声电平(dBm);S 为载频信号电平(dBm);C 为频谱仪测量随机噪声的修正值,对模拟频谱仪为 2.5 dB;B_n 为频谱仪的等效噪声带宽。

短期频率稳定度频谱仪测试实例:用频谱仪测相位噪声的方法为一种简易的方法,仅适合于要求不高的场合,同时也是广泛应用和十分有效的方法,其特点为易操作。E4445A 频谱仪具有相位噪声测试功能,其测试步骤如下。

(1)选择⟨Mode⟩键进入相位噪声测试模式"Phase Noise",选择⟨Frequency⟩软键,设置被测信号频率使其靠近屏幕的左侧或中心。

(2)设置参考电平"Ref Level"略大于或等于载波信号的幅度。

(3)设置适当的扫频宽度"Span"使之能显现出带宽的一个或两个噪声边带。

(4)选择⟨Meas⟩键启动相位噪声测试(LogPlot)。

(5)选择⟨Marker⟩键读取指定频偏处的单边带相位噪声功率电平与载波功率电平之比值(记录此时的分辨率带宽值)。

(6)用频谱仪的相位噪声公式,计算出归一化的相位噪声值。

例如,用 E4445A 频谱分析仪测得发射机激励输入信号频偏为 10 kHz 处的单边带相位噪声功率电平与载波功率电平之比值为 −110 dBc/Hz,RBW 为 30 Hz,所得的单边带噪声谱密度为:

$$L(f_m)=-110+2.5-10\lg 1.2\times 30=-108 \text{ dBc/Hz}$$

CINRAD/CC 雷达频率源短期(1 ms)稳定度指标要求为 10^{-11},信噪比要求小于等于 −82 dBc/Hz/600 Hz。

改善因子表征了发射激励源频率稳定度对雷达改善因子的限制,工作中也可通过测量发射机激励输入信号的极限改善因子判断频率源的短期稳定度。由于发射激励源为脉冲调制信号，为保证测试精度，频谱仪的分析带宽要求不小于 10 Hz。图 5 是 2013 年新疆克拉玛依新一代（CINRAD/CC）天气雷达 100 MHz 晶振不稳定时的激励源激励信号的极限改善因子及频谱实例。

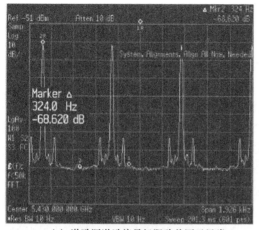 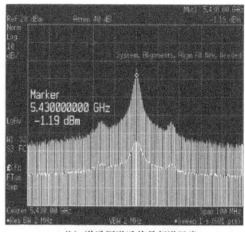

（a）激励源激励信号极限改善因子异常　　　　（b）激励源激励信号频谱异常

图 5　晶振不稳定时激励信号的极限改善因子及频谱图

2.4.2　长期频率稳定度的频域测试

长期稳定度是在一定时间范围内和在一定温度、湿度、电源电压变化范围内的相对频率变化量，一般会发生在 100 MHz 晶体振荡器。当 VCO 的压控振荡器损坏时，频率偏移会较大，用频谱仪可直接测试，这里不做讨论。

3　频率源稳定性对雷达的影响

3.1　频率源稳定性对接收机的影响

CINRAD/CC 多普勒雷达采用相干体制，利用相位或频率获得速度信息，实现多普勒测速。但必须在频率源相位或频率高度稳定的情况下才能完成，如果频率源本身就存在着频谱增宽和相位噪声，那么这种频谱增宽或者相位噪声就会与有用的频率或相位相混叠，从而降低雷达系统的探测性能。如图 6 所示，本振相位噪声差且有用信号邻近存在强干扰信号时，这两种信号经过接收机混频后，有用的中频信号被混频后的强干扰信号的噪声边带所覆盖，即产生倒易混频现象。由于与中频信号同频，中频滤波器对此噪声无法滤除，接收机也就无法收到有用信号。

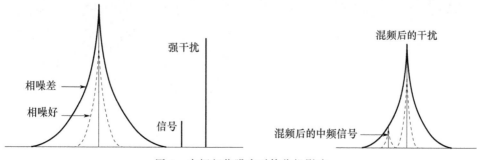

图 6　本振相位噪声对接收机影响

尤其是 CINRAD/CC 新一代天气雷达在低仰角时面临着很强的地物杂波,要想从强地物杂波中提取低速度运动气象目标信号,雷达必须有很高的改善因子。因为这些杂波进入接收机混频后,很难把有用信号与强地物反射波分离开,只有提高雷达改善因子,才能有效地将有用信号与强地物反射分离。

3.2 频率源稳定性对雷达影响实例分析

喀什 CINRAD/CC 雷达 RF 频率为 5430 MHz,图 7 是正常时发射输入频谱及 PRF 为 1000 Hz 时的极限改善因子。图 8 是频率源异常时发射输入信号频谱和 PRF 为 1000 Hz 时的极限改善因子,从频谱图看出,频谱的边带变宽,谐波及噪声幅度抬高,这对信号的分离十分不利。进而对一本振测试发现,一本振频谱异常,如图 9a 所示,而一本振是由 C 频标、P 频标和 VCO 共同合成的,测试 P 频标输入、输出信号频谱正常,进而测试 C 频标输入、输出信号发现其输出频谱异常,如图 9b 所示。喀什 CINRAD/CC 雷达一本振频率为 4970 MHz,C 频标频率为 4500 MHz。从测试频谱分析,一本振实际频率为 4971.33 MHz,偏离中心频率 1.33 MHz,C 频标偏离中心频率约 1.2 MHz。其原因是频率源 C 频标长期使用器件老化,性能变差而引起频率漂移,导致谐波的产生及噪声幅度的抬高。从上述理论分析得出,这种频率的漂移使一本振信号在激励源中与合成的 460 MHz 混频时出现了相互交调现象,导致了多谐

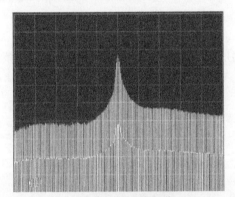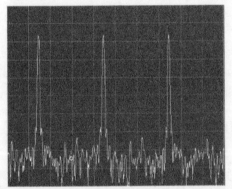

(a) 固态激励输出频谱   (b) 激励输出极限改善因子

图 7 频率源正常时发射输入频谱及极限改善因子

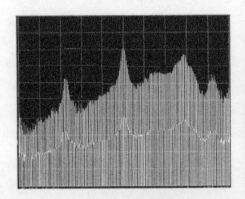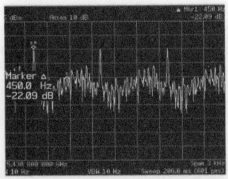

(a) 固态激励输出频谱   (b) 激励输出极限改善因子

图 8 频率源异常时发射输入频谱及极限改善因子

波的产生。由于噪声的抬高使极限改善因子变差,加之多普勒天气雷达低仰角探测时面临着很强的地面杂波,要想从强地杂波中提取目标信号,雷达必须有很高的改善因子。因为这些杂波进入接收机,经混频后,很难把有用信号与强地物反射波分离开,尤其对气象弱运动目标,在雷达改善因子变差时,想提取强度及速度信息时就变得非常困难以致失真(图 10)。

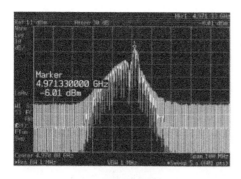

(a) 一本振信号频谱　　　　　　　　　　(b) C频标输出信号频谱

图 9　一本振及 C 频标信号异常时图形

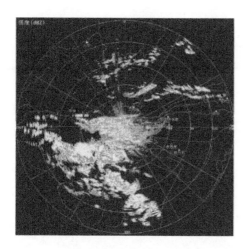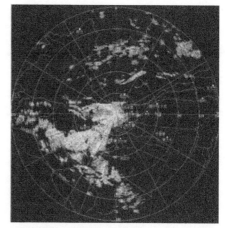

(a) 强度异常图　　　　　　　　　　　　(b) 速度异常图

图 10　强度、速度异常图

4　结论

　　以上从时域、频域并结合实际例证分析了频率源稳定度对 CINRAD/CC 雷达的影响,从分析认识到,在 CINRAD/CC 雷达中,频率源的相位噪声已成为限制雷达接收系统性能的主要因素。低相噪对提高雷达接收、信号处理系统性能起着重要作用。尤其在现代高性能雷达接收机中,各种大动态、高选择性、宽频带等功能都受相位噪声限制。在目前电磁环境越来越恶劣的情况下,接收机从经过混频的强干扰信号中提取弱小有用信号是非常常见的,如果在弱小信号邻近处存在强干扰信号,这两种信号经过接收机混频器,就会产生倒易混频现象,混频后中频信号被干扰信号所淹没,如果本振相噪好则信号就能显露出来,如果本振相噪差,即使中频滤波器能够滤除强干扰中频信号,强干扰中频信号的噪声边带仍然淹没了有用信号,使接收机无法接收到弱小信号。因此,接收机要求具有良好的选择性和大动态,则接收机频率源的相噪必须好。

参考文献

[1] 蔡宏,高玉春,秦建峰,等.新一代天气雷达接收系统噪声温度不稳定性分析[J].气象科技,2011,39(1):70-72.

[2] 叶勇,刘颖,张维.一次 CINRAD/CC 雷达接收机频率源故障诊断[J].气象科技,2013,41(1):32-36.

[3] 柴秀梅.新一代天气雷达故障诊断与处理[M].北京:气象出版社,2011.

[4] 安徽四创电子股份有限公司.3830B 雷达技术说明书[G].合肥:安徽四创电子股份有限公司,2005:63-75.

[5] 戈稳.雷达接收机技术[M].北京:电子工业出版社,2005.

用频谱仪检修 CINRAD/CC 雷达接收系统故障[①]

张　涛[1,2]，王民栋[3]，解莉燕[2]，董　洋[2]

（1 云南大学资源环境学院大气科学系，昆明 650091；
2 云南省气象局大气探测技术保障中心，昆明 650034；3 云南省普洱市气象局，普洱 665000）

摘　要　针对云南省普洱雷达站新一代天气雷达接收系统出现的一次特殊故障，通过对主要性能指标进行标定和分析，判断雷达接收系统出现故障，并根据接收系统的工作原理和信号流程，运用频谱分析仪对接收系统的各信号频谱进行测试分析，完成故障定位和排除。此次故障排除过程充分体现了频谱分析仪在接收系统故障处理中的重要性。

关键词　频谱分析仪　CINRAD/CC 雷达　接收机　故障

引　言

随着新一代天气雷达的布网完成，雷达系统的技术保障就成为一项系统工程且是发挥其效益的根本保证[1]。由于雷达不间断运行时间较长，近年来雷达故障主要出现在天馈系统、伺服系统、接收系统，前两个系统故障多，属于机械性故障，故障现象明显，很容易判断和处理。接收系统属于高频率、高增益、全集成电路分系统[2]，故障主要表现为某些集成电路由于受电压和温度等影响导致某些元器件损坏或者工作不正常，致使主要性能指标下降。此类故障终端现象不明显，常规测试仪器测试范围小，误差比较大，目前接收系统的主要检测仪器为频谱分析仪，它能够对接收机各信号点的频率和功率进行精确测试分析。目前有关雷达故障方面的文章很多，如文献[3]针对雷达发射系统进行了详细分析，文献[4]对整个雷达系统故障进行了系统总结，文献[5]介绍了接收机的频标综合故障分析和处理方法，但关于如何运用测试仪器对接收系统进行检修的文章很少。本文根据云南省普洱雷达站 CINRAD/CC 雷达一次接收系统故障的诊断和维修，介绍了接收系统的信号流程与分析思路、运用频谱分析仪的测试方法以及主要测试点的测试结果等，供大家参考。

1　故障现象及特点

2008 年 12 月，普洱雷达站雷达在进行常规标定过程中经常出现噪声系数异常、动态特性曲线很差、动态范围偏小、地物回波较前期偏弱等问题。技术人员首先通过雷达终端系统对雷达进行噪声系数、噪声电平、特性曲线等参数进行常规标定，发现雷达噪声系数标定显示为 1.♯J（正常为 2～3 dB），雷达回波强度偏弱，接收机特性曲线标定多次出现异常，动态特性较差，如图 1 所示。由于雷达其他系统的参数标定和终端显示都正常，故障现象均与接收系统信

① 本文发表在《气象科技》第 38 卷第 3 期，2010 年 6 月。

作者简介：张涛，男，1980 年生，工程师，主要从事气象雷达保障工作。

号有关联,技术人员首先对接收系统进行检测。

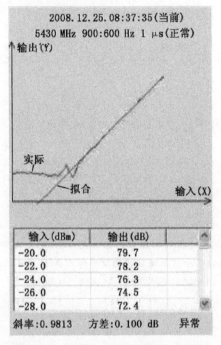

2008.12.25.08:37:35(当前)
5430 MHz 900:600 Hz 1 μs(正常)

输入(dBm)	输出(dB)	
-20.0	79.7	
-22.0	78.2	
-24.0	76.3	
-26.0	74.5	
-28.0	72.4	

斜率:0.9813　方差:0.100 dB　异常

图1　检修前接收机动态曲线测试结果

2　故障分析以及处理过程

2.1　接收系统工作原理

接收系统的工作原理:在发射脉冲期间,TR 管和 PIN 开关将大功率的主波脉冲衰减掉,保证泄漏的主波功率不超过接收机限幅低噪声放大器所能承受的范围。在发射脉冲过后,回波经 T/R 管、PIN 开关和串入式波导噪声源送入射频接收机,在射频接收机里进行二次下变频,将回波载频降到 60 MHz。中频数字接收机对 60 MHz 的回波信号进行中频直接采样,然后对采样后的信号进行数字下变频,得到正交的数字零中频信号,再通过数字匹配滤波后送给信号处理系统。频率源是一个直接合成源,它的作用是产生接收机和雷达系统所需的各种频率本振信号、相干时钟及基准时钟信号,激励源分机主要产生发射机所需的发射激励信号及雷达系统的自检信号[2]。该系统属于高频率、高增益,用频谱分析仪,根据各信号流程,对各信号频谱进行测试分析。

2.2　故障分析及测试处理

首先对噪声系数进行分析,噪声系数是接收机输入信噪比和输出信噪比的比值,它表征了接收机检测微弱信号的能力[3]。由于噪声系数显示异常,首先怀疑是雷达本身内部噪声源故障,更换成外接固态噪声源测试后结果显示仍然异常,故判断是由于接收系统某些部件出现故障导致显示不正常。从图1标定结果可以看出,接收机特性曲线异常,正常标定出的对数曲线和线性曲线均应为一条平滑的直线,斜率应为 1 左右,均方差接近于 0,均方差越小则说明曲线的线性度越好。对数曲线与纵轴的交点对应的对数值应接近或略高于终端上显示的接收机噪声电平,一般为 0.2～ 0.4 V。在对数曲线上还应能看出,DDS(直接数字合成信号源)测试信号每增大 1 dBm,对数输出相应增大 40 mV(0.04 V)[3]。显然,该雷达标定结果与正常指标差距太大。由于噪声系数和动态曲线都是雷达接收系统的主要技术参数和性能指标,所以有必要对雷达接收系统检修。

　　按照接收系统工作原理和信号流程,首先对激励源分机输出的激励信号进行测试,测试结果如图 2 所示。从测试频谱可以看出,激励信号输出功率为 13.86 dBm(正常值约 27 dBm),并且发现该信号频谱杂散,测试的中心频率约为 5.42 GHz(该站雷达工作频率为 5.43 GHz)。按照信号流程,测试频率源分机的一本振(激励)和二本振(激励)输出。经过测试发现,一本振信号频谱顶端存在明显散谱现象,并且信号功率仅有 1.93 dBm(正常值为 8 dBm 左右),二本振信号虽然功率正常,但频谱周围存在明显的杂谱,由此推断故障应该出现在频率源分机。

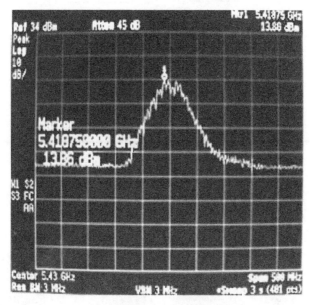

图 2　激励信号测试输出频谱

　　频率源分机由晶体振荡器、频标综合器、P 波段频标切换器、C 波段频标产生器、锁相环电路、VCO(压控振荡器)变频综合电路组成,为减少杂散干扰,一本振信号采用锁相合成产生,以满足整机对其频率稳定度的要求。其他信号采用直接合成方式产生。所有信号采用高稳定度的 100 MHz 晶振信号作为基准源。晶体振荡器产生高稳定、高纯频谱的 100 MHz 信号送往频标综合器,经过倍频、分频和滤波选频等综合处理,产生多种频率的信号源,包括二本振信号(400 MHz)、中频激励与 DDS 时钟信号(60 MHz)、BITE 检测信号(100 MHz)、中频基准相参(50 MHz)、基准时钟信号(16 MHz)、P 波段频标切换基准信号(400 MHz、50 MHz 和 200 MHz)、锁相环基准信号(100 MHz)[2],如图 3 所示。

　　经过测试 P 波段频标的频谱正常,而 C 波段频标产生器输出的信号功率仅为 -2.0 dBm,如图 4 所示,明显小于实际值(≥ 3 dBm),由此可判断 C 波段频标产生器出现故障。打开频率源分机,测试 C 波段频标产生器输入信号,发现 100 MHz 信号杂谱较多,再测试 100 MHz 晶体振荡器输出仍然异常,测试结果如图 5 所示。

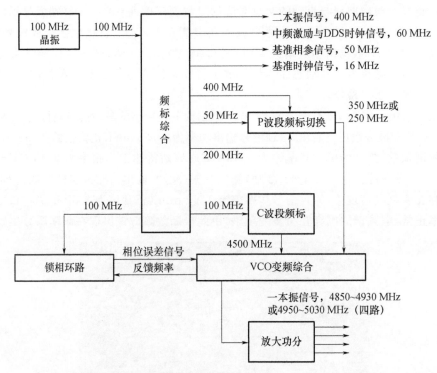

图 3　频率源工作原理

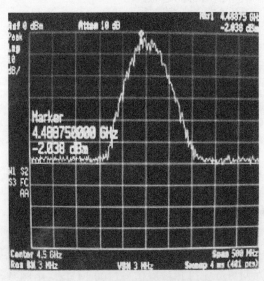

图 4　C 波段频标测试输出频谱

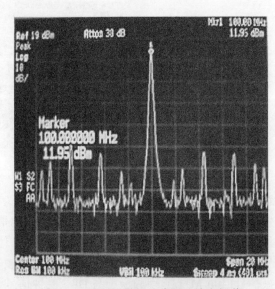

图 5　100 MHz 晶振故障测试输出频谱

　　从图 5 中可以看出,100 MHz 晶振信号频谱出现杂散现象,从而导致了整个接收机信号频谱出现异常。该 100 MHz 信号经频标综合器送入 C 波段频标,由于频谱不纯,引起 C 波段频标输出自激振荡,最终导致一本振信号频谱出现散谱,功率下降。更换 100 MHz 晶振后,C波段频标信号自激振荡现象消失,但是一本振信号输出的信号功率仍然很小。对 100 MHz 晶振信号功率、频标综合器输出频谱功率都正常,但从 C 波段频标产生器输出到 VCO 变频综合的前端信号功率明显下降。C 波段频标产生器工作原理如图 6 所示。

图 6　C 波段频标产生器工作原理

　　打开 C 波段频标产生器盒子,按照工作原理对内部模块进行测试,测试发现,从滤波放大 Z4、N5 模块输出后功率几乎没有变化,其中 N5 为功率放大模块,经过分析认为,由于 C 波段频标产生器自激振荡,产生电压不稳,将 N5 放大模块烧坏。更换 N5 放大器后,测试 C 波段频标输出信号功率为 5.058 dBm,达到正常值 5 dBm;进一步测试一本振信号输出,功率为 12.3 dBm,散谱现象消失,一本振信号恢复正常。最后对接收系统各频点、功率及稳定性进行测试,结果都正常,其中激励输出功率为 26.5 dBm,噪声电平显示为 7.5 dB,噪声系数标定结果为 2.64 dB,接收动态曲线标定结果正常,接收机动态范围为 87 dB,整个系统测试结果符合业务运行要求,雷达工作正常。

3　小结

　　此次故障排除充分证明了频谱分析仪在雷达接收分系统检修过程中的重要性。在新一代天气雷达维护过程中,要求技术人员除了掌握好雷达系统的工作原理,熟悉各分系统的信号流程,同时也要熟练掌握运用高性能、新检测设备的使用方法,才能做好新一代天气雷达的维护保障工作。

参考文献

[1] 中国气象局 . 新一代天气雷达观测规定[G]. 北京:中国气象局,2005.
[2] 安徽四创电子股份有限公司 . 3830A 雷达技术说明书[R]. 安徽四创电子股份有限公司,2004.
[3] 李培民,吴星霖,林月 . CINRAD/CC 雷达冷却故障处理个例分析[J]. 气象科技,2008,36(1):123-124.
[4] 赵瑞金,赵现平,董保华,等 . CINRAD/SA 雷达故障统计分析[J]. 气象科技,2006,34(3):344-348.
[5] 弋稳 . 雷达接收机技术[M]. 北京:电子工业出版社,2005:323-347.

CINRAD/CC 雷达接收机特性曲线异常诊断[①]

梁　华[1]，柴秀梅[2]，刘永强[1]

（1 甘肃省气象信息与技术装备保障中心，兰州 730020；

2 中国气象局气象探测中心，北京 100081）

摘　要　依据新一代天气雷达接收机系统工作原理及接收系统特性曲线关键点参数测量方法，结合对 CINRAD/CC 天气雷达系统特性曲线异常故障的分析，提出了接收系统特性曲线异常故障诊断流程及处理方法，该方法在排除 CINRAD/CC 新一代天气雷达接收机特性曲线异常的故障实践中得到验证，结果表明：采用这种诊断流程和处理方法不仅快捷、有效，还具有规范性和稳定性，可为雷达技术保障人员处理各种型号新一代天气雷达接收机特性曲线异常故障提供借鉴。

关键词　雷达接收机特性曲线异常处理方法

引　言

　　雷达接收系统属于高频率、高增益、全集成电路分系统，器件受电压和温度等影响较大，故障率相对较高。CINRAD/CC 天气雷达接收系统特性曲线异常故障在接收机故障中所占比例较高，维修方法不同于传统模拟接收机系统，维修难度高。许多研究人员对天气雷达接收机定标原理和故障处理方法从不同方面进行了论述。其中潘新民等[1]对天气雷达接收功率标定的检验方法的探讨和对新一代天气雷达技术特点和维护、维修方法进行了研究，向阿勇等[2]介绍了对接收机的频标综合故障分析和处理方法，柴秀梅等[3]介绍了新一代天气雷达回波强度自动标校技术方法，并对该方法进行了讨论。本文依据新一代天气雷达接收机系统工作原理及接收系统特性曲线关键点参数测量方法，研究提出了接收系统特性曲线异常故障诊断流程及排除方法，并通过新一代天气雷达保障中的接收机特性曲线异常故障的个例分析，对该流程进行了验证。

1　接收系统工作原理

　　CINRAD/CC 型天气雷达接收系统由射频接收分机、中频接收分机、频率源分机、激励源分机、标定/BITE 分机等组成，其组成框图如图 1 所示。此外，还有一个接收电源分机，负责为以上各分机提供低压电源。图 1 中还反映了接收系统中各分机之间信号连接关系及各信号特性。T/R 管和 PIN 开关对接收分系统起保护作用，在发射脉冲期间，它们将大功率的主波脉冲衰减掉，保证泄漏的主波功率不超过接收系统限幅低噪声放大器所能承受的范围。在发射脉冲过后，回波经串入式波导噪声源、T/R 管和 PIN 开关送入射频接收分机，在射频接收分

---

① 本文发表在《气象科技》第 41 卷第 4 期，2013 年 8 月。

作者简介：梁华，男，1981 年生，硕士，工程师，主要研究方向为大气探测装备运行保障与雷达信号处理。

机里对回波信号进行放大以及两次下变频处理,将回波载频降到 60 MHz。数字中频接收机对 60 MHz 的回波信号进行中频直接采样,然后对采样后的信号进行数字下变频,得到正交的数字零中频 I/Q 信号,再通过数字匹配滤波后送给信号处理分系统。频率源是一个直接合成源,它的作用是产生接收系统和雷达系统所需的各种频率信号,如一本振、二本振信号,相参时钟及基准时钟信号,激励源分机主要产生发射系统所需的发射激励信号及雷达系统所需的DDS 测试信号[4,5]。

接收特性标定方法:激励源分机产生一个标准功率的测试信号(DDS 信号),经大动态数控衰减器控制其输出功率,从低噪声放大器的耦合输入端进入接收通道,从终端读取不同的DDS 测试信号所对应的输出强度,以实现对系统接收特性的标定。

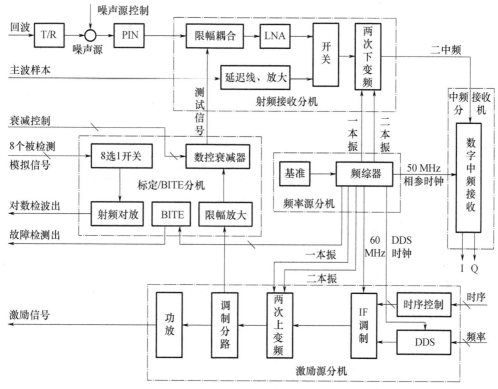

图 1　CINRAD/CC 雷达接收系统组成框图

2　特性曲线关键点参数测量

接收特性曲线标定是在系统程序控制下自动完成[6]。在标定过程中,雷达信号处理系统依次向数控衰减器发送不同的衰减码,同时信号处理系统向终端系统输送 DDS 信号衰减码所对应的输出强度(P_s)。

终端系统根据各种标定信号源功率 P_r(由衰减码推算出)及所对应的信号处理系统输出强度 P_s 值,在终端显示器上做出 P_s 与 P_r 之间关系的特性曲线,如图 2 所示(实测曲线)。图中的拟合直线是用最小二乘法对实测曲线的中间段(相当于 DDS 信号功率在 $-100 \sim -20$ dBm)进行拟合而得[7]。

在图 2 中,1 dB 压缩点 M、N 分别称为特性曲线的"上拐点"(又称"饱和点")和"下拐

点",上拐点 M 和下拐点 N 所对应的输入信号功率值的差值为系统的接收动态范围。新一代
天气雷达要求系统的动态范围不小于 85 dB,拟合直线的斜率为 1±0.015,线性拟合均方根误
差小于或等于 0.5 dB。雷达出厂前,已对系统接收特性做了精心检测,并保存于终端分系
统,称为"出厂曲线"。在业务使用中,雷达系统在每完成一个体积扫描后,均自动进行一次接
收特性检测,如果接收特性检测结果超出正常范围,终端分系统将给出"系统接收特性异常"提
示,如图 3 所示。如果检测结果属正常范围(拟合直线斜率、中间点幅度均与"出厂曲线"差别
不是太大,例如 10% 以内),则当前的检测结果(当前曲线)可用于系统的接收特性标定曲
线,如图 4 所示。

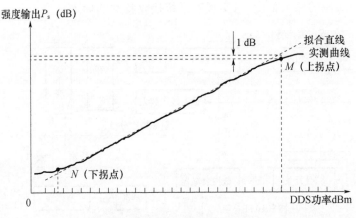

图 2　系统接收特性标定曲线

当系统接收特性出现异常时,终端分系统自动将"出厂曲线"暂作为当前的接收特性标定
曲线[8]。

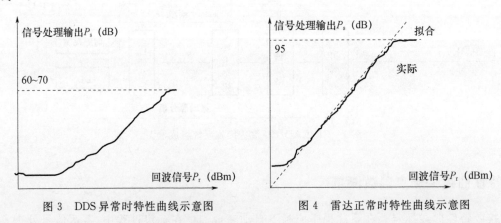

图 3　DDS 异常时特性曲线示意图　　　　　图 4　雷达正常时特性曲线示意图

3　特性曲线异常故障诊断流程及排除方法

本文着重阐述接收系统的噪声电平正常而特性曲线异常的诊断与排除。在雷达研制与开
发阶段工程人员通过摸索与经验累积制定了一种层层检查、步步逼近问题源的诊断方法。这
种方法虽然不能马上找到问题的所在,但可以层层排查、一一否定、稳定有序地找到故障发生
的源头,是一种非常有指导性和实用性的方法。本文主要针对特性曲线异常,噪声电平正常的
情况下,由于 DDS 功率降低造成输入到接收前端实际功率与软件记录的功率差异非常大,大

功率时达不到要求,造成曲线顶部上不去,达不到最大值,从而总结性提出解决此类故障的具体检查流程,如图 5 所示,在实际查找中需要使用配套的仪器仪表:信号源、频谱仪、万用表以及衰减器等。

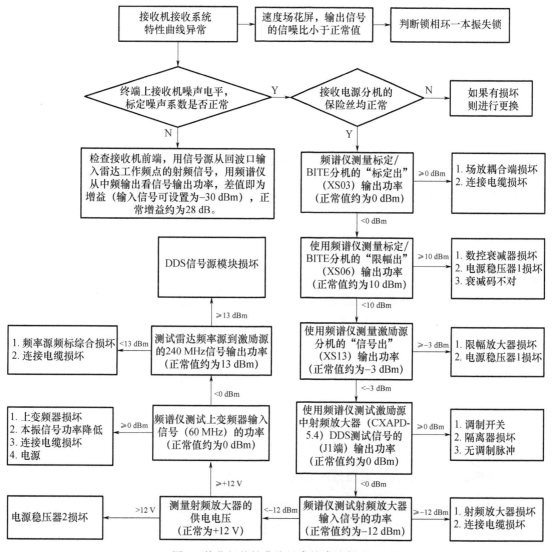

图 5　接收机特性曲线异常故障诊断流程

图 6 表示的是进行接收机特性曲线标定时,所使用信号的具体流程图以及每一级对应的正常参数。图 5 所示的故障诊断流程其实就是根据图 6 中信号的流程方向逐步进行的。

3.1　兰州雷达特性曲线异常故障排除方法

故障现象:2010 年 8 月,兰州雷达站雷达在进行月维护过程中,对雷达接收机进行标定时经常出现噪声电平正常,但接收机动态曲线差、动态范围偏小等问题。技术人员标定时发现雷达噪声系数偶尔显示 1.♯J(正常值为小于等于 4 dB),接收机特性曲线标定多次出现异常。

故障排除过程:根据上述故障现象,依图 5 故障诊断流程,在雷达接收机特性曲线频繁出现标定异常情况下,需要确定接收机噪声电平和噪声系数是否正常。首先观察雷达监控面板上

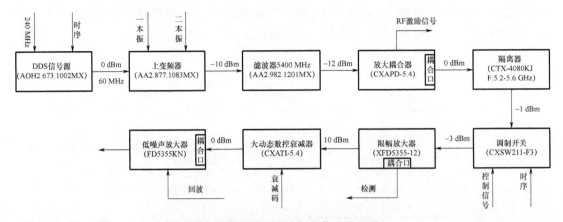

图 6　接收机特性曲线标定信号流程图

除接收机外,其他参数显示都正常,初步判断故障现象均与接收机有关,技术人员对接收机系统进行检测。在终端软件上,观察接收机噪声电平为 7.5 dB,多次噪声系数标定平均值为 2.98 dB,两参数均在正常范围,说明接收机前端正常。然后检查接收电源分机的 5 个保险丝,均正常。依据图 5 继续排查,将接收机和信号处理设置在强度定标状态,选中功率最大值进行标定,此时使用频谱仪测量标定/BITE 分机的"标定出"(XS03)输出功率为 -20 dBm(<0 dB,异常),频谱仪测量标定/BITE 分机"限幅出"(XS06)输出功率为 -10 dBm(<10 dB,异常),频谱仪测量激励源分机"信号出"(XS13)(DDS 测试信号输出)输出功率为 -2 dBm($\geqslant -3$ dB,正常)。从图 6 所示的信号流程图中可判断故障出现在限幅放大器这一级。初步判断故障原因为限幅放大器损坏或给限幅放大器供电的电源稳压器 1 损坏。使用三用表测量限幅放大器的供电电源为 $+12$ V,电源正常,说明电源稳压器 1 模块正常,判断出限幅放大器损坏,更换限幅放大器模块,对雷达接收机重新进行标定,特性曲线恢复正常。

故障原因分析:从图 5 可知,频谱仪测量标定/BITE 分机"限幅出"(XS06)输出功率为 -10 dBm,远小于正常值 10 dB,由限幅放大器失效所致。

3.2　张掖雷达特性曲线异常故障排除方法

故障现象:雷达特性曲线异常,雷达无任何故障报警,在不加滤波器的情况下,雷达强度场正常,速度场不管是地物还是气象回波均显示为噪声点,速度场花屏,滤波器不起作用。在降水模式下地物回波面积明显增大,强度增强。

原因分析:多普勒天气雷达测速原理是根据雷达相邻两个回波信号之间的相位差进行计算,得出回波的径向速度。要得出相邻两个回波信号之间的相位差的前提是要求发射信号之间具有固定的相位关系,即要求雷达系统的相位噪声要小于或等于 0.3°。根据张掖雷达故障现象,该雷达共有两个故障点,一个为雷达接收特性曲线异常,另一个为回波速度场异常,这两种故障现象同时出现的概率相对较低,但是,如果同时出现,可基本上判定为接收机一本振故障。CC 雷达接收机采用两次变频体制,其中对一本振信号的要求较高,对相位稳定度和输出功率具有一定的要求。当输出相位稳定度下降时,会造成 RF 激励信号相位稳定度降低,将直接影响到发射信号的相位稳定度,造成雷达系统速度测试异常;当输出功率降低时,可能会造成雷达接收前端增益降低、雷达下变频器输出功率降低等现象。

排除过程:根据故障原因分析,可对雷达进行一些相关操作,以确认雷达故障点。

在雷达终端软件上对雷达系统做相位噪声测试,结果不满足技术指标要求(技术指标要求:≤0.3°),实测结果为 20°以上,甚至 100°以上;使用单库 FFT 测试系统相干性,将雷达工作状态设置到以下模式:发射机加高压、接收机设置到相噪模式、信号处理设置到 1 μs、单频 900 Hz、不加滤波器,在雷达软件控制面板上选择"BFFT"按钮(即单库 FFT 处理方式),库号设置到第 5 个库,此时在终端软件界面上观察输出信号的信噪比(信号减去噪声)约为 15 dB,远小于正常值(正常时信噪比应该大于或等于 67 dB,128 点);观察接收机噪声电平和发射机输出功率,均正常。根据以上判断,可基本将故障锁定在一本振信号上。下面可通过仪表进行相关的测试,以确定最后的故障点,完成维修。

根据图 5 所示的故障判断流程和图 6 所示的信号流程,依次对各个测试点的信号使用频谱仪进行测试,当测试到上变频器的输出值为 -15 dBm,小于正常的 -10 dBm,而上变频器的输入值为 0 dBm,与正常值相当,此时对上变频器的电源测试正常。在使用频谱仪测试输入至上变频器的一本振和二本振的信号功率,一本振为 -10.1 dBm(正常值为 -2 dBm),二本振为 -1.5 dBm(正常值为 -2 dBm),可见一本振信号有明显降低,且信号频谱杂散严重。

观察接收机频率源前面板的锁定灯熄灭,判断频率源一本振失锁(正常工作时,该指示灯常亮);打开频率源,测试锁相环和 VCO 的电源(+12 V)正常,判断为雷达锁相环或 VCO 模块故障(如果电源电压不对,更换频率源中的电源稳压器 2),将一本振输出接至频谱仪上,打开锁相环盖板,调节电位器 PR2,同时观察频谱仪上一本振波形,直到一本振频谱和功率均达到正常状态(功率≥-2 dBm)(若没有频谱仪的情况下,需同时更换锁相环和 VCO 模块)。此时,使用频谱仪再次测试雷达激励信号输出的信噪比为 73.16 dB(1 μs,1000 Hz),标定/BITE 分机的"标定出"(XS03)输出功率为 1 dBm(正常值:<0 dBm),均正常。

最后在雷达终端软件上观察雷达噪声电平正常,特性曲线正常,雷达加高压后,回波强度场、速度场均正常,故障排除,雷达工作正常。

另外,如果锁定灯亮,但是使用频谱仪测试一本振处于失锁状态,则可判断为 VCO 模块坏,同时更换锁相环和 VCO 模块[9,10]。如果锁定灯亮,但是使用频谱仪测试一本振也处于锁定状态或频谱仪测试雷达激励信号的信噪比非常差或根本测试不出来,需用频谱仪测雷达频率源 240 MHz 输出功率(正常值≥12 dBm),若异常则需更换频标综合模块或检修 240 MHz 产生电路,常见为电路中放大器损坏。

4 小结

特性曲线异常,噪声电平正常,一般是 DDS 功率降低造成输入到接收前端实际功率与软件记录的功率差异较大,大功率时达不到要求,造成曲线顶部上不去而达不到最大值所致。

(1)雷达接收机故障维修人员应熟悉接收机测试通道、信号主通道的信号流程,熟练掌握相关信号流程的关键点的参数特征和测量方法,能够利用测试点参数值的异常,结合相关报警信息,就能够对雷达故障准确定位,快速修复。

(2)当雷达接收机出现特性曲线异常故障时,雷达技术保障人员可根据雷达接收机特性曲线异常故障诊断流程,确定是接收机前端异常、场放耦合器损坏还是数控衰减器损坏等故障,就可快速定位故障点予以快速排除,确保雷达探测资料的可靠性。

(3)雷达技术参数指标是否正常是衡量雷达资料是否可靠的重要标准,雷达技术保障人员须定期对雷达接收机特性曲线进行检查,以确保雷达资料的可靠性。

参考文献

[1] 潘新民,汤志亚.天气雷达接收功率标定的检验方法探讨[J].气象,2002,28(4):34-37.

[2] 向阿勇,覃德庆.CINRAD/SA 天气雷达接收机频综故障诊断分析[J].气象科技,2006,34(增刊):
235-237.

[3] 柴秀梅,黄晓,黄兴玉.新一代天气雷达回波强度自动标校技术[J].气象科技,2007,35(3):420-421.

[4] 张涛,王民栋,谢莉燕,等.用频谱仪检修 CINRAD/CC 雷达接收系统故障[J].气象科技,2010,38(6):
337-338.

[5] 安徽四创电子股份有限公司.3830A 雷达技术说明书[R].合肥:安徽四创电子股份有限公司,2004.

[6] 弋稳.雷达接收机技术[M].北京:电子工业出版社,2005.

[7] 陈邦媛.射频通信电路[M].北京:科学出版社,2006.

[8] 张沛源,周海光,梁海河,等.数字化天气雷达定标中应注意的一些问题[J].气象,2001,27(6):27-32.

[9] 刘小东,柴秀梅,张维全,等.新一代天气雷达检修的技术与方法[J].气象科技,2006,34(增刊):
113-114.

[10] 潘新民.新一代天气雷达(CINRAD/SB)技术特点和维护、维修方法[M].北京:气象出版社,2009:
217-218.

CINRAD/CC雷达一次接收机频率源故障的维修①

叶　勇,刘　颖,张　维

（黑龙江省大气探测技术保障中心,哈尔滨　150030）

摘　要　简要介绍了第7批次生产的CINRAD/CC雷达频率源分机的主要信号流程,通过分析频率源分机主要信号流程并结合频谱仪对故障各关键点的检测波形,归纳了频率源分机故障现象和排除方法,并以频率源分机的一次典型故障为例对排除过程进行了细致阐述。归纳了CIN-RAD/CC雷达频率源对关键测试点的中心频率及功率潜幅值要求,提出了雷达技术保障人员基本的技术要求和维修操作中的注意事项,希望对相关雷达站有借鉴作用。

关键词　频率源　信号流程　中心频率　功率幅值　维修

引　言

我国新一代天气雷达布网日趋完善,新一代天气雷达在防灾减灾、短时临近预报等领域发挥了巨大效用,正成为气象防灾减灾环节中不可或缺的重要一环。因此,做好雷达维修保障,快速、及时、有效地排除各种雷达故障,保证雷达以良好的工作状态运行就显得尤为重要。在国内新一代天气雷达接收系统故障研究领域中,潘新民等[1]介绍了CINRAD/SB雷达接收机技术特点及故障诊断方法,黄晓等[2]对CINRAD/CB雷达数字中频接收机的主要功能和技术性能进行了介绍,还有很多同行在雷达综合故障、接收机故障方面做了大量的工作,总结了宝贵的经验[3-6]。

本文以CC雷达频率源分机工作框图和信号流程为基础,简述了频率源故障和排除方法,就雷达接收机频率源分机的一次故障排查处理过程进行细致阐述,从故障现象到应用频谱仪进行测试的步骤、分析判断故障模块的过程都进行详细记述,最后判断出故障症结所在。通过对该故障的技术总结,希望能与从事雷达技术保障工作的技术人员共同交流。

1　频率源分机信号流程

频率源是雷达接收机一个十分重要的组成部分[7],为雷达系统提供高稳定、高纯频谱的各种频率的信号源,保证了雷达系统实现全相参处理[8]。CC雷达频率源分机信号流程如图1所示。

晶振产生的100 MHz基准信号,送入频标综合器。经频标综合器后输入的频率信号有接收机混频器两个下变频本振信号;激励源分机混频器两个上变频本振信号,用于产生定标信号和发射机射频激励信号;激励源分机DDS(信号源)240 MHz的DDS时钟信号;激励源分机

---

① 本文发表在《气象科技》第41卷第1期,2013年2月。

作者简介: 叶勇,男,1979年生,工程师,主要从事天气雷达保障工作。

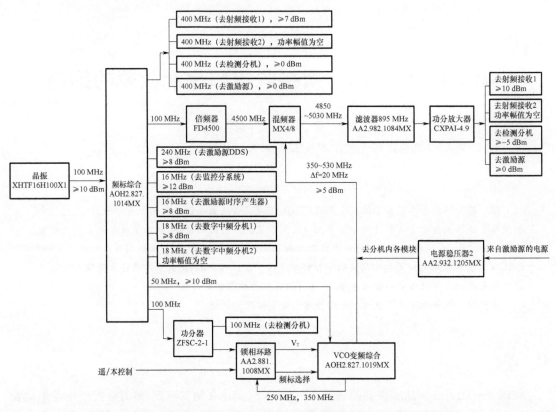

图 1　CC 雷达频率源分机信号流程图(含关键测试点中心频率及功率幅值)

DDS 时序 16 MHz 时序信号;数字中频 18 MHz 相参时钟信号以及 50 MHz 基准相参信号。其主要信号流程如下。

(1)100 MHz 信号→倍频器 FD4500→混频器 MX4/8(与 VCO 变频综合输出信号混频)→滤波器 895 MHz(AA2.982.1084 MX)→功分放大器(CX-PAI-4.9)→4 路 4850~5030 MHz 一本振信号(一路去往射频接收 1,为回波信号提供下变频;一路去往激励源,为激励信号提供上变频;一路去往检测分机,用于检测标定;一路为空)。

(2)4 路 400 MHz 二本振信号(一路去往射频接收 1,为回波信号提供下变频;一路去往激励源,为激励信号提供上变频;一路去往检测分机,用于检测标定;一路为空)。

(3)另一路 100 MHz 信号→功分器 ZFSC-2-1→锁相环路(AA2.881.1008 MX)→VCO 变频综合(AOH2.827.1019 MX;产生 350~530 MHz 信号)→混频器 MX4/8。

(4)50 MHz 基准相参信号→VCO 变频综合(AOH2.827.1019 MX)。

(5)240 MHz 信号→激励源 DDS(产生时钟信号)。

(6)2 路 16 MHz 信号(一路去激励源时序产生器,产生时序信号;一路去监控分系统)。

(7)2 路 18 MHz 信号(一路去数字中频分机,产生相参时钟信号;一路为空)。

2　频率源故障诊断方法

CC 雷达系统对接收系统故障进行初步定位主要是通过终端报警面板指示,各分机面板上锁定指示灯亮灭情况以及雷达回波、系统参数、状态标定等的异常情况来判断。

(1)100 MHz 恒温晶振出现故障。故障现象:雷达频率源分机一本振锁定指示灯不亮,终端会报时序、二本振,相干信号,基准源报故障,无法开机。同时终端一本振功率检测参数偏低,噪声电平降低。

(2)100 MHz 信号故障。故障现象:会导致一本振故障。如果是一本振频率失锁故障,频率源分机一本振锁定指示灯灭,雷达可以正常开机,但速度场回波区域全是噪声点,相位噪声标定结果很差。如果一本振功率幅值降低,则会改变前端混放的工作状态,造成终端显示的接收机噪声电平降低,同时特性标定曲线顶部下降,动态范围缩小,且噪声系数标定不好,回波弱。

(3)50 MHz 基准相干信号故障。故障现象:标定/BITE 分机的"相干源"信号灯灭,频率源分机的"锁定"指示灯灭;终端报相干信号故障,标定时特性曲线不正常,DDS 信号和射频激励信号检测参数值偏低;雷达可以开机,但回波弱。

(4)400 MHz 信号故障。故障现象:终端报二本振故障,特性曲线标定不正常,噪声系数标定不好。

(5)16 MHz 信号故障。故障现象:如果 16 MHz 信号频率故障,信号处理时序板报时序故障,整机无时序,无法开机;如果是 16 MHz 信号功率幅值降低,则不能驱动监控分机、信号处理分机正常工作,同时会造成噪声电平跳变或降低。

(6)240 MHz 信号故障。故障现象:如果 240 MHz 信号频率故障,终端会出现强度场正常,速度场回波区域全是噪声点的现象。如果 240 MHz 信号功率幅值降低,会导致中频 DDS 信号频率不稳,从而造成雷达激励频率不稳。

(7)18 MHz 信号故障。故障现象:报数字中频接收机故障,噪声电平变化剧烈或降低到 0 dB,特性曲线标定不正常,回波强度弱,速度场回波区域全是噪声点,相噪测试结果很差。

(8)其他器件故障。故障现象:如果功率放大器故障,射频激励及固态激励检测参数值下降,回波会很弱或无回波;如果混频放大器故障,噪声电平降低,噪声系数标定无法得到标定结果,特性曲线标定不正常,回波强度降低 20 dB 以上。

由于频率源分机大部分为高频电路,模块内部电路相对复杂,所以需要熟练了解频率源内部信号流程和频谱仪的使用方法。CC 雷达接收机排除故障的主要方法:从故障现象入手,分析故障信号流程,通过测试模块的波形,重点是对关键测试点的中心频率和输出功率幅值进行判断,从而确定模块的正常与否;一般应首先检查有源器件电源是否正常,再逐渐缩小故障范围,并最终定位故障模块。可通过更换模块备件来排除故障。

3　典型故障个例

计算机终端观察:终端报相干源故障。接收机面板观察:频率源分机"锁定"指示灯灭;标定/BITE 分机"相干源"信号灯灭。

从故障现象可以初步判断应为接收机频率源故障,频率源分机"锁定"指示灯灭,说明一本振信号"失锁"。根据 CC 雷达频率源分机信号流程,按照先检测输出信号,后检测输入信号的原则,首先从一本振的四路输出进行排查。频率源故障诊断流程见图 2。

3.1　分析和测试判断过程

3.1.1　一本振

首先检测一本振接收前端输出。该部雷达工作频率为 5430 MHz,由此可知一本振输出

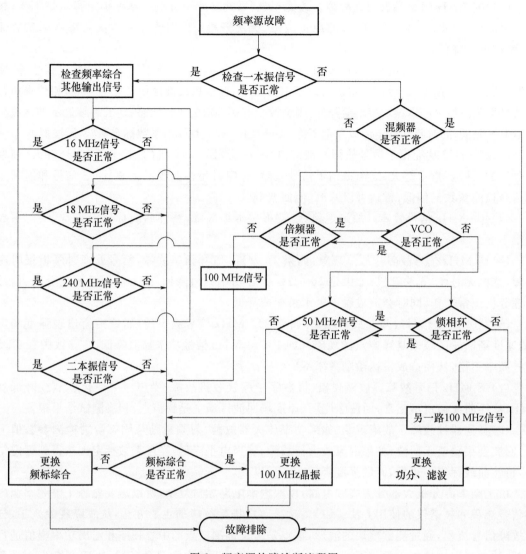

图 2　频率源故障诊断流程图

频率应为 70 MHz。用频谱仪实测发现，一本振中心频率为 912 MHz，且伴有杂散的现象，虽然功率幅值达到 10.64 dBm，大于正常要求的 10 dBm，但是从输出频率来看，一本振输出频率偏离中心值 4970 MHz，为异常，如图 3 所示。

3.1.2　FD4500 倍频器和 VCO 变频综合器

要检查一本振的输入信号是否正确，就需要分别检查 FD4500 倍频器和 VCO 变频综合器的输出信号是否正常。频谱仪实测 FD4500 倍频器输出信号中心频率为 4500 MHz，正常；功率幅度 6.79 dBm，考虑测试线缆线路损耗 3 dBm，合计功率幅值为 9.79 dBm，与该接口大于 10.0 dBm 的功率幅值要求接近，属于正常工作功率幅值，从中心工作频率和功率幅值两方面说明 FD4500 倍频器输出信号正常，如图 4 所示。

VCO 变频综合器输出信号中心频率理论值是 470 MHz，频谱仪实测中心频率为 413.5 MHz，且伴有杂散现象；功率幅值为 7.25 dBm，虽然大于额定 5 dBm 的要求，但其输出的中心频率出现偏移，说明 VCO 变频综合器输出异常，如图 5 所示。

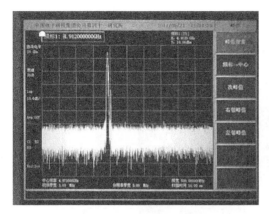
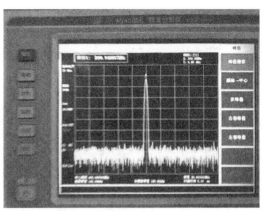

图 3　一本振检测输出频谱　　　　　　图 4　FD4500 倍频器输出信号

3.1.3　频标综合器和 100 MHz 晶振

先检查频标综合器送来的 100 MHz 信号和 400 MHz 信号,其中心频率及功率幅值均正常。再检查 50 MHz 相干信号输出,频谱仪实测既无中心频率信号,也无功率幅值输出,说明该信号异常,如图 6 所示。

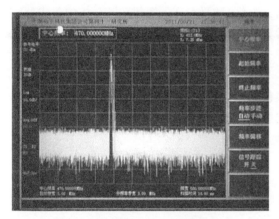
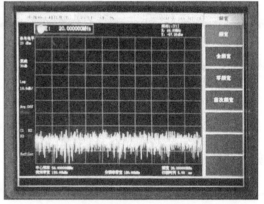

图 5　VCO 变频综合器输出信号　　　　图 6　频标综合器 50 MHz 输出信号

同时可以分析到在标定/BITE 分机面板上,"相干源"信号灯灭,对应的正是频率源分机 50 MHz 相干信号异常。

由以上排查分析可以得知,故障已经定位在频标综合器和 100 MHz 晶振这两个模块。在检测频标综合器之前,我们可以先检测 100 MHz 晶振的输出信号是否正确。经过检测,100 MHz 晶振中心工作频率 100 MHz,输出频率正常;功率幅值 10.84 dBm,大于正常工作功率幅值 10 dBm 的要求。说明 100 MHz 晶振输出信号正确,从而确定频标综合器故障。

3.2　更换故障模块

判断出故障部件后,对频标综合器进行了更换。

接收机加电,频率源"锁定"灯亮,"相干源"灯亮,终端不再报故障。对去往射频接收的一本振信号进行测试,中心频率恢复 4970 MHz,功率幅值达到 12.45 dBm,再加上 3 dB 衰减,达到 15.45 dBm,满足大于 10 dBm 的要求,说明一本振恢复正常,也说明频率源恢复正常,如图 7 所示。

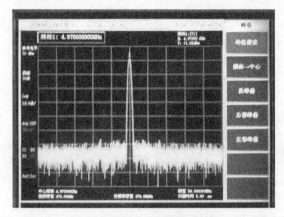

图 7　维修后一本振信号输出

4　小结

雷达保障人员要实现对接收机频率源的测试维修,需要充分了解频率源分机的工作原理、信号流程,能够熟练应用频谱仪等仪器设备对频率源分系统关键测试点进行测试,根据先输出,后输入的原则一步步向前检测,逐步分析排查出故障模块,从信号的中心频率和功率幅度两方面来检测模块的工作状态是否正常。

在进行故障排查过程中,有时会拆卸、更换模块,这些都存在恢复设备的情况。接收机的许多模块是靠外壳接地的,因此,在恢复时一定要旋牢螺钉,保证良好接地,否则长时间后会出现功率泄漏,对前后级的信号产生影响。

参考文献

[1] 潘新民,柴秀梅,崔柄俭,等.CINRAD/SB 雷达接收机技术特点及故障诊断方法[J].气象科技,2011,39(3):320-325.

[2] 黄晓,裴翀.CINRAD/CB 脉冲多普勒天气雷达数字中频接收机[J].气象科技,2005,33(5):465-467.

[3] 张涛,王民栋,解莉燕,等.用频谱仪检修 CINRAD/CC 雷达接收系统故障[J].气象科技,2010,38(3):336-339.

[4] 向阿勇,覃德庆.CINRAD/SA 天气雷达接收机频综故障诊断分析[J].气象科技,2006,34(增刊):235-237.

[5] 何炳文,高玉春,施吉生,等.常德多普勒天气雷达一次综合故障的诊断与维修[J].气象科技,2008,36(5):653-657.

[6] 蔡宏,高玉春,秦建峰,向立莉.新一代天气雷达接收系统噪声温度不稳定性分析[J].气象科技,2011,39(1):70-72.

[7] 弋稳.雷达接收机技术[M].北京:电子工业出版社,2005.

[8] 安徽四创电子股份有限公司.CINRAD/CC 雷达培训教材(技术说明书)[G].合肥:安徽四创电子股份有限公司,2006.